理論がわかる熱と原子・分子の手づくり実験

川村康文＋東京理科大学川村研究室【著】

「理論がわかる　熱と原子・分子の手づくり実験」執筆者一覧

著　者■川村　康文＋東京理科大学川村研究室

執筆者■川村　康文
金原　克範
松本　　悠

井筒　　理
倉田　亮輔
岡　茉由理
杉森　遥介
長内　創理
大須　隆寿
小山　将平
松原涼太郎
入野　寿洋
國貞　圭佑
久米　　望
藤本　博之
水谷　紫苑

理科実験の楽しさ・不思議さを、本書をはじめとする「理論がわかる　○○○の手づくり実験」から、体感を通して学んでいただければと願っています。

さて、本書をもって、いわゆる物理学の基礎のうち、ほぼすべての領域がそろいました。物理学を、より詳しく見てみると、力学・熱力学・波動・電磁気・現代物理学とわけることができます。

我々の研究室では、最初に、「理論がわかる　電気の手づくり実験」を出版し、静電気・電流・磁場・交流・電磁波などの電磁気分野の実験とその理論を学べる実験書を世に問いました。

それから、「理論がわかる　光と音と波の手づくり実験」では、波動・音波・光波の分野の実験とその理論を学べる実験書を、続いて「理論がわかる　力と運動の手づくり実験」では、力学の分野の実験とその理論を学べる実験書を世に出してきました。

そして、いよいよ本書「理論がわかる　熱と原子・分子の手づくり実験」をまとめることにより、物理学を構成するほぼすべての分野について紹介することができました。

最終章となった熱力学・現代物理学では、これまでの分野と違って、手づくりの実験を数多く紹介するのは難しいと覚悟を決めてとりかかりましたが、おいしく焼肉を焼くにはどうするの？さつまいもはどう焼くの？ということから、エントロピーや相対性理論・量子力学まで、いろいろな実験を教材開発することができました。トランプや素粒子カードで楽しく遊びながら学んでいただく工夫もしました。

是非、手づくり実験を行うことで、物理学を体感を通して理論的に学んでいただければと願っています。

本書の実験は、東京理科大学理学部第一部川村研究室の「理科大好き実験教室」に実際に参加してくれた小学生から大人のみなさんが、当研究室の学生達と共に学んだ結晶です。是非、おいしい一粒をご賞味下さい。

2015年1月

執筆者代表　川村 康文

目　次

contents

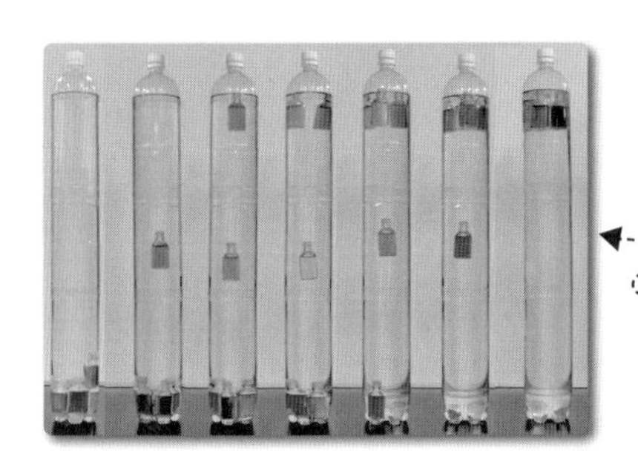

❶ 温度と熱量の実験より

❶ 温度と熱量 ⓪⓪①

実験&工作

❺ 熱力学第１・第２法則の実験より

❾ 半導体素子・電子機器の実験より

⑪ 原子核と素粒子の実験より

❶温度と熱量

力の概念が物を持ち上げたときに腕に感じる「筋肉の緊張感」から生まれたように、温度の概念も「熱い」とか「冷たい」という人間の感覚から生まれました。しかし、人間の感覚を客観的な尺度とすることはできません。例えば、夏の井戸水は冷たく感じ、冬の井戸水は温かく感じますが、実際には井戸水の温度は夏のほうが高いのです。

科学的にきちんとした議論を行うためには、客観的な尺度が必要になります。そこで、力の大きさはばねの伸び縮みで測定できるように、温度は温度計が必要になるのです。

では、実際に温度計を手づくりしてみましょう。

実験&工作 ❶－① ピンポン球手づくり温度計

準備するもの★ピンポン球、透明なストロー、水、食紅、サラダ油、接着剤、氷水、千枚通し、棒やすり、竹串、水温が測れる温度計（ホームセンターなどで300円ほど。100円ショップでも購入可能）、洗面器など

実験・工作の手順★ピンポン球にストローが通るほどの穴を開ける⇒ピンポン球に半分ほど色水を入れる⇒ストローを差す⇒色水をストローの3分の1ほどまで入れる⇒氷水に浸す⇒水面がピンポン球の中へ落ち込まないことを確認する⇒完成

①コップに水を入れ、食紅などで色水をつくります。

②ピンポン球に、ストローがちょうど通るほどの穴を開けます。

③色水をピンポン球の半分程度まで入れます。

④ストローをピンポン球に開けた穴に差し込みます。このとき、ストローの先が十分に色水に浸かるように差し込みます。

⑤ピンポン球の穴と、差したストローの間を接着剤で密封します。

⑥色水をストローの3分の1はどまで入れます。竹串を伝わせて一滴ずつ落とすようにすると入れやすいです。

⑦氷水にピンポン球を浸し、水面がピンポン球の中へ落ち込まないことを確認します。

⑧色水の蒸発を防ぐために、ストロー内にサラダ油を1滴垂らし、完成です（図1）。

⑨洗面器に湯水をはり、ピンポン球をつけ、しばらくして液面が止まったら、その位置に水温を目盛ります。水温を10℃、20℃、30℃・・・と変えて、そのときの液面の位置をストローに目盛りましょう。

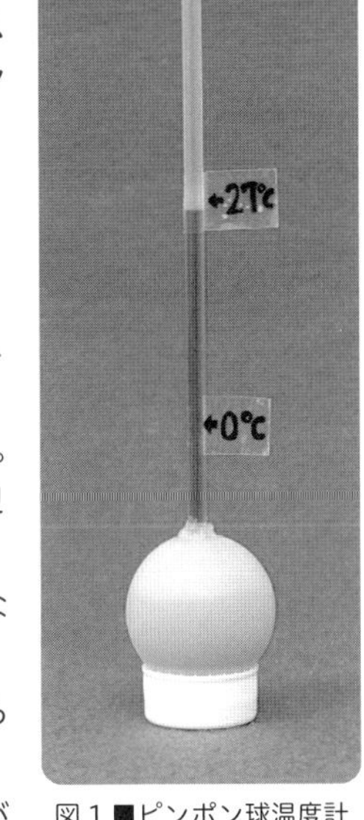

図1■ピンポン球温度計

完成した温度計のピンポン球の部分を、水につけるなどして冷やすと液面が下がり、逆に手で包み込んで温めると液面が上がります。「**❸気体法則**」で詳しく学習しますが、物体は温めると体積が大きくなります。これを**膨張**といいます。身近に見る温度計は、液体の膨張を利用したものが多いですが、ピンポン球温度計は、気体の膨張を利用したものになります。これは、気体が液体よりも膨張しやすい性質をもっているためです。ピンポン球部分を温めるとストロー内の液面が上がったのは、ピンポン球内の空気が膨張し、水面を押したからです（図2）。

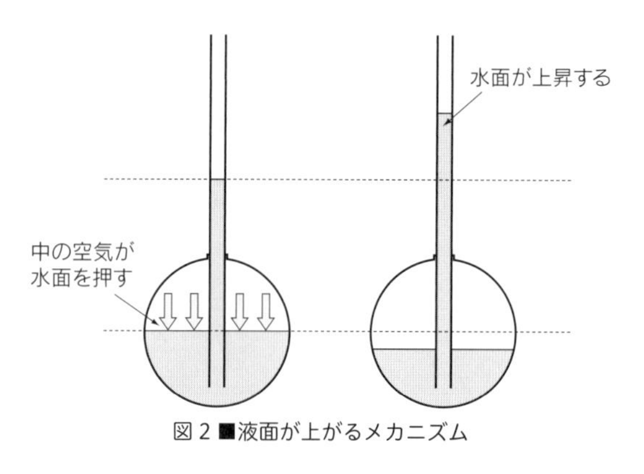

図2■液面が上がるメカニズム

湯が熱すぎてお風呂に入れないときは、水を加えてぬるめますよね？　このとき、熱い湯は冷え、冷たい水は温まります。やがてお湯の温度が一定になり、これ以上、温度変化が起こらなくなったとき、お湯と水は**熱平衡**に達したといいます。

物体A、Bが接触して熱平衡にあり、物体A、Cも接触して熱平衡にあれば、B、Cを接触させても熱平衡にあるという法則を**熱力学第0法則**といいます（図3）。互いに熱平衡にある物体について、等しい値をとるような量として**温度**を考えることで、客観的な尺度になります。2物体B、Cが同じ温度であることは、B、Cを接触させなくてもAをB、Cに接触させれば調べることができます。この物体Aの役割をするものが温度計です。

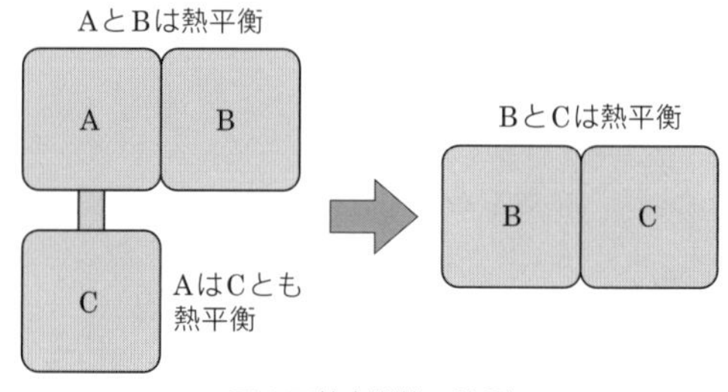

図3■熱力学第0法則

【コラム】　温度計の歴史

温度計の歴史は古く、紀元前3〜2世紀頃の書物に、空気の熱膨張を利用したものが記載されています。16世紀、イタリアでルネサンスが起こり、科学・芸術・文学など文化が復興しました。空気の熱膨張が再発見され、1697年ガリレオは示差温度計をつくりました（図4）。ガリレオの示差温度計とは、上端が球になっているガラス管の口を水中に入れ、ガラス管の球部が温められると膨張した空気に押されて管内の水面が下降し、冷やすと水面が上昇するものでした。ガリレオの亡き後も、ガリレオの後継者たちが、当時発展していたガラス加工技術により、ガラス球で目盛りをつけたアルコール温度計をつくりました（図5）。目盛りの基準定点は人間の体温やバターの溶ける温度など、身近ですが、正

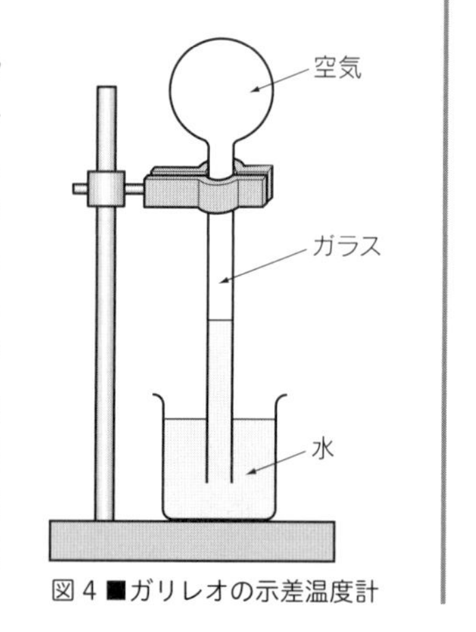

図4■ガリレオの示差温度計

確ではないものが使われていました。1665年、ホイヘンスは水が沸騰する温度が一定であることを発見し、これを定点の1つとすることを提案しましたが、水の沸騰は日常的な現象ではなかったことから受け入れられませんでした。1742年、**セルシウス**は水の沸点と氷点を定点とし、これを100等分した**摂氏温度目盛〔℃〕**を提唱しました。純粋な水と氷は、大気圧1気圧のもとでは

水の沸点・・・100℃
氷の沸点・・・0℃

と設定しました。

この決定により温度計が完成したように思われますが、実は温度計としては厳密ではありませんでした。アルコール温度計や水銀温度計で、ある水温を測ったとき、0℃と100℃は定点のため目盛は一致しますが、その他の温度はアルコールと水銀で熱膨張率が異なるため一致するとは限らないからです。さらに、一般的な温度計では0℃よりはるかに低い温度や100℃よりはるかに高い温度は測れないため、十分な尺度としてなりえません。これを解決したものが**絶対温度**です。絶対温度については「**❸ 気体法則**」で詳しく説明します。

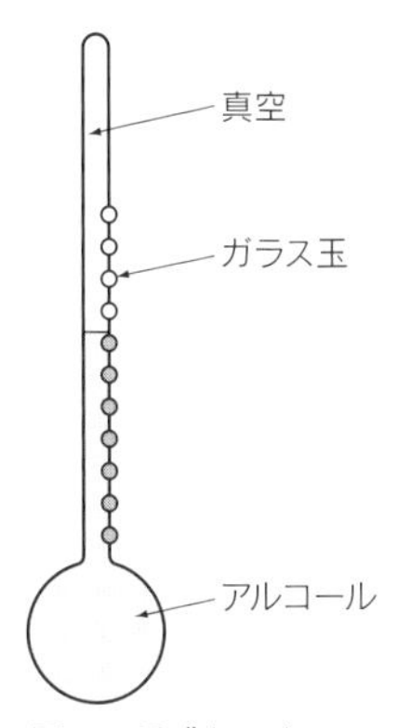

図5■目盛りつきアルコール温度計

温度計にはいろいろな種類があります。実験&工作❶－① は、液面の位置で温度を測る温度計でした。この他に、内部の小さな入れ物の浮き沈みで温度を測る、ガリレオ温度計というものがあります。インテリアなどとしても素敵なガリレオ温度計をつくってみましょう。

実験&工作 ❶－② 大型ガリレオ温度計

準備するもの★固い素材の化粧品ボトル（100円ショップなどで購入可能)、ペットボトル3本（1.5 L炭酸飲料のもの)、色水、機械オイル（タービンオイルなど透明なもの。100円ショップなどで購入可能)、水温が測れる温度計（ホームセンターなどで300円ほど。100円ショップでも購入可能)、洗面器

実験・工作の手順★ペットボトルを切る⇒切った容器に機械オイルを注ぐ⇒化粧品ボトルが機械オイルの真ん中あたりで漂うように、色水の量を調整する⇒調整が済んだ時点のオイルの温度を測る⇒異なる温度で化粧品ボトルを調整する⇒調整済みの化粧品ボトルをペットボトルに入れる⇒3本のペットボトルをつなぐ⇒機械オイルを注いで完成

①3本のペットボトルを図7の点線の位置で切ります。
②ペットボトル容器Aに機械オイルを注ぎ､「オイルポット」とします。
③色水を入れた化粧品ボトルをオイルポットに入れ、機械オイルの真ん中あたりで漂うように色水の量を調整します。
④調整が済んだら、その時点のオイルポットのオイルの温度を測ります。

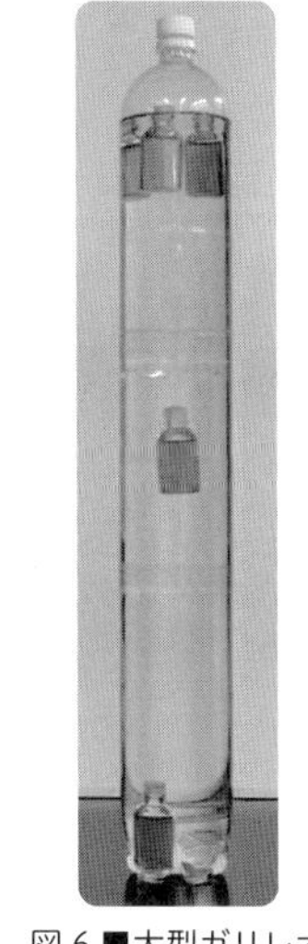
図6■大型ガリレオ温度計

⑤洗面器に氷水を入れ、ここにオイルポットを浸し、オイルの温度を下げた状態で、別の化粧品ボトルを用意し、③〜④を繰り返しましょう。
⑥今度は洗面器にお湯を入れ、ここにオイルポットを浸しオイルの温度を上げた状態で、別の化粧品ボトルを用意し、③〜④を繰り返しましょう。
⑦調整が済んだ化粧品ボトルをすべてペットボトル容器Aに入れます。
⑧ペットボトル容器A、B、Cをつなぎ合わせます。高さは約65 cmとなります。
⑨機械オイルを注ぎ、キャップを閉めて完成です。

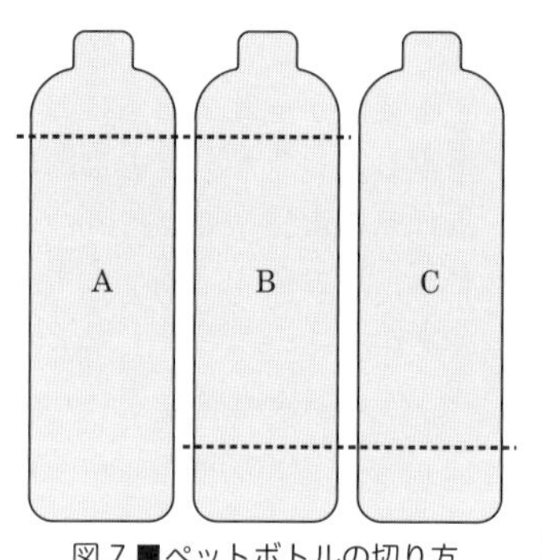

図7■ペットボトルの切り方

気体と同じように、液体も温度が上がると膨張します。しかし、体積が増えても液体の質量は変わらないので、液体の密度は小さくなります。このように、ペットボトル内の油は、温度が上がると密度が小さくなります。一方、化粧品ボトルは体積が変化しないため、温度が上がるとペットボトル内の油と比べて相対的に密度が大きくなります。その結果、気温の高いところでは、化粧品ボトルの密度がまわりの油の密度より大きくなり、沈みます。逆に気温の低いところでは、化粧品ボトルの密度がまわりの油の密度より小さくなり、化粧品ボトルは沈まずに浮かび続けます。

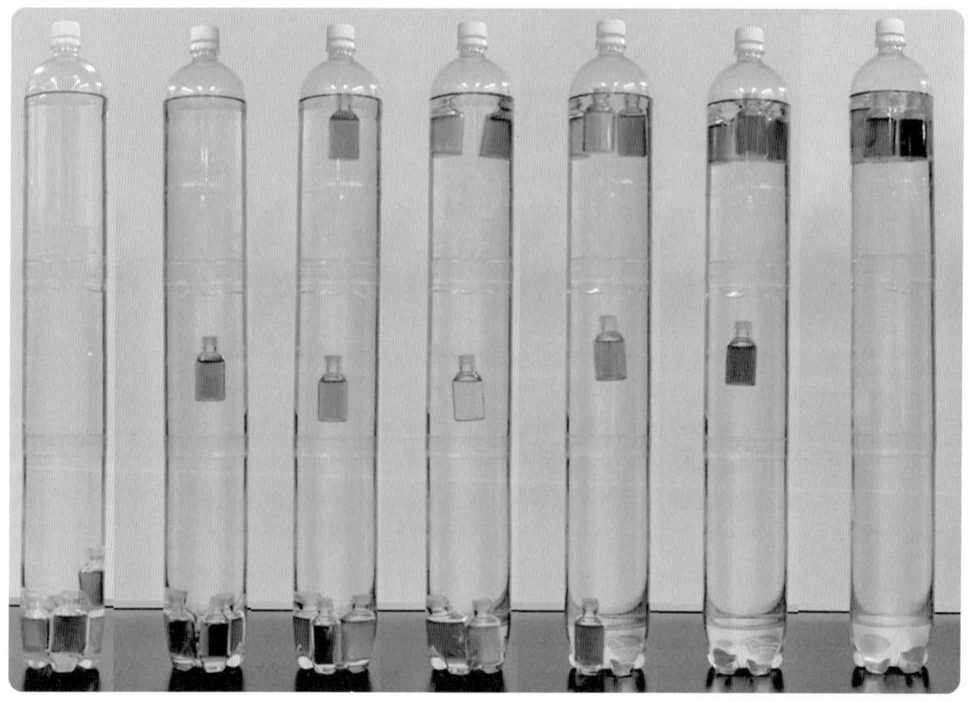

図8■気温による変化のようす
（左から15℃以下、15℃、20℃、25℃、30℃、35℃、35℃以上）

●　●　●

実験&工作 ❶－③ 卓上ガリレオ温度計

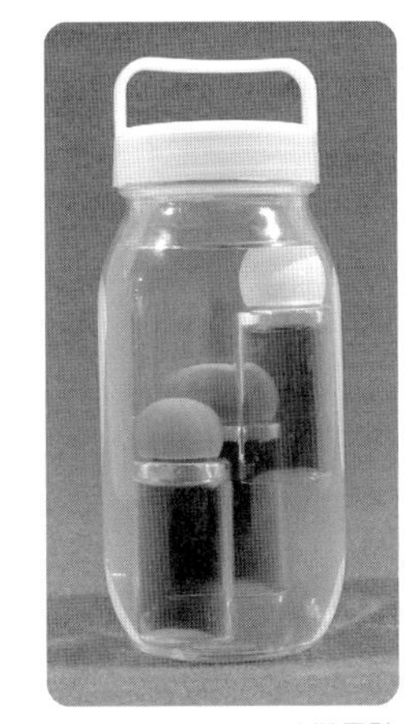

図９■卓上ガリレオ温度計

準備するもの★固めの素材の化粧品ボトル、色水、機械オイル（タービンオイルなど透明なもの。100円ショップなどで購入可能）、透明な容器（粉コーヒーの空きビンなど）、水温が測れる温度計（ホームセンターなどで300円ほど。100円ショップでも購入可能）、洗面器、ペットボトルを切ってつくった容器

実験・工作の手順★ペットボトルを切ってつくった容器にオイルを注ぐ⇒化粧品ボトルに色水を入れる⇒キャップをしめてオイルポットに入れる⇒化粧品ボトルがオイルの真ん中あたりで漂うように、色水の量を調整する⇒調整が済んだ時点のオイルの温度を測る⇒異なる温度のオイルで化粧品ボトルを調整する

①ペットボトルを切った容器に機械オイルを注ぎ、オイルポットをつくります。

②化粧品ボトルに色水を入れ、しっかりキャップをしてオイルポットに入れます。

③化粧品ボトルが液面上に浮き上がってしまったり、底まで沈んでしまったりする場合は、取り出して、中の水の量を１滴ずつ調整します。化粧品ボトルがオイルの真ん中あたりで漂うように、調整を続けます。

④調整が済んだら、その時点の機械オイルの温度を測ります。

⑤ペットボトルオイルポットを氷水を入れた洗面器に浸し、オイルの温度を下げた状態で、また別の化粧品ボトルを用意し、②～④を繰り返しましょう。

⑥今度は洗面器にお湯を入れ、ここにペットボトル容器を浸し、オイルの温度を上げた状態で、また別の化粧品ボトルを用意し、②～④を繰り返しましょう。

⑦調整が済んだ化粧品ボトルを、透明な容器の中にすべて入れ、オイルを注いで完成です。

ガリレオ温度計という名前は、液体の密度が温度によって変化するという原理を発見したガリレオ・ガリレイの名前にちなんでつけられたといわれています。

●　●　●

温度計にはアルコール温度計、ガリレオ温度計以外にも、いろいろなタイプの温度計があります。サーモテープは、液晶でシール状になっており、温度を色の変化で測ることができます。低温を測れる特殊なタイプのものを冷蔵庫の中に貼れば、場所を取らずに温度を管理することができます。

実験&工作 ❶－④ サーモテープ

準備するもの★サーモテープ

実験・工作の手順★サーモテープを測りたい温度の場所に置く⇒色の変わった数字の温度をよむ

①サーモテープを測りたい温度の場所に置きます。例えば、今の部屋の気温が知りたいときは、部屋に置きます。

②サーモテープの色が変化している数字の温度をよみます。

図 10 ■サーモテープ

サーモテープは、特定の温度で色が変化し、色の変化によって温度変化や現在の温度をみることができる温度計です。温度が上がるにつれて、黒→赤茶→緑→青→濃紺の順に色が変化していきます。また、色が変化しても繰り返し使うことができます。サーモテープは、実験＆工作❺－①でも使用します。

● ● ●

金属を加熱すると、金属内に電流を流すことができます。この現象を利用して、温度を測ることもできます。

実験&工作 ❶－⑤ 熱電対

準備するもの★銅線と鉄線（ステンレス製の針金）、ニクロム線と銅線、ニクロム線とコンスタンタン（銅とニッケルの合金）線などの二種類の金属の線（各 30 cm 程度）、高熱源（ろうそく、ライター、固形燃料など）、テスター

実験・工作の手順★ 2 つの金属の線をつなげる⇒回路を組む⇒電流や電圧を測定する

① 2 つの金属の線をねじってつなげます。

②金属の線の先にテスターをつなぎ、図 12 のような回路を組みます。

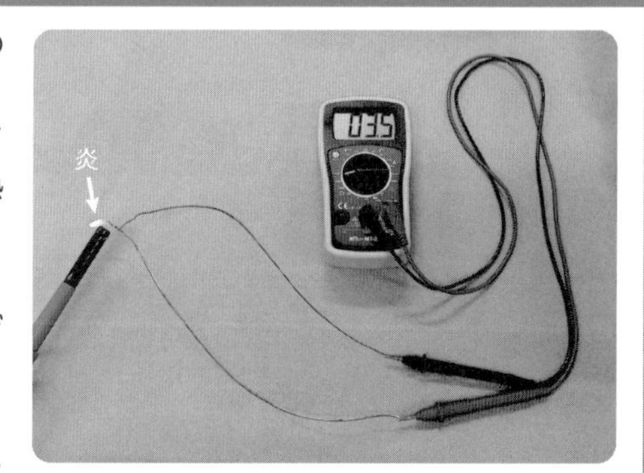

図 11 ■熱電対

③金属のつなぎ目を着火器やろうそくなど高温のもので熱し、テスターで電流や電圧を測定します。

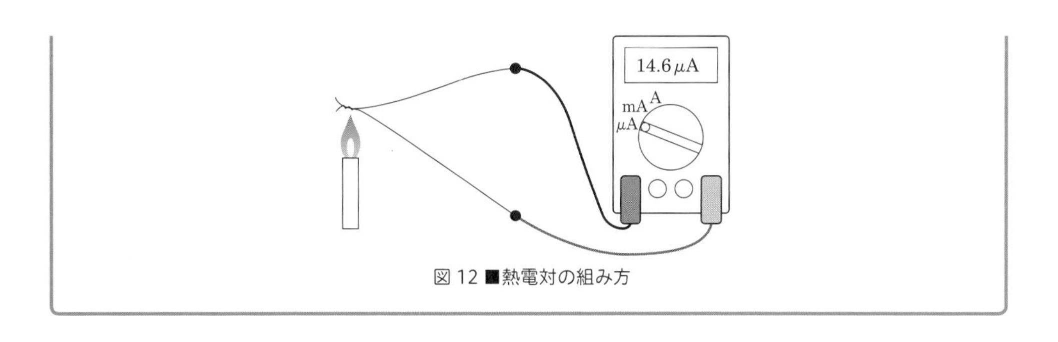

図 12 ■熱電対の組み方

金属のつなぎ目を熱すると、金属に電流が流れます。この現象は 1821 年にドイツのゼーベックが発見し、**ゼーベック効果**とよばれています。2 種類の金属を図 13 のように 2 か所でつなぎ、それぞれのつなぎ目を、一方を高温（t_1）、他方を低温（t_0）にすると、熱は高温側から低温側に向かって流れます。金属中の自由電子は、高温側では熱によって動きが活発になり、低温側へ向かって流れていきます。電子の密度に偏りができることで、回路に起電力が生じ、電流が流れます。このときの起電力を**熱起電力**、電流を**熱電流**といい、熱電流を生じる 2 つの金属の組み合わせを**熱電対**といいます。

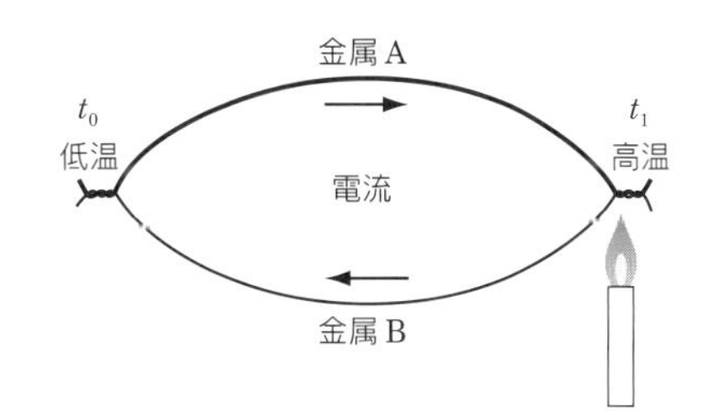

図 13 ■熱電対

実験＆工作❶－⑪ で学習しますが、熱の伝わり方は金属の種類によって異なります。起電力を測定するには、2 種類の金属を用い、熱の伝わり方の違いから電流の流れやすい方向をつくります。一般的に熱電対を使って温度を測るとき、図 14 のような回路を組みます。一方を 0℃に保ち、もう片方をさまざまな温度に接触させ、このときの温度と起電力で換算表をつくります。熱電対を測りたい物体に当て、このときの起電力から換算表を用いて物体の温度を出します。

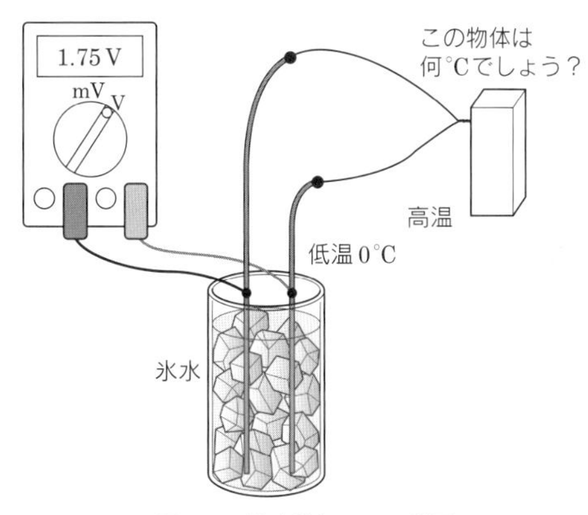

図 14 ■温度計としての利用

熱電対は温度計として実際に利用されています。熱電対は使用する金属線によって －200～2500℃の広範囲の温度を測定でき、また、温度変化にすぐに反応できるという長所があります。

● ● ●

氷を室温に放置すると、氷の周りは水浸しになります。しかし、ドライアイスを室温に放置すると、いきなり気体の二酸化炭素になります。つまり、乾いた氷と考えられますね。この現象を**昇華**といいます。そのドライアイスを液体にできないか、実験してみましょう。

実験&工作 ❶－⑥ 二酸化炭素の液化実験

準備するもの★ドライアイス、肉厚のビニールチューブ（内径 9 mm、外径 12 mm、長さ 25 cm 程度）、ラジオペンチ 2 本

実験・工作の手順★ドライアイスを砕く⇒ビニールチューブへドライアイスを詰める⇒ビニールチューブの両端をペンチで押さえる⇒ドライアイスが液化する

①ドライアイスをハンマーなど使って砕きます。
②砕いたドライアイスのかけらをビニールチューブへ入れます。
③ビニールチューブの両端を折り曲げ、ラジオペンチで押さえます。
④ドライアイスは昇華し、ビニールチューブ内が加圧されていきます。図 17 にみるように、5.1 気圧になるとドライアイスは融解し、液体になります。
⑤ペンチをゆるめ、中の圧力を下げると二酸化炭素は再び凝固し、固体にもどります。
⑥ビニールチューブでなく、圧縮発火器を用いても同様の実験ができます。

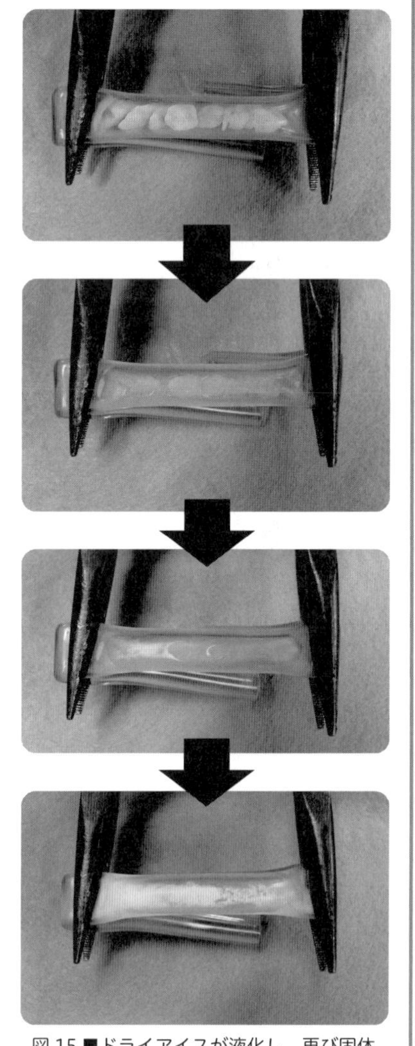
図 15 ■ドライアイスが液化し、再び固体になるようす

水は 0℃以下になると固まって氷になり、100℃以上になると水蒸気になります。このように、物質はその温度によって見た目が変わります。この変化を**状態変化**といいます。

氷のように触っても形が変わらず、固い状態のものを**固体**、水のように触って形が変わるけれども体積は変わらないものを**液体**、水蒸気のように形も自由に変わり、圧力を変化させると体積も変わるものを**気体**といいます。この 3 つの状態を**物質の三態**といいます。ある物質が、いろいろ

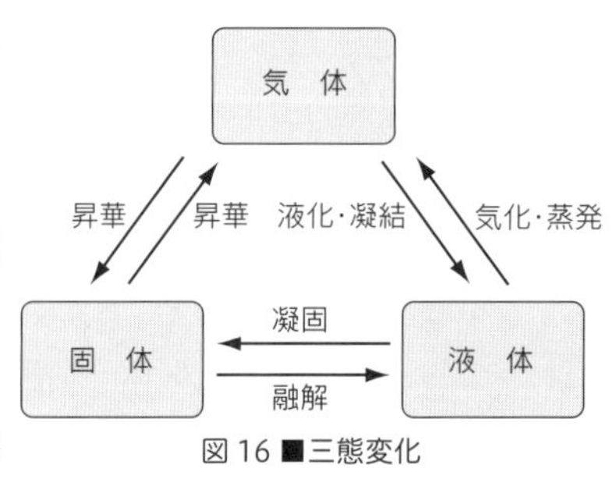

図 16 ■三態変化

な温度や圧力のときに、気体、液体、固体のどの状態にあるかを示した図を**相図**といいます。

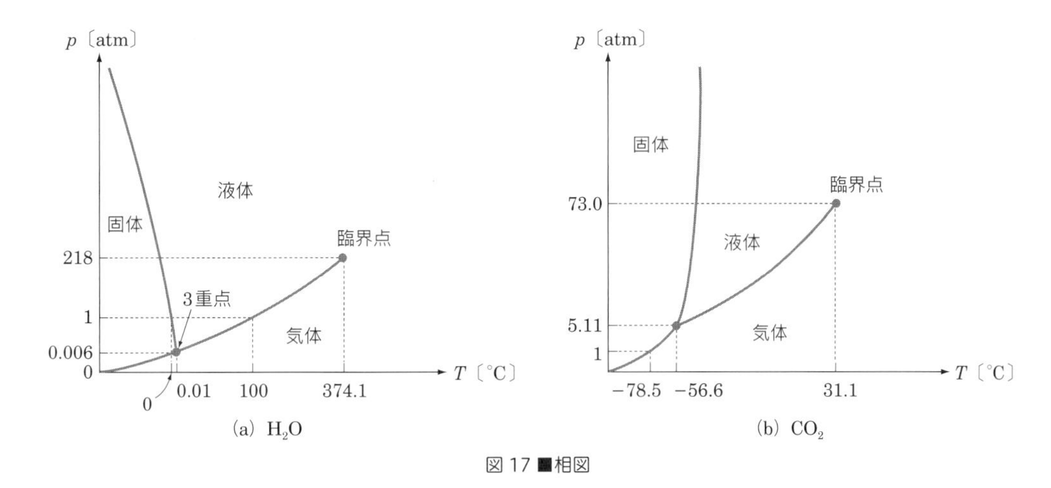

図 17 ■相図

1気圧では、二酸化炭素は−78.5℃以下で固体、それ以上の温度では気体になってしまいます。これを**昇華**といいます。逆に、気体から固体になることも**昇華**といいます。居酒屋などにあるビールサーバーには二酸化炭素が入った深緑色のボンベがつながっています。このボンベの中は高圧の状態になっており、二酸化炭素は液体の状態で貯蔵されています。氷も圧力をかけると水になります。アイススケートでは、スケート靴の刃で氷に圧力をかけて水にすることで、滑りやすくしているのです。

● ● ●

水に食塩などを溶かすと、図18の―・― 線が――― 線のように相図が変化し、同じ気圧のときの凝固点が下がります。この現象を**凝固点降下**といいます。これにより、1気圧で食塩水は0℃以下でも凍らなくなります。

この凝固点降下を利用して、おいしいアイスクリームをつくる実験をしましょう。

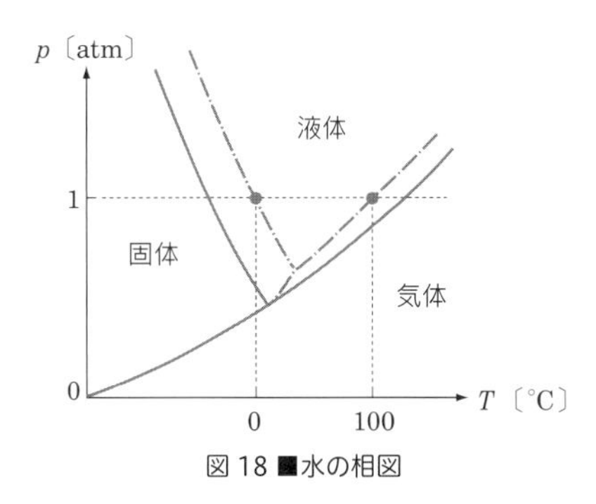

図 18 ■水の相図

実験&工作 ❶－⑦ 凝固点降下紫いもアイスクリーム実験

準備するもの★牛乳 100 mL、紫いも粉 3 g、氷、塩 20 g、砂糖、アルミ缶（コーヒーなどのキャップタイプ）、やや大きな食品タッパーなどの密閉容器、タオル、荷造りひも、筋力トレーニング用エキスパンダー 2 本

実験・工作の手順★材料をアルミ缶に入れる⇒タッパーに氷と塩を入れる⇒アルミ缶をタッパーに入れてタオルで包む⇒中身が固まるまで筋力トレーニング用エキスパンダーで振る

①アルミ缶に牛乳、紫いも粉、砂糖を入れてよく振り混ぜます。

②タッパーに氷と塩を入れ、ふたをして軽く振り、氷と塩をかき混ぜます。

③タッパーのふたを開け、材料の入ったアルミ缶を入れます。氷を足してアルミ缶を氷の中に埋めて、ふたをします。
④タッパーをタオルで包み、タッパーの上下に筋力トレーニング用エキスパンダーの持ち手を、荷造りひもで固定します。
⑤筋力トレーニング用エキスパンダーの反対側の持ち手を、それぞれ物干し竿などと床に固定し、ガシャガシャと3〜10分間振り続けます。アイスクリームが固まったら完成です。

図19■紫いもアイスクリーム

凝固点降下によって、水は凍る温度の0℃より、ずっと低い−10℃程度になります。この低温で、牛乳を凍らせてアイスクリームにしました。そのまま置いて冷やすと、ただの「牛乳の氷」になってしまいます。しかし、これを振り続けたので、材料と空気がよく混ざり、ふわふわした柔らかいアイスクリームになりました。

図20■−10.1℃の食塩水

この凝固点降下はどうやって起こるのでしょうか。

まず、0℃の氷と水が入れてある断熱容器を考えます。0℃では凝固する水分子の数と融解する水分子の数が等しく、つり合った状態にあります。凝固点では水分子の固相−液相間の移動速度が等しくなります。

次に、0℃の氷と食塩水を断熱容器に入れた状態を考えましょう。このとき、融解する水分子の数は先程と変わらないですが、凝固する水分子の数は、食塩が加わり、水の濃度が下がったため、水だけのときより減少します。よって、氷はさらに融解することになるので、固体−液体間の平衡は成り立ちません。ある程度の氷が融けると、融解熱によって0℃以下に温度が下がります。すると、融解する水分子が少なくなり、逆に凝固する水分子の数が増え、両者がつり合いました。この温度が、この溶液の凝固点となります。

液温は時間とともに一定の割合で降下しますが、通常、水の凝固点の0℃に達しても凝固は始まらずに温度は下がり続けます。このように、本来固体になっていなければならない凝固点以下の温度になっても液体のままで存在している状態を、**過冷却**といいます。この状態は結晶核ができるまでの過渡期の不安定な状態であるといえます。

さらに温度が下がった時点で、過冷却を脱して急激に氷ができ始めます。このとき、一度にまとまって氷になるので、多量の凝固熱が発生し、一時的に温度が上昇します。

図21のように、食塩水は凝固が進むに連れて液温がゆっくりと下がります。これは、食塩水の凝固では水分子だけが先に凝固していくので、残った食塩水の濃度が増加し、凝固点降下が起こるからです。したがって、過冷却がなく理想的に凝固が始まったとみなせる温度は、凝固開始

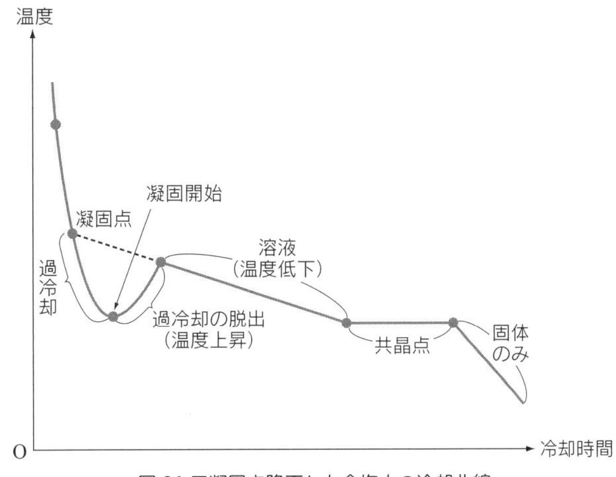

図 21 ■凝固点降下した食塩水の冷却曲線

後の冷却曲線を逆方向に延長し、凝固前の冷却曲線との交点として求められます。また、このときの温度と、水の凝固点との温度差が、凝固点降下度となります。

では、過冷却はどうやって起こるのでしょうか。液体の水は部分的に水素結合を持つ不規則な構造をとっているのに対して、氷は水素結合で規則的に配列した結晶構造を持ちます。つまり、凝固するためには水分子の配列を規則的に揃える必要があります。しかし、冷却速度が速すぎたり、水の純度が高く結晶核ができにくい場合には凝固速度が冷却速度に追いつかずに、水分子は乱雑な状態のまま温度だけが下がっていきます。この状態が過冷却とよばれる状態です。

紫いもには、アントシアニンという色素が含まれています。この色素は酸性・アルカリ性で色が変わる特徴があります。完成したアイスクリームに酸性のレモン汁をかけると、色が赤くなります。アイスクリームはさっぱりした味になります。アルカリ性の重曹をかけると、色が緑色になります。重曹をかけた場合は、食べても大丈夫ですが、苦くなってしまいます。

● ● ●

さて、アイスクリームの実験では固体から液体の状態変化、すなわち**凝固**(図 16)を考えました。ここからは、気体と液体の状態変化、**凝縮**と**蒸発**を考えましょう。

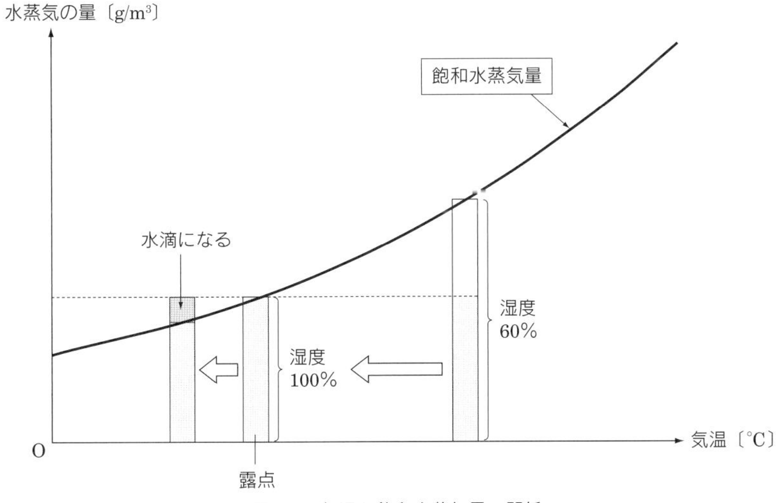

図 22 ■気温と飽和水蒸気量の関係

ある量の気体がある温度で含むことのできる水蒸気の量は、上限が決まっています。これを**飽和水蒸気量**といい、$1\,\mathrm{m}^3$ 中に含まれる水蒸気の質量 g で表すので、単位は〔$\mathrm{g/m^3}$〕となります。気体の温度が高いほど飽和水蒸気量は大きくなり、図 22 のグラフのような関係になります。この飽和水蒸気量に対して、何 % の水蒸気を含んでいるかが**湿度**です。

図 22 のグラフでは、ある温度で湿度 60% の気体の温度を下げると、やがて気体は水蒸気で飽和します。このときの湿度は 100% で、このときの温度を**露点**といいます。さらに温度を下げると、これ以上気体が含むことができない水蒸気は、凝縮して水滴になります。

実験&工作 ❶－⑧ 毛髪式湿度計をつくろう

準備するもの★厚紙や板（30 cm 四方ほど）、竹ひご、ゼムクリップ、ストロー、セロハンテープ、20〜30 cm ほどの髪の毛

実験・工作の手順★板に支点をつくる⇒板に髪の毛と竹ひごを留める⇒目盛を振る⇒完成

①板の上から 4 cm 程度、右から 2 cm 程度のところに穴を開け、その穴に板の裏から 90 度に曲げたゼムクリップを挿し込みます。ゼムクリップを板の裏側にテープで固定します。

②板の表から 5 mm のところで、ゼムクリップを 90 度上向きに曲げます。

③竹ひごの端から 1 cm のところに、5 mm に切ったストローをセロハンテープで留めます。図 24 のように、ストローに、セロハンテープで一度穴をふさぐ形で留め、このセロハンテープに穴を開けます。

④ストローをつけた側の端に、髪の毛をセロハンテープで固定します。

⑤板から出ているゼムクリップを竹ひごのストローに通します。

⑥竹ひごが針のように振れるように、髪の毛を板の下の方にセロハンテープで留めます。

⑦次の「湿度 100% 実験」を利用して、毛髪湿度計に目盛を振ります。

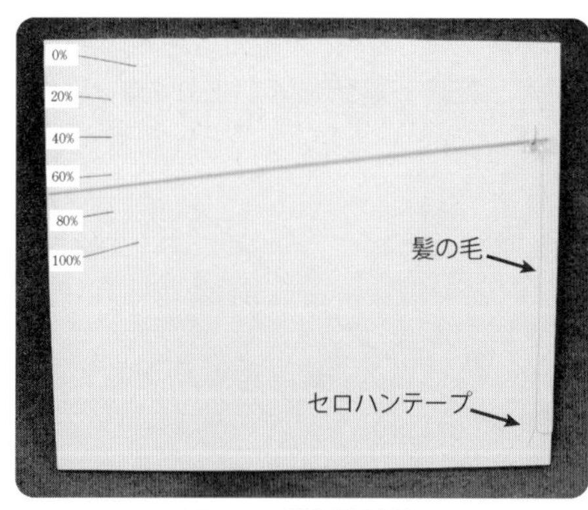

図 23 ■毛髪式湿度計

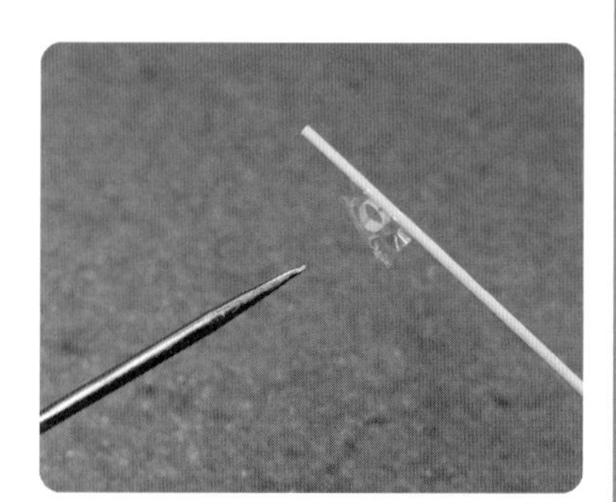
図 24 ■ストローをふさいだセロハンテープに穴を開ける

髪の毛には水分を含むと伸びるという性質があります。この性質を利用して、今回は湿度計をつくってみました。湿度が高いほど針は下を、湿度が低いほど針は上を指します。昔の人は髪の毛の代わりに馬の尻尾の毛を利用していました。

湿度計には他にも、金属と感湿剤をゼンマイ巻にして伸縮を利用するものや、電気抵抗の変化を利用するもの、2本の温度計のうち1本の感温部に湿らせたガーゼを被せ、その温度差を利用するもの（乾湿計）などがあります。

● ● ●

実験&工作 ❶－⑨ 湿度100%実験

準備するもの★虫かごや水槽などの容器2つ、ラップやアルミホイルなど、湿度計2つ（100円ショップの目安計でも可能）、霧吹き、乾燥剤、乾燥わかめ、氷

実験・工作の手順★容器に霧吹きをする⇒湿度計を入れてふたをする⇒しばらく放置する⇒高湿度で実験する

①容器の1つに霧吹きをします。もう1つには乾燥剤を入れます。
②それぞれの容器に湿度計を入れて、ラップやアルミホイルでふたをします。
③湿度計の値が変化するまでしばらく放置します。
④それぞれの容器の中が高湿度・低湿度になったら、乾燥わかめを入れてしばらく放置し、変化を観察しましょう。
⑤次に、氷水を入れたコップを入れて、コップの側面のようすを観察しましょう。
⑥最後にそれぞれの容器に手を入れてみましょう。どのように感じるでしょうか。

図25■実験のようす

霧吹きをすると、細かい水滴が空気中に飛散します。それらが蒸発して気体が含む水蒸気の量が増え、湿度が上がります。乾燥剤は空気中の水蒸気を吸収するので、入れると容器内の湿度が下がります。

図26■それぞれの容器内の湿度

さて、実験で高湿度・低湿度の中に放置した乾燥わかめはどうなったでしょうか。乾燥した容器に入れたものは固いままですが、湿った容器に入れたものは柔らかく食べられる状態になりました。乾燥わかめはしばらく水に浸けて、柔らかくしてから調理に使いますが、空気中の水蒸気だけでも柔らかくなりました。一般に食品は湿気に弱く、傷んだり腐ったり、カビが生えたりしてしまいます。乾燥わかめや他の食品も、保存するときはしっかりとチャックなどをして湿気(しけ)らないようにしましょう。

(a) 固いままのわかめ

(b) 柔らかくなったわかめ

図 27 ■乾燥わかめのようす

湿度がほぼ 100% ということは、ほんの少しでも空気の温度を下げると、気体が含むことができなくなった水蒸気が、水滴になって出てくるということです。氷水の入ったコップを高湿度の容器に入れると、コップのすぐ近くの空気は冷やされ、気体が含むことのできなくなった水蒸気が、コップの側面に水滴となって出てきます。これを、**結露**といいます。低湿度の容器に氷水の入ったコップを入れても、結露は起こりません。冬の日に、暖かかった部屋が冷えると、窓ガラスに結露が起こっていることに気づいたことはありますか？　冬に結露を防ぐには、この実験から、室内の湿度を下げて乾燥させればよいとわかります。他にも、窓ガラスに断熱材を貼ったり、二重窓にしたりする方法があります。

図 28 ■高湿度の容器では氷水の入ったコップの側面が結露する

容器に手を入れてみると、温度は等しくても高湿度のほうが、暑くジメッとして不快な気持ちがしたと思います。これはなぜでしょうか。

物体の状態が変化するときにまわりから奪う、あるいはまわりに与える熱量のことを**潜熱**といいます。固体から液体に変化するときに物体がまわりから奪う熱量を**融解熱**、液体から気体に変化するときに物体がまわりから奪う熱量を**蒸発熱**（気化熱）といいます。例えば、1gの氷が1gの水に変化するときの融解熱の大きさは334 J、1gの水が1gの水蒸気に変化するときの蒸発熱の大きさは、なんと2259 Jです（熱量や〔J〕については次の実験で詳しく学びます）。夏の「打ち水」は、アスファルトにまいた水が蒸発するときに、アスファルトや空気から蒸発熱を奪うので、涼しくなるという原理です。

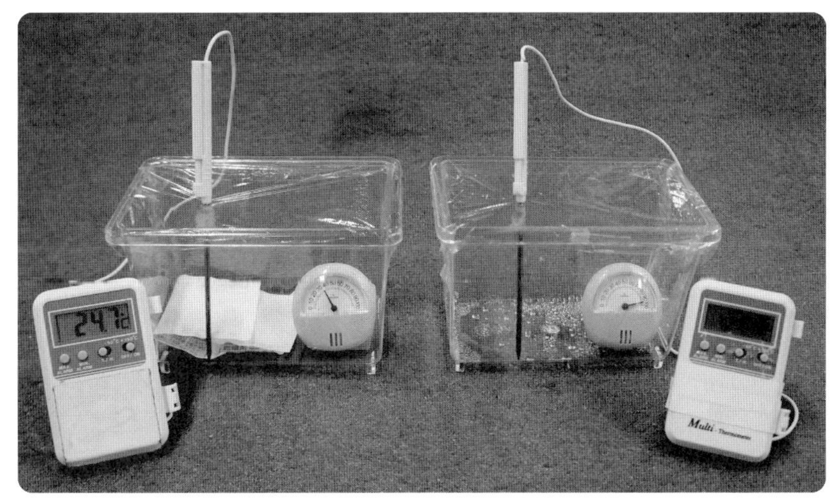

図29■容器内の温度は等しいが体感は異なる

人間のような恒温動物は、汗の量を調節することで体温を一定に保っています。皮膚の汗が出る穴から出た汗が、蒸発するときに体から熱が移動します。これにより、体温が上がり過ぎないようにしているのです。また、汗の出す量を減らせば、体から熱が移動せず、体温が下がりにくくなります。

湿度がほぼ100%の容器内では、空気は飽和水蒸気量に達しているので、突っ込んだ手の汗が蒸発できません。体から熱が移動せず、暑く感じます。低湿度の容器内では汗がどんどん蒸発するので、涼しく感じます。

日本は夏の湿度が高い気候なので、外国の夏に比べると、蒸し暑く過ごしにくいと言われています。湿度が高い日本の夏では、人はかいた汗が蒸発せず、体の温度が上がりすぎてしまいがちです。この症状が、**熱中症**です。この実験から、熱中症を防ぐには、うちわや扇風機で風を送り、皮膚上の汗を蒸発しやすくしたり、汗の蒸発で体温を下げられない代わりに氷水などで体を冷やしたりすればよいとわかります。体温が上がると、体は「体温を下げなくては」と思い、よりたくさんの汗を出そうとします。よって、こまめな水分補給が必要となります。

● ● ●

料理をするとき大切なことは何でしょうか。もちろん素材も大切ですが、使う道具や調理法によってもできあがりは大きく変わります。例えば、焼肉や焼きいもなど、熱を加えて調理する料理には物理学の法則が役立ちます。

実験&工作 ❶－⑩ おいしい焼肉はぶあつい鉄板で

準備するもの★鉄板（厚みが5 mm以上のものと1 mm以下のものなど）、肉、ガスコンロ、それぞれの鉄板が入る大きさの鍋2つ、厚めの断熱材

実験・工作の手順★鍋で水を沸騰させ、鉄板を入れる⇒断熱材の上に鉄板を置き、肉を乗せる⇒肉の焼け方の違いを観察する

①ガスコンロに鍋をセットし、水を沸騰させます。

②沸騰させた水中にぶあつい鉄板とうすい鉄板を入れ十分な時間温めます。

③厚めの断熱材を敷き、その上に鉄板を置きます。鉄板の上に肉を乗せると次第に焼けていきます。そのようすを観察します。

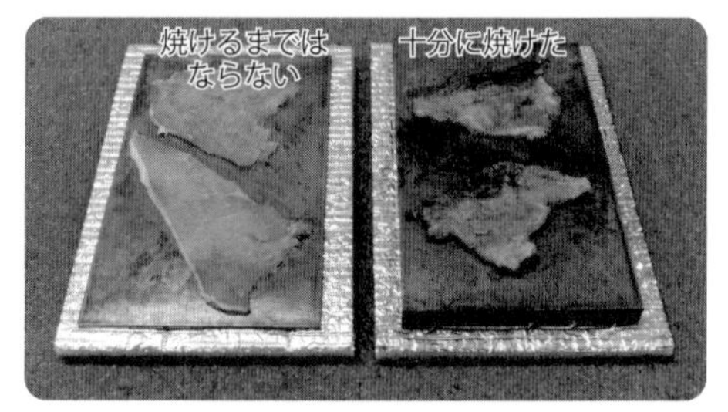

図30 ■肉の焼け方の違い

温度が異なる肉と鉄板が接触すると、温度が高い物体（鉄板）から温度が低い物体（肉）に熱が移動し、いずれ温度が等しくなると熱の移動は止まります。これを熱平衡といいます。このときの熱の量を**熱量**といいます。実験をしてみると、厚い鉄板上に置いた肉と薄い鉄板上に置いた肉では、厚い鉄板上に置いた肉の方がしっかりと焼けたと思います。この焼け方の違いについて、熱量の考え方から見ていきましょう。

まず熱量は人間が定義した量なので、単位も人間が定義した単位となります。私たちの身のまわりで最も身近な物質である水は、決まった熱量を与えると決まった温度だけ上昇する性質があります。よって熱量の単位は以下のように定義されています。

「水1 gの温度を1℃だけ上昇させるのに必要な熱量を1 cal（カロリー）という」

なお、水1 gを1℃上昇させるのに必要な熱量は水温によって異なるため、正確には

「14.5℃の水1 gを15.5℃まで上昇させるのに必要な熱量を1 cal（カロリー）という」

という表現が正しいです。しかしこれらの違いはわずかなので、一般的には水の温度にかかわらず、水1 gの温度を1℃だけ上昇させるのに必要な熱量を1 calとしています。そして質量mの物体の温度を1℃上昇させるのに必要な熱量を**熱容量** $\boldsymbol{C}$といい、与えられた熱量ΔQ、上昇した温度ΔTを使って

$$\Delta Q = C\Delta T = mc\Delta T$$

と表されます。ここで出てくる c は**比熱**といい、物体 1 g の温度を 1℃上げるのに必要な熱量です。比熱は物質ごとに決まっているので、同じ物質であれば質量が大きいほど熱容量は大きくなります。よって薄い鉄板と厚い鉄板では、厚い鉄板の方が質量が大きいため、温度を上げるのにより多くの熱量を必要とします。一方で温度を下げるにはより多くの熱量を奪わなければなりません。言い換えると厚い鉄板の方が温まりづらく冷めにくいということです。

今回の実験ではどちらの鉄板も沸騰させたお湯の中にあったので、温度はほぼ 100℃で等しくなっていたと考えられます。空気や肉と接触しているため鉄板は両方とも徐々に冷えていきますが、厚い鉄板の方が温度を保っていられるため、肉がよく焼けたというわけです。また、熱容量が大きい鉄板では全体をより均一に温め続けることができます。したがって、分厚いステーキなどを焼くときには焼きムラが少なくなり、よりおいしく肉を焼くことができます。

● ● ●

料理では色々な種類の鍋が使われますが、物質の種類が異なれば比熱も異なるため、温まり方や冷め方に差が出ます。今回は鉄鍋、アルミ鍋、銅鍋で比熱の違いを比べてみましょう。

実験&工作 ❶－⑪ ステンレス鍋 vs アルミ鍋 vs 銅鍋

準備するもの★径が同じくらいの鉄鍋とアルミ鍋と銅鍋、それぞれの鍋が浸かる程度の大きさの鍋、温度計、ガスコンロ、断熱材

実験・工作の手順★**大きな鍋の比熱を求める⇒大きな鍋を断熱材でくるむ⇒水を鍋に入れる⇒ステンレス鍋、アルミ鍋、銅鍋のそれぞれに水を入れて沸騰させる⇒大きな鍋にそれぞれの鍋を浸け水温の変化を測る**

図 31 ■大きな鍋の中に、調べたい鍋を入れて、上から断熱材でおおった状態

①大きな鍋に一定量の水を入れ沸騰させます。その後同量の水を入れ、水温の変化を測定し、比熱を求めます。
②大きな鍋に断熱材等を巻いて断熱します。
③大きな鍋に、それぞれの鍋が浸かる程度の水を入れます。
④ステンレス鍋、アルミ鍋、銅鍋を用意します。
⑤それぞれの鍋に半分程度の水を入れ、沸騰させます。
⑥鍋のお湯を捨て、大きな鍋に張った水に浸けます。水面を断熱材で覆い、そのときの温度の変化を測定します。これをそれぞれ 3 種類の鍋で行います。

まず大きな鍋（質量 670 g）の比熱を求めてみましょう。求め方は

（高温物体が失った熱量 Q_1）＝（低温物体がもらった熱量 Q_2）

です。なお本来、このような開放系で実験をすると熱量保存則は成立せず、空気中に熱が逃げてしまいますが、ここでは、多くの熱は逃げなかったものとして解いてみました。また、水の比熱は 4.2 J/g･K を用いています。

大きな鍋に 3 L の水を入れ、沸騰させた後、さらに 3 L の水（温度は 18.1℃）を入れたところ、水温は 58.5℃になりました。沸騰した水の水温は 100℃でした。沸騰させた水と鍋が失った熱量 Q_1 とあとで入れた水が得た熱量 Q_2 を用いると、以下のような等式が成り立ちます。

$$Q_1 = (m_{水} \times c_{水} + m_{大鍋} \times c_{大鍋}) \times \Delta T_1 = (3000 \times 4.2 + 670 \times c_{大鍋}) \times (100 - 58.5)$$
$$Q_2 = m_{水} \times c_{水} \times \Delta T_2 = 3000 \times 4.2 \times (58.5 - 18.1) \cong 510000 \text{ J}$$

この式から $Q_1 = Q_2$ として大鍋の比熱 $c_{大鍋}$ を求めると

$$c_{大鍋} \cong 0.42 \text{ J/g} \cdot \text{K}$$

と求められます。この比熱の値を用いてステンレス鍋、アルミ鍋、銅鍋の比熱を求めてみましょう。

温度の変化を測ると、それぞれの鍋を浸けた場合で水温の上がり方が異なり、表 1 のようになりました。それぞれの鍋は水を入れて沸騰させ 100℃としました。したがって断熱された大鍋に入っている水の量が等しければ、鍋の熱容量が大きいほど水の温度が上昇すると考えられます。

表 1 ■それぞれの鍋の水温の変化（大鍋の水量は 9 L）

	浸ける前の水温〔℃〕	浸けたあとの水温〔℃〕	水温の差〔℃〕
ステンレス鍋	18.4	18.9	0.5
アルミ鍋	18.5	19.4	0.9
銅鍋	18.4	19.2	0.8

それでは、それぞれの鍋の比熱を求めてみましょう。求め方は、先ほど大きな鍋の比熱を求めた場合と一緒です。

（1）ステンレスの鍋（540 g）の場合

$$Q_1 = m_{鍋} \times c_{鍋} \times \Delta T_1 = 540 \times c_{鍋} \times (100 - 18.9)$$
$$Q_2 = (m_{水} \times c_{水} + m_{大鍋} \times c_{大鍋}) \times \Delta T_2 = (9000 \times 4.2 + 670 \times 0.42) \times (18.9 - 18.4)$$

以上から、ステンレスの鍋の比熱は 0.43 J/g･K とわかりました。なお、このステンレスの正しい比熱は 0.45 J/g･K です。これは、クロムが 18% でニッケルが 10% の 18 − 10 ステンレスの場合です。

(2) アルミニウムの鍋 (500 g) の場合

$$Q_1 = m_{鍋} \times c_{鍋} \times \Delta T_1 = 500 \times c_{鍋} \times (100 - 19.4)$$
$$Q_2 = (m_{水} \times c_{水} + m_{大鍋} \times c_{大鍋}) \times \Delta T_2 = (9000 \times 4.2 + 670 \times 0.42) \times (19.4 - 18.5)$$

以上から、アルミニウムの鍋の比熱は0.85 J/g・Kとわかりました。なお、正しいアルミニウムの比熱は0.90 J/g・Kです。

(3) 銅の鍋 (1040 g) の場合

$$Q_1 = m_{鍋} \times c_{鍋} \times \Delta T_1 = 1040 \times c_{鍋} \times (100 - 19.2)$$
$$Q_2 = (m_{水} \times c_{水} + m_{大鍋} \times c_{大鍋}) \times \Delta T_2 = (9000 \times 4.2 + 670 \times 0.42) \times (19.2 - 18.4)$$

以上から、銅の鍋の比熱は0.36 J/g・Kとわかりました。なお、正しい銅の比熱は0.39 J/g・Kです。

● ● ●

ここまでの実験では、物を温めるのにガスコンロなどを使いましたが、最近ではガスを使わないIH調理器具なども出てきました。ガスコンロとIH調理器ではどちら方が効率的なのか、実験で確かめてみましょう。

実験&工作 ❶－⑫ ガスコンロ vs IH 調理器

準備するもの★鍋２つ（IH 調理器に対応したもの）、ガスコンロ、IH 調理器、水

実験・工作の手順★それぞれの鍋に同質量の水を入れる⇒ガスコンロと IH 調理器で鍋を同じ時間温める⇒温度の変化を測定する

①それぞれの鍋に１Lの水を入れてガスコンロと IH 調理器で１分間温めます。

②温める前の温度と温めた後の温度差から、発生した熱量と実際に水の温度上昇に使われた熱量を求めます。

図 32 ■ガスコンロと IH 調理器

1分間水を温めた結果、ガスコンロでは22.8℃→46.1℃、IH 調理器では21.6℃→37.1℃になりました。ガスコンロを使ったとき上昇した温度$\Delta T_{ガス} = 23.3$℃、IH 調理器を使ったとき上昇した温度$\Delta T_{\mathrm{IH}} = 15.5$℃なので、一見するとガスコンロの方が効率がよいように思います。では、ガスコンロやIH 調理器を使って発生した熱量と実際に温度上昇に使われた熱量の関係はどうなるでしょうか。

まず使った鍋（質量 540 g）は鉄 72%、クロム 18%、ニッケル 10% のステンレスなので、比熱$c_{鍋}$を求めると 0.45 J/g · K になります。水の比熱 $c_{水}$ は 4.2 J/g · K とすると、温度上昇に使われた熱量 Q は

$$Q_{ガス} = (m_{水} \times c_{水} + m_{鍋} \times c_{鍋}) \times \Delta T_{ガス} = (1000 \times 4.2 + 540 \times 0.45) \times 23.3 \approx 103000\,\mathrm{J}$$
$$Q_{\mathrm{IH}} = (m_{水} \times c_{水} + m_{鍋} \times c_{鍋}) \times \Delta T_{\mathrm{IH}} = (1000 \times 4.2 + 540 \times 0.45) \times 15.5 \approx 69000\,\mathrm{J}$$

となります。

次にガスコンロや IH 調理器を使って発生したと考えられる熱量を求めてみます。今回ガスコンロの燃料は液化ブタンガスを用いました。ブタンの分子量は 58、燃焼熱は 2850 kJ/mol であり、1 分間で 6.2 g 消費しました。よってガスコンロを使ったとき発生した熱量 $Q'_{ガス}$ は

$$Q'_{ガス} = (2850 \times 10^3) \times \frac{6.2}{58} \approx 304000\,\mathrm{J}$$

と考えられます。

IH 調理器では直接熱を発生させるのではなく、電磁誘導によって鍋の底に渦電流を発生させ、渦電流によって生じるジュール熱で温めます。今回使用した IH 調理器の定格電流は 13.2 A、電源電圧は実効値で 100 V です。1 秒間あたりの電力 P_{IH} は $13.2 \times 100 = 1320\,\mathrm{W}$ であり、1 分間での電力量 W_{IH} は

$$W_{\mathrm{IH}} = 1320 \times 60 \approx 79000\,\mathrm{J}$$

と求めることができます。

以上の計算からガスコンロでの熱効率 $\eta_{ガス}$、IH 調理器での熱効率 η_{IH} を求めると

$$\eta_{ガス} = \frac{Q'_{ガス}}{Q_{ガス}} = \frac{103000}{304000} \approx 0.34$$

$$\eta_{\mathrm{IH}} = \frac{Q_{\mathrm{IH}}}{W_{\mathrm{IH}}} = \frac{63000}{79000} \approx 0.80$$

となります。このことから、ガスコンロは半分以上の熱量が空気中などに逃げてしまい無駄になってしまいますが、IH 調理器では無駄が少ないことがわかります。

● ● ●

鍋やフライパンをガスコンロなどで温めると底の方から温まってきます。物体中で熱はどのように伝わっていくのでしょうか。フライパンを使って実験してみましょう。

実験&工作 ❶－⑬ ステンレス鍋、アルミ鍋、銅鍋で熱伝導実験

準備するもの★実験 & 工作❶－⑪で使ったステンレス鍋とアルミ鍋と銅鍋、バター、ろうそく

実験・工作の手順★ステンレス鍋、アルミ鍋、銅鍋に溶かしたバターを一様にしく⇒ろうそくでそれぞれの鍋の中心を温める

①バターを溶かしステンレス鍋、アルミ鍋、銅鍋に一様になるように薄くのばします。
②それぞれの鍋の中心にろうそくの火が当たるようにし、バターがどのように溶けるか観察します。

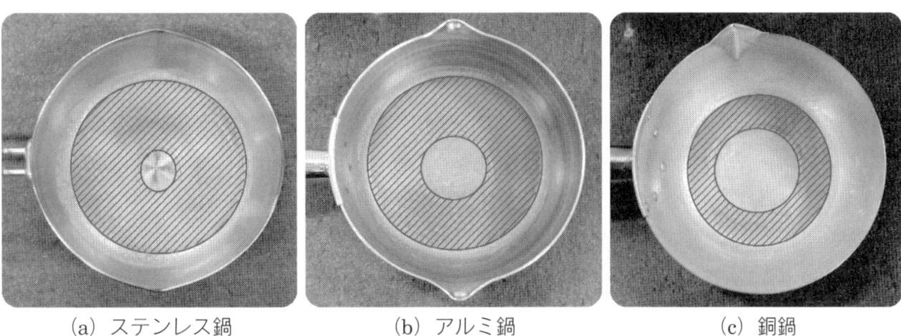

(a) ステンレス鍋　(b) アルミ鍋　(c) 銅鍋
図 33 ■バターの溶けるようす（※斜線部分はバター）

それぞれの鍋が温まるとバターが溶けていきますが、そのとき火の当たっている中心部分からだんだんと溶けていくことがわかります。火が当たっている部分と当たっていない部分では、当たっている部分の方が温度が高くなります。このように物体の中で温度差があるときに、高温部分から低温部分に熱だけが伝わっていくことを**熱伝導**といい、その度合いを**熱伝導率**（単位はW/m･K）で表します。

熱伝導率は物体によっても異なり、一般に金属では大きいです。実験＆工作❶－⑪で出てきた３種類の鍋も熱伝導率はそれぞれ異なります。熱伝導率が高い順番に並べると銅鍋、アルミ鍋、ステンレス鍋の順番になります。熱伝導率が高いとすぐに熱が伝わってしまうため、薄い肉を焼くときなどはステンレス（鉄）鍋が向いています。一方、短時間にお湯を沸かして調理する場合などは、アルミ鍋や銅鍋の方が向いているということになります。料理をするとき、どの鍋を使うかは熱容量だけでなく熱伝導率も合わせて考えることが大切です。

●　●　●

実験＆工作❶－⑬では固体中で熱がどのように伝わるかを実験しました。次は、気体や液体などの流体中で熱がどのように伝わるのか、素麺をゆでて実験してみましょう。

実験&工作 ❶－⑭ 素麺で対流実験

準備するもの★鍋、ガスコンロ、細い麺（素麺やラメンで細いほうがよい）
実験・工作の手順★鍋に水を入れ、沸騰させる⇒細い麺を入れる⇒水中で細い麺がどのように動くかを観察する
①鍋に十分な量の水を入れ、沸騰させます。
②沸騰しているお湯に細い麺を入れ、ほぐれた細い麺がどのように動くかを観察します。

図 34 ■素麺をゆでているようす

細い麺の動きを観察すると中心から外側に向かって細い麺が回るように動くことがわかります。火が当たる中心部分のお湯は周囲に比べて温度が高くなり、膨張します。すると密度が小さくなり、お湯は水面に向かって上昇します。それによって周囲のお湯が中心部分に流れ込み、温められて水面の方に上昇します。この動きを繰り返すことで、お湯は中心から外側に向かって循環します。このように、高温の部分と低温の部分の密度差で生じる流体の運動を**対流**といい、流体中では対流によって温度が伝わっていきます。

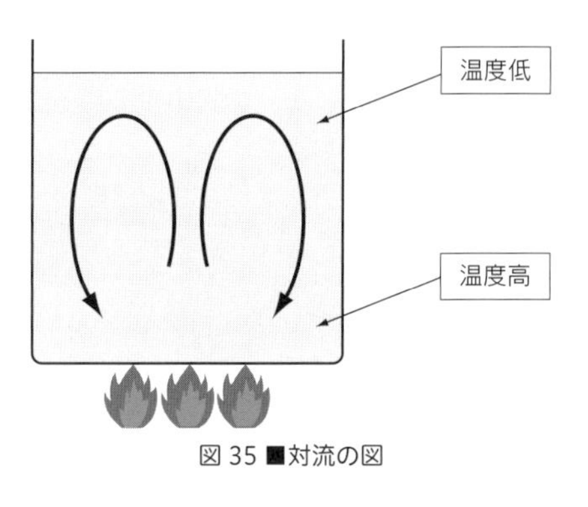

図 35 ■対流の図

● ● ●

固体や液体中での熱の伝わり方はわかりましたが、太陽からの光によって地球表面が温められる場合など、固体や液体中でなくても熱は伝わります。焼きいもをつくってその熱の伝わり方を見てみましょう。

実験&工作 ❶－⑮ 石焼きいもで熱放射実験

準備するもの★紫いもやさつまいも、洗った石、ガスコンロなど（あれば電気炉）、鍋、新聞紙、アルミホイル

実験・工作の手順★いもを濡れた新聞紙とアルミホイルで包む⇒十分に加熱した石を鍋にしき、その上に包んだいもを置く⇒蓋をしてしばらくおく⇒石焼きいもができる

①水に濡らした新聞紙とアルミホイルでいもを包みます。
②洗った石をガスコンロなどで十分に温め、鍋に敷きます。
③石の上に包んだいもを置き、鍋の蓋をしてしばらくおきます。
④いもが柔らかくなったら取り出します。

図 36 ■焼きあがった紫いも
（紫色に焼きあがっています）

高温の物体から、低温側に熱が放出され、直接低温物体が熱を吸収することで温まる熱の伝わり方を**放射**といいます。今回つくった石焼きいもでは、温められた石から**遠赤外線**が放出されてアルミホイルに当たります。すると、アルミホイルが**遠赤外線**を吸収してアルミホイルの分子が振動し、アルミホイルの温度が上がります。

このようにしてアルミホイルが温まり、中のいもを蒸し焼きにしています。直接火で加熱した場合は、よく熱が伝わる部分とそうでない部分ができて焼きムラができ、コゲる部分ができてしまいます。一方、放射によって温める場合は、アルミホイルをより均一に温めることができるた

め、焼きムラのない美味しい焼きいもがつくれます。

遠赤外線は電磁波の一種なので真空中でも伝わります。太陽光にも遠赤外線が含まれているため、太陽光によって地表面が温まります。昼間は太陽からの放射（**太陽放射**）を受け地表面が温まりますが、夜間は昼間に受けた太陽放射から地表面が受け取ったエネルギーを差し引いた残りを**地球放射**（赤外線）として宇宙空間に放射します。二酸化炭素などの温室効果ガスは、地球放射の赤外線域を吸収して、大気中に熱をためるため、地球の温暖化につながると懸念されています。

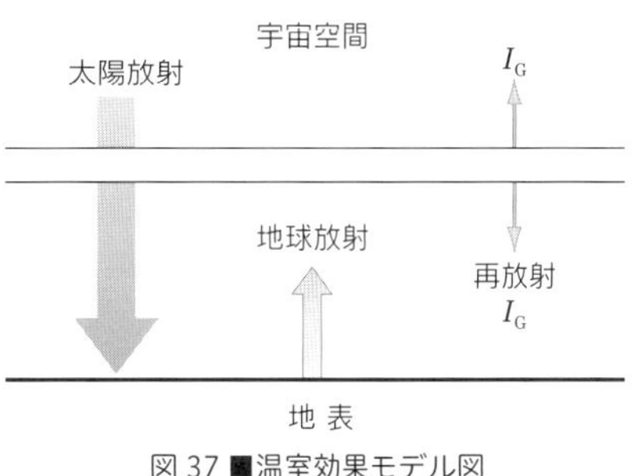

図 37 ■温室効果モデル図

● ● ●

大気中の二酸化炭素の増加による地球温暖化が問題になっています。地球温暖化防止京都会議（COP3）では、この二酸化炭素の排出量の削減について議論されました。2014 年にはハワイでの観測所で、CO_2 濃度が 400 ppm を超えたことが観測されました。

実験&工作 ❶－⑯ 温室効果デモの実験　～青空実験～

準備するもの★市販の 2 L のペットボトル複数個（5、6 個以上）、シリコン栓またはゴム栓（6 号）、シリカゲル（乾燥剤）、温度計（普通の温度計なら 5、6 本以上。できればデジタル温度計の方がよい）、ストップウォッチ、二酸化炭素ボンベ

実験・工作の手順★現在の地球モデルと二酸化炭素が充満した地球モデルをつくる⇒太陽光にあてる⇒温度計測をする

①複数の温度計で室温や水温、40℃程度の湯温など、複数の温度を測定してみて同じ温度を示すものを選び出します。それぞれの温度で、すべて 0.1℃以上差が生じていないものを 2 個選び出します。このとき、同じ数値を示しているもの同士のほうがよいです。

②この操作で選んだ温度計を使って、ペットボトルを検査します。

③同じタイプのペットボトルの商品ラベルをはがします。ペットボトルの口に合うシリコン栓ないしはゴム栓を選び、この栓に温度計を差し込みペットボトル内の温度を測定します。このとき、ペットボトルの内部は乾燥剤で十分に乾燥させておきます。2 本のペットボトルに温度計を付けて、太陽の光に同じ時間だけ当てます。ペットボトル内の温度の上がり方が等しいもの 2 本を 1 組として選びます。

④ 1 つのペットボトルは普通の空気の状態にして、シリカゲルを入れて乾燥させておいたものからシリカゲルだけを取り出し、温度計付きの栓をします。

⑤もう 1 つのペットボトルは、シリカゲルを取り出してから、理科実験用の二酸化炭素ボンベから二酸化炭素を入れ、温度計付きの栓をします。二酸化炭素を入れた方のペットボトルでは、二酸化炭素を圧縮したボンベから入れるため、断熱膨張が生じ、ペットボトル内部の温度が低くなります。したがって、実験を開始する前にしばらく置いておき、このペットボトル内の温度が、普通の空気のペットボトル内の温度と等しくなるまで待ちます。

⑥両方のペットボトル内の温度が等しくなれば、実験開始の準備完了です。この準備はとても大切ですので、必ず行ってください。
⑦準備ができた2本のペットボトルを太陽が当たらないように遮蔽して、日当たりが良好なところに置きます。
⑧両方のペットボトルに、同時に太陽が当たるように覆いを取り、実験を始めます。
⑨20秒ごとに両方のペットボトル内の温度を測定しましょう。

結果は、6分ほどで二酸化炭素の入ったボトル内の温度の方が高くなり、二酸化炭素の温室効果が確認できます。

● ● ●

今度は室内で実験をしてみましょう。

実験&工作 ❶－⑰ 温室効果デモの実験　～室内実験～

準備するもの★市販の2Lのペットボトル複数個（5、6個以上）、シリコン栓またはゴム栓（6号）、シリカゲル（乾燥剤）、温度計（普通の温度計なら5、6本以上。できればデジタル温度計の方がよい）、ストップウォッチ、電動式回転台（回転数を変えられる電気ドリル）、長い棒（長さ50 cm程度、幅2 cm程度）、白熱電球100 Wを1個あるは赤外線ランプ60 W以上を2個または4個、二酸化炭素ボンベ、スタンド、ストップウォッチ、電動式の回転台（ない場合は下記の方法で作成）

実験・工作の手順★現在の地球モデルと二酸化炭素が充満した地球モデルをつくる⇒回転台に取りつける⇒電球からの熱線を当てる⇒温度計測をする

図38■温室効果デモ実験機

①実験装置は、電動式回転台と熱源の2つからできています。電動式回転台は、電気ドリルを、真上に向くよう板に固定します。長い棒の中心にボルトを固定し、このボルトを、回転数を変えられる電気ドリルの中心に差し込み、ドリルのチャックをしっかり閉めれば完成です。
②熱源は回転台の中心に設置します。白熱電球の場合は、1個を電線などで吊り下げるとよいでしょう。赤外線ランプの場合は、指向性が強いので2個を反対方向に取りつけたり、4個を90°ずつずらして4方向を照らせるように組み立てましょう。
③実験&工作❶－⑯と同様に2つの地球モデルをつくり、長い棒の両端にペットボトルを取りつけます。そして両方のペットボトル内の温度が等しくなるのを待ちます。
④熱源のスイッチを入れ、20秒ごとに両方のペットボトル内の温度を測定しましょう。

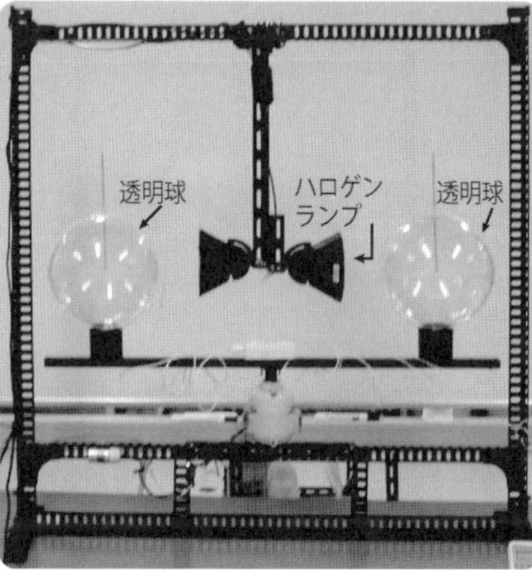

図 39 ■実験のようす

結果は、6 分ほどで二酸化炭素の入ったボトル内の温度の方が高くなり、二酸化炭素の温室効果が確認できます。

どうして、二酸化炭素で充満したペットボトル内の温度のほうが高くなったのでしょうか？ この実験で用いた赤外線ランプ（100 W）を用いて、二酸化炭素の吸収帯を見てみました。図 40 は、大きなフラスコに二酸化炭素を充満させてから二酸化炭素の赤外線吸収を調べたものです。地球モデルの内部に現在の空気を入れた場合の線（濃い方）と地球モデルの内部の二酸化炭素濃度がほぼ 100% になった場合の線（うすい方）です。

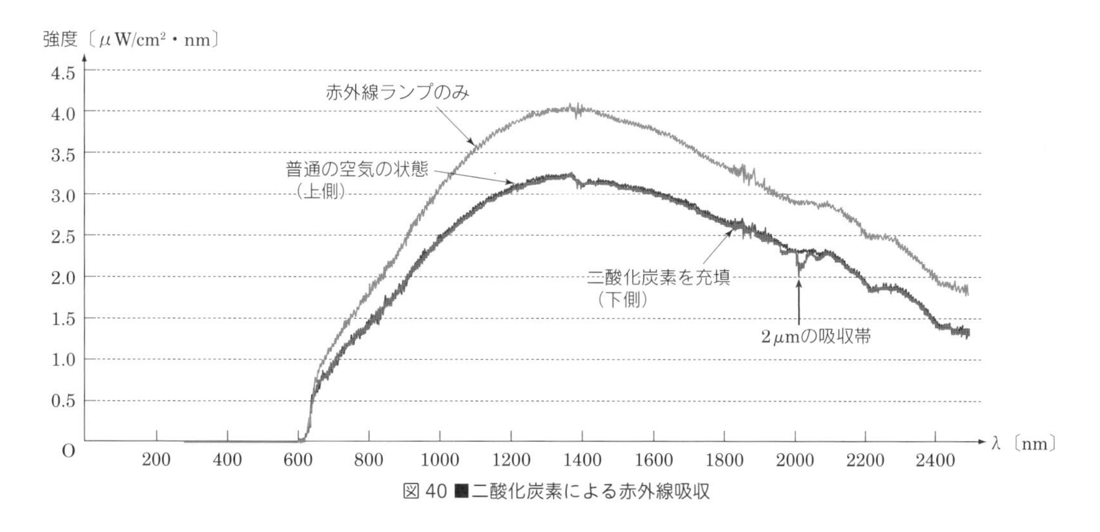

図 40 ■二酸化炭素による赤外線吸収

図 40 のグラフより、2000 nm のところに二酸化炭素を充填した場合のラインがトゲのような形をしているのがわかると思います。ここが二酸化炭素の赤外線の吸収帯です。実はこのように、二酸化炭素の温室効果をみる実験は、微妙な差異をきちんと検出しないといけない実験なので、かなり高度な実験であるといえます。しかし、熱源に太陽光を用いると、ほぼ失敗することなくこの実験ができます。

●　●　●

太陽が持つエネルギーは無尽蔵であり、とても大きなエネルギーです。そこで、このエネルギーを有効に利用し、太陽光を使った調理器具ソーラークッカーをつくって実験してみましょう。

実験&工作 ❶－⑱ 手づくりソーラークッカー１（反射型）

準備するもの★ビニール傘（60 cm 程度）、保温シート、アルミシート、スチール缶、ラッカースプレー（黒）、たこ糸、水、生卵、厚手の両面テープ

実験・工作の手順★ビニール傘に保温シートを貼る⇒その上からアルミシートを貼る⇒アルミ缶をラッカースプレーで黒く塗る⇒シャフトに缶を固定⇒完成

①ビニール傘の内側に厚手の両面テープを用いて保温シートを貼ります。
②保温シートを貼った傘の上からさらにアルミシートを貼ります。
③スチール缶をラッカースプレーによって黒く塗ります。
④黒く塗ったスチール缶を傘のシャフト（中棒）にテープで固定して完成です。
⑤反射光が、スチール缶に集中して当たるように傘の開きを調整します。

図 41 ■手づくりソーラークッカー１(反射型)

完成したソーラークッカー１を野外に持ち出します。日光のよく当たる場所を選び、そこにソーラークッカー１を置きます。黒く塗ったスチール缶に水と生卵を入れ、調理できるか確認してみましょう。今回は、水を入れて行ったところ、沸騰まではいかないものの温度計は最高で76.0℃まで上昇し、約 30 分でゆで卵が完成しました。

●　●　●

次に、別の材料でソーラークッカーを作製してみましょう。

実験&工作 ❶－⑲ 手づくりソーラークッカー２（反射型）

準備するもの★ビニール傘（60 cm 程度）、段ボール、アルミホイル、スチール缶、マーカー、たこ糸、水、生卵

実験・工作の手順★傘を 8 当分したサイズに段ボールを切る⇒それをさらに 2 つに割り、1 セットとする⇒その大きさに段ボールを切る⇒アルミホイルを巻く⇒傘にはめる⇒完成

①ビニール傘の傘布を 8 当分し、それをさらに 2 ピースに分けて 1 セットをつくります。

②それぞれの形に合わせて１セットを８つ分、段ボールから切り出します。
③切り出した段ボールすべてにアルミホイルを巻きます。
④できたセットをすべて傘の内側にはめます。この時、接着の必要はありません。
⑤スチール缶をマーカーで黒く塗ります。
⑥黒く塗ったスチール缶を傘のシャフト（中棒）にテープで固定して完成です。
⑦反射光がスチール缶に集中して当たるように傘のひらきを調整します。

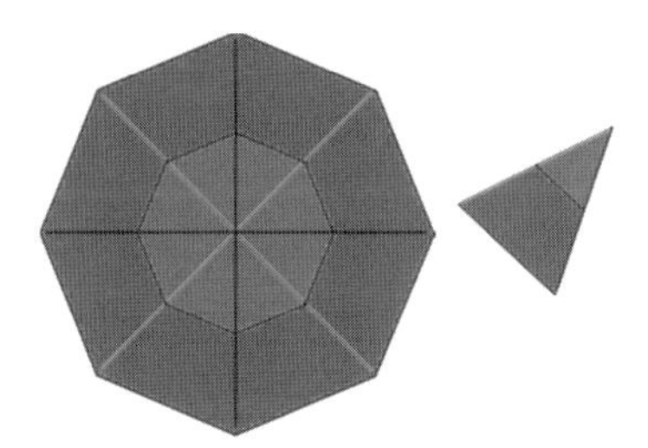
図 42 ■段ボールの切り方

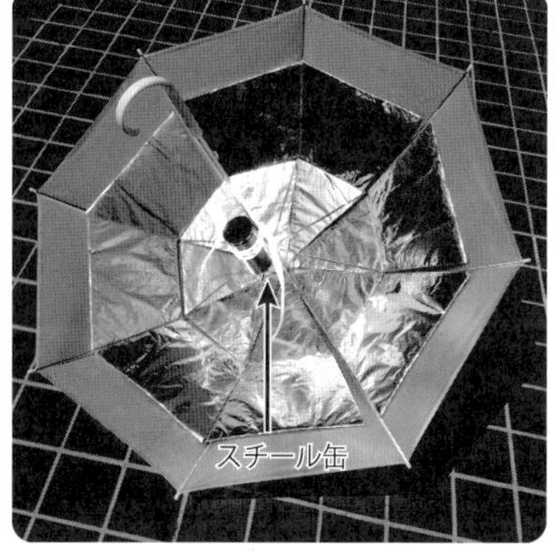

図 43 ■ソーラークッカー 2（反射型）

実験＆工作❶－⑱と同様にソーラークッカー２を外に置きます。黒く塗ったスチール缶に水と生卵を入れ、調理できるか確認してみましょう。今回の実験でも、水を入れて行ったところ、沸騰まではいかないものの温度計は最高で 74.4℃まで上昇し、実験＆工作❶－⑱と同様に約 30 分でゆで卵が完成しました。

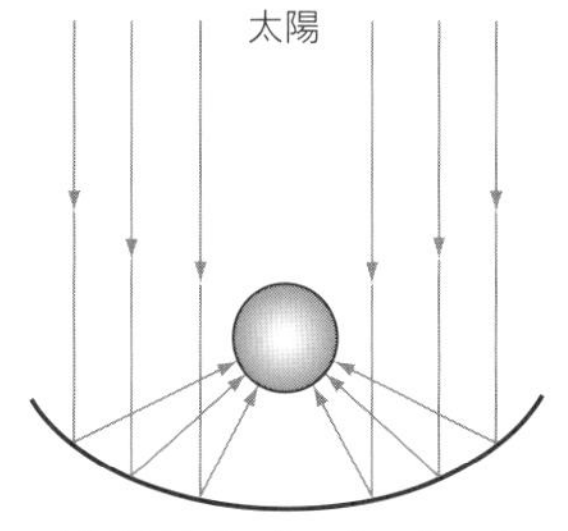

図 44 ■ソーラークッカーの原理

ここまでの２つの実験機の原理は傘のパラボラ状になっている形状を利用し、太陽光を反射し、光を調理器具に集光することで調理するのに十分な熱を得ることができます。しかし、一言に光といってもただの光ではありません。光にはさまざまな波長があり、その中でも熱線とよばれる赤外線（波長約 800 nm 以上）光がこの熱の正体なのです。

● ● ●

また別の材料でソーラークッカーをつくってみましょう。

実験＆工作 ❶－⑳ 手づくりソーラークッカー 3（透過型）

準備するもの★ 45 cm アングル 8 個、梱包用ラップ、水、木材

実験・工作の手順★アングルを組み土台をつくる⇒上面にラップを貼る⇒水を流し込む⇒水レンズをつくる⇒完成

①アングルを用いて土台を組みます。
②組んだ土台の上面に梱包用ラップを貼ります。
③ラップに水を約２L 以上注いで水レンズをつくります。

④そのレンズが集光し、つくった焦点に木材を置きます。

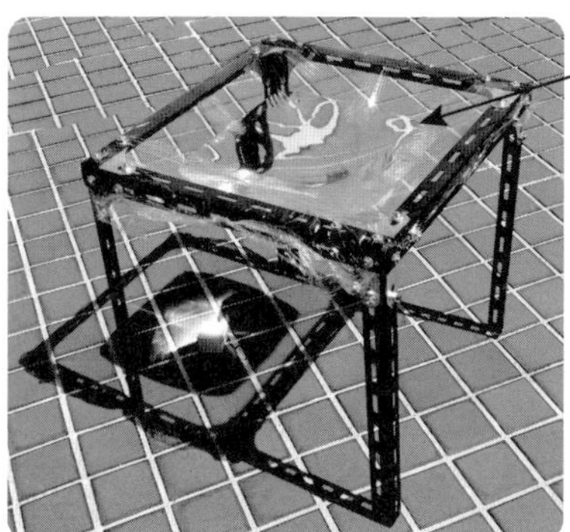

図 45 ■ソーラークッカー 3（透過型）

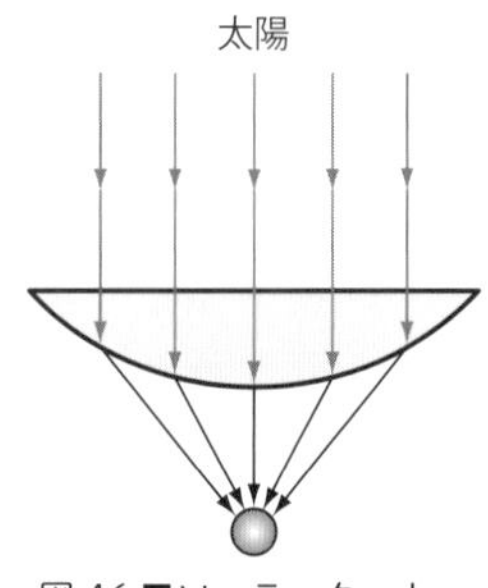

図 46 ■ソーラークッカーの原理

このソーラークッカー3は、太陽の光を集めることが主な原理であることに変わりはないのですが、今回はレンズの集光と同じ原理を使います。太陽から降り注ぐ光は、図46のように集光することで熱を得ます。小学校の理科で虫眼鏡を用いて黒画用紙を燃やした経験は誰もがやったことある実験ではないでしょうか？　それと同じ原理です。

災害時において、実験&工作❶－⑱では保温シートやアルミシートなど買わなければならないものが多いのですが、実験&工作❶－⑲は、段ボールやアルミホイルなど廃材利用で作製可能です。また、実験&工作❶－⑳ではアングルを使用して土台をつくりましたが、これを段ボールや別の素材で作り、また円筒状にすることで、後はラップを貼っておけば雨水がたまり、円形レンズとしてソーラークッカーを作製することが可能です。

今回の実験は、再生可能エネルギーに簡単に触れることのできる実験です。環境教育の実験として、是非、取り入れては如何でしょうか。

●　●　●

ソーラークッカーでは、太陽の光を集めてゆで卵をつくりました。今度は、ペットボトルを使ってお湯をつくり、お風呂用のお湯を沸かしてみましょう。

実験&工作 ❶－㉑ ペットボトル温水器をつくろう

準備するもの（1セル分）★2 L ペットボトル 4 個、シールテープ、内径 8 mm の塩ビパイプ、外径 8 mm の塩ビパイプ、8 mm の O リング、円柱状の発泡スチロール、ゴムシート、針金、ストロー、60 cm アングル 4 本、45 cm アングル 4 本、25 cm アングル 6 本、内径 25 mm のビニールホース、V20 水道用塩ビパイプ、T 字塩ビパイプ 4 個、塩ビ管用バルブ 1 個、強力接着剤、塩ビ用接着剤

実験・工作の手順★弁をつくり、ペットボトルに取りつける⇒ペットボトルを塩ビ管で連結する⇒1セルを組み立てる⇒完成

図47 ■ペットボトル温水器

①まず、ペットボトルを加工しましょう。ラッカースプレーでペットボトルの表面を黒く塗り、底に直径1.6 mmの穴をあけます（図48）。
②ペットボトルの口にシールテープを7、8周巻きつけます（図49）。

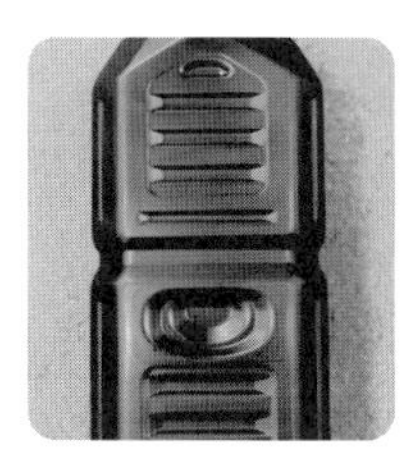

図48 ■ペットボトルを加工したようす

図49 ■シールテープを巻きつけるようす

③次に弁をつくりましょう。円形の発泡スチロールの棒の断面に、丸く切ったゴムシートを貼りつけて針金をさします。
④内径8 mmの塩ビパイプは5 cmに切り、外径8 mmの塩ビパイプは4.9 cmに切ります。
⑤④で加工したそれぞれの細い塩ビパイプを太い塩ビパイプに入れ、Oリングを接着します。

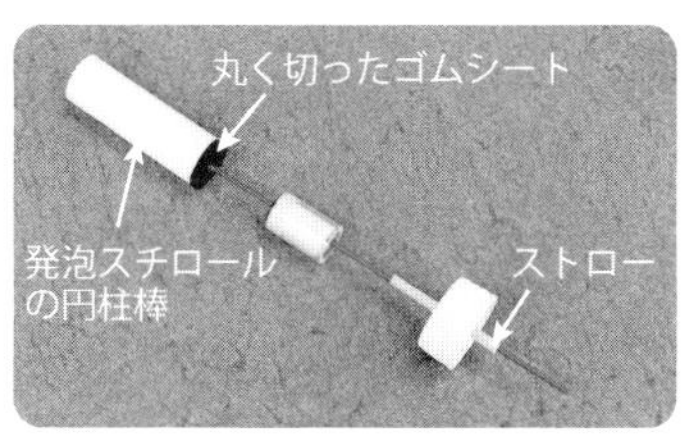

図50 ■弁の全体の構造図

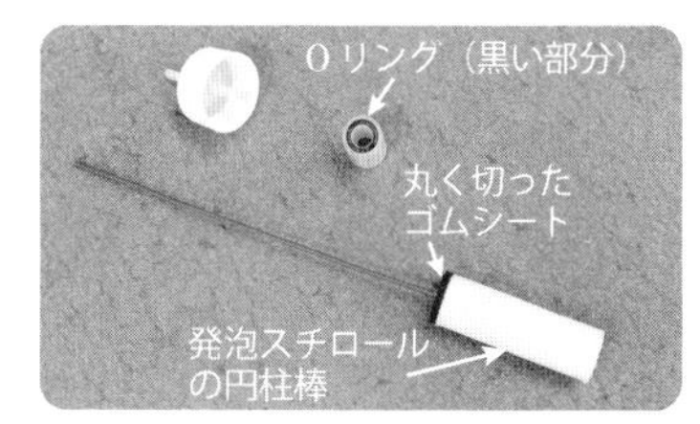

図51 ■弁の各部品

⑥ペットボトルのふたに千枚通しで穴をあけ、ストローを通します。
⑦ペットボトルの底にあけた穴に、O リングを取りつけた塩ビパイプを半分まで差し込み、接着剤で固定します。このとき、O リングはペットボトルの内側になるようにします。
⑧塩ビパイプの上に、⑦で加工したふたの面を接着します（図 52）。
⑨ペットボトルの口から針金を差し込んでストローに通します。針金が少しだけ上下できる余裕を残して、先を曲げ、ストッパーをつくります。
⑩最後に、全体を組み立ててみましょう。まず、図 54 のようにアングルを組みます。
⑪ペットボトルを並べ、T 字塩ビ管、5 cm に切った水道用塩ビ管、5 cm に切ったビニールホース、塩ビ管用バルブを塩ビ用接着剤を使って組み立てコックとします。
⑫ 4 つのペットボトルをつなげて 1 セルの完成です。
⑬上に積んだり、横に連結したりして大きな温水器をつくりましょう。

図 52 ■ペットボトルとふたを接着させたようす

図 53 ■ストッパーを着けるようす

図 54 ■アングルを組んだようす

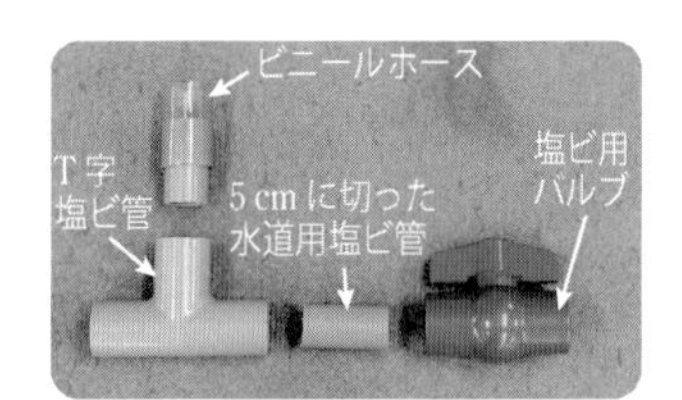

図 55 ■組み立ての仕方

これは、10 月上旬のペットボトル温水器の実験結果です。2 時間経つとお風呂が入れるほどの温度になりました。温度上昇が穏やかになっている部分は、日差しが陰ったときです。

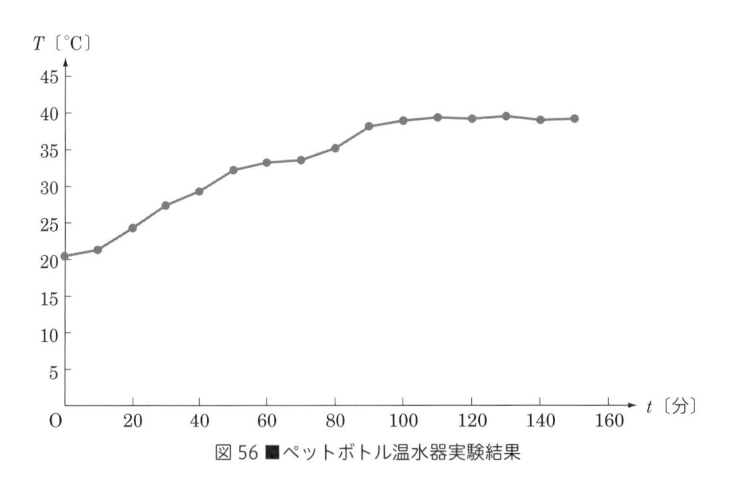

図 56 ■ペットボトル温水器実験結果

表2■ペットボトル温水器実験結果

時間 t〔分〕	0	10	20	30	40	50	60	70	80	90	100	110	120	130	140	150
水温 T〔℃〕	20.5	21.2	24.1	27.2	29.3	32.2	33.2	33.6	35.2	38.1	38.9	39.4	39.3	39.4	39.0	39.1

ソーラークッカーは太陽光を反射し、光を調理器具に集光することで熱を得ました。ペットボトル温水器では、ペットボトルを黒く塗ることで熱を吸収しています。これは一体どういうことなのでしょうか。

物に光が当たると、光からエネルギーを受けとるため温度が上がります。例えば、赤いものは赤い光を反射して他の色の光を吸収するため赤く見えます。白いものはほとんどの光を反射します。反対に黒いものは、ほとんどの光を吸収し、さらにはいろいろな光の持つエネルギーも吸収します。このように、ペットボトル温水器は黒いペットボトルが太陽の光を吸収して熱を得て、お湯をつくっています。

このペットボトル温水器は電気を使わず、自然の力を利用して水を温めることで、節電にもつながります。さらには災害時にもお湯を得ることができます。

Memo

❷ 熱と仕事

熱の本性とはいったい何なのでしょうか。17世紀の科学者たちは、熱をフロギストンという粒子や、熱素という物質によるものであると考えていました。しかし研究が進むにつれて、熱の本性は物質を構成する分子や原子の運動によるものだとわかってきました。

● ● ●

熱は分子や原子の運動によるものかどうか、古代式火起こし器をつくって確認してみましょう。

実験&工作 ❷－① 古代式火起こし器をつくろう

準備するもの★木板（厚さ1 cm程度の合板）、手のこぎり、ドリル、横木ハンドル（縦40 cm×横5 cmの板）、重し板（縦10 cm×横10 cmの板）、火きり棒（直径2 cm×長さ50 cmの木の棒）、発火材（直径1.2 cmの固い木材の棒）、たこ糸、太さ1 cm程度のロープ、ティッシュ、麻ひも、割り箸

実験・工作の手順★火床板をつくる⇒横木ハンドル、重し板、火きり棒にそれぞれ穴をあける⇒板を組立てる⇒ひもを通す⇒火を起こす

①まず、火床板をつくります。木板の端から5 mm程のところに、ドリルの刃で直径1 cm程のへこみをつけます。

②手のこぎりで三角形の切込みを入れます。

③次に、火起こし機をつくります。横木ハンドルの中央に、直径3 cmの穴をあけます。この部分は、火きり棒が通ります。

④横木ハンドルの両端から2 cmのところに、それぞれ直径1.5 cmの穴をあけます。この部分は、ロープが通ります。

⑤重し板の中央に、直径2 cmの穴をあけます。後に、火きり棒と合体させます。

⑥火きり棒の上の端から3 cmのところに、棒に対して直角に直径1.5 cmの穴をあけます。この部分は、ロープが通ります（図3）。

⑦火きり棒下端の断面に、直径1 cmの穴を深さ5 cm程に穴をあけます。

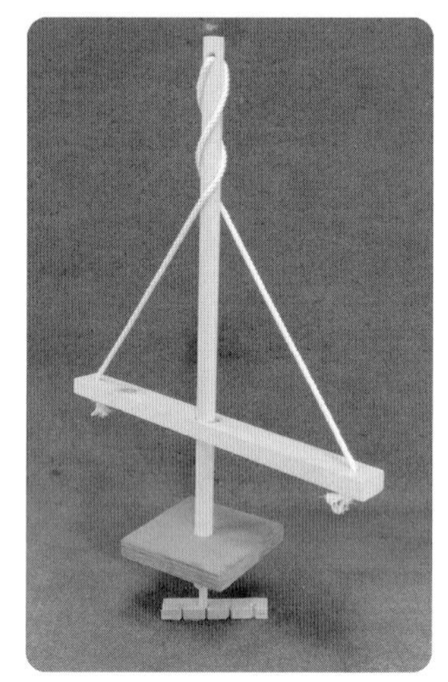

図1■古代式火起こし器

図2■火床板の完成図

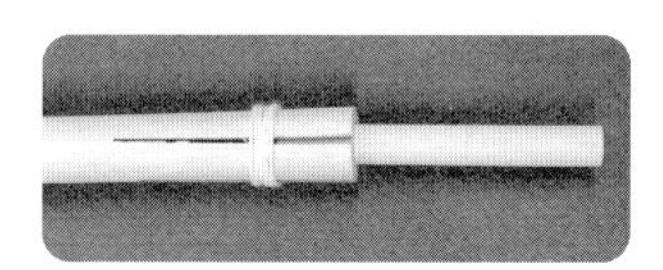

図3■手順⑥のようす

⑧火きり棒下端から 5 cm にかけて、十字に切込みを入れます。
⑨火きり棒の十字切込みに、発火材を押し込み、たこ糸をまいて固定します。
⑩図 4 のように、重し板を火きり棒に差し込みます。
⑪さらに、横木ハンドルに②、③であけた穴にロープを通し、両端を結ぶと実験器が完成します（図 5）。
⑫火床板のへこみ部分に発火材の先にあて、横木ハンドルを両手でもって上下に動かし、実験器を回転させます（図 6）。
⑬火種ができたらティッシュに包み、息を吹き確かな火種とします。
⑭火種を鍋の中に置き、ティッシュに包んだ割り箸に火を移します。

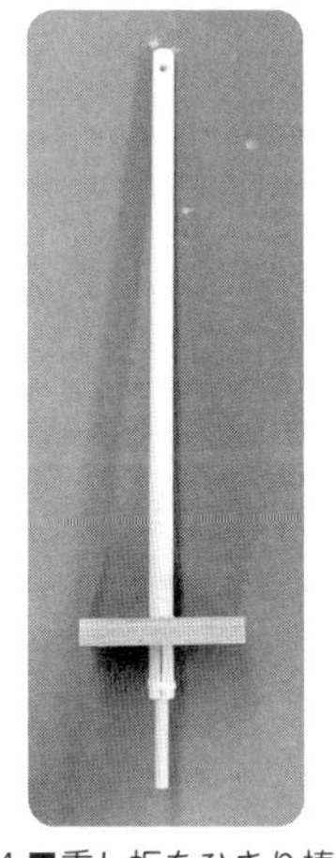
図 4 ■重し板をひきり棒に差し込むようす

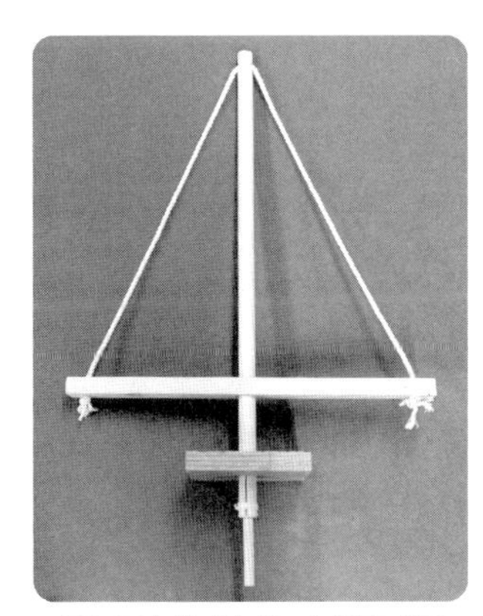
図 5 ■古代式火起こし器完成図

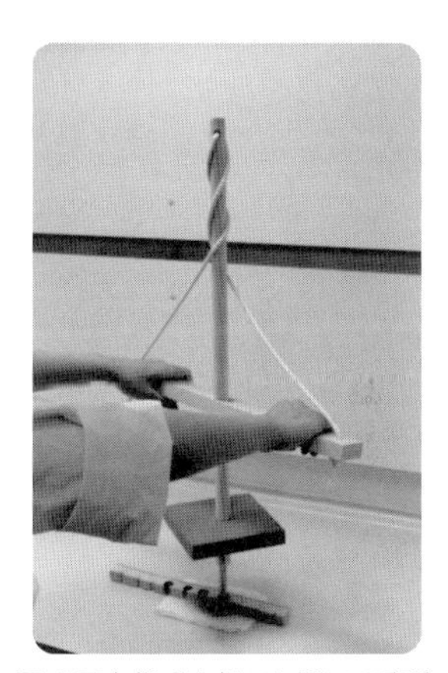
図 6 ■古代式火起こし器での実験のようす

完成した古代式火起こし器で実際に火を起こしてみましょう。木の棒が回るとき、この棒は運動エネルギーを持っています。木の棒は火床板とこすれて摩擦が起こることで摩擦熱が発生します。すると運動エネルギーが熱に変換されて、発火点を超えると火が発生します。

● ● ●

次は、電気ドリル火起こし機で火を起こしてみましょう。

実験&工作 ❷－② 電気ドリル火起こし機をつくろう

準備するもの★木板（厚さ 1 cm 程度の合板）、手のこぎり、電気ドリル、発火材（太さ 12 mm の固い木材の棒）、ティッシュ、麻ひも、割り箸

実験・工作の手順★火床板をつくる⇒電気ドリルに木の棒をはめる⇒火を起こす

①火床板は、実験＆工作❷－①を参考につくりましょう。
②次に、火起こし機をつくります。電気ドリルに発火材を取りつけます。
③火床板のへこみ部分に木の棒をあて、電気ドリルを回転させます。
④火種ができたらティッシュに包み、息を吹き確かな火種とします。

⑤火種を鍋の中に置き、ティッシュに包んだ割り箸に火を移します。

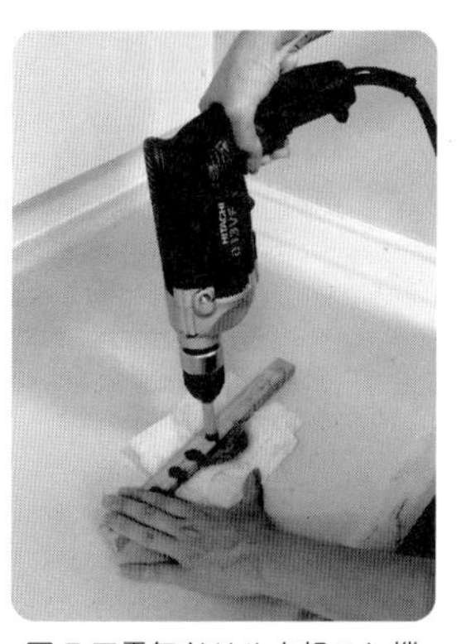
図 7 ■電気ドリル火起こし機での実験のようす

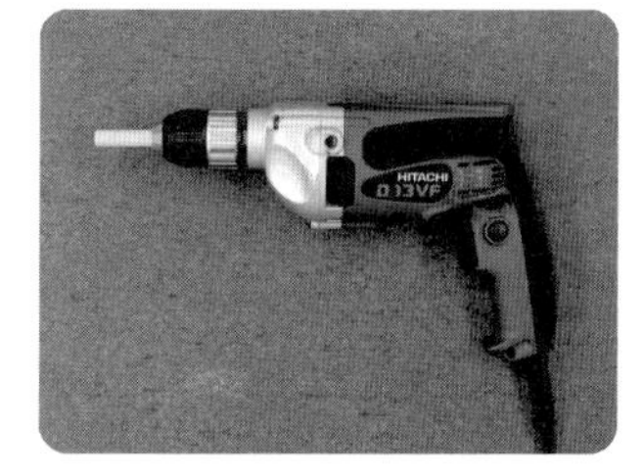

図 8 ■ドリルに木の棒を取りつけたようす

電気ドリル火起こし機で火を起こしてみると、電気ドリルは電気エネルギーがドリル内のモーターを回すことで力学的エネルギーに変換され、さらに熱に変わり、火が発生します。

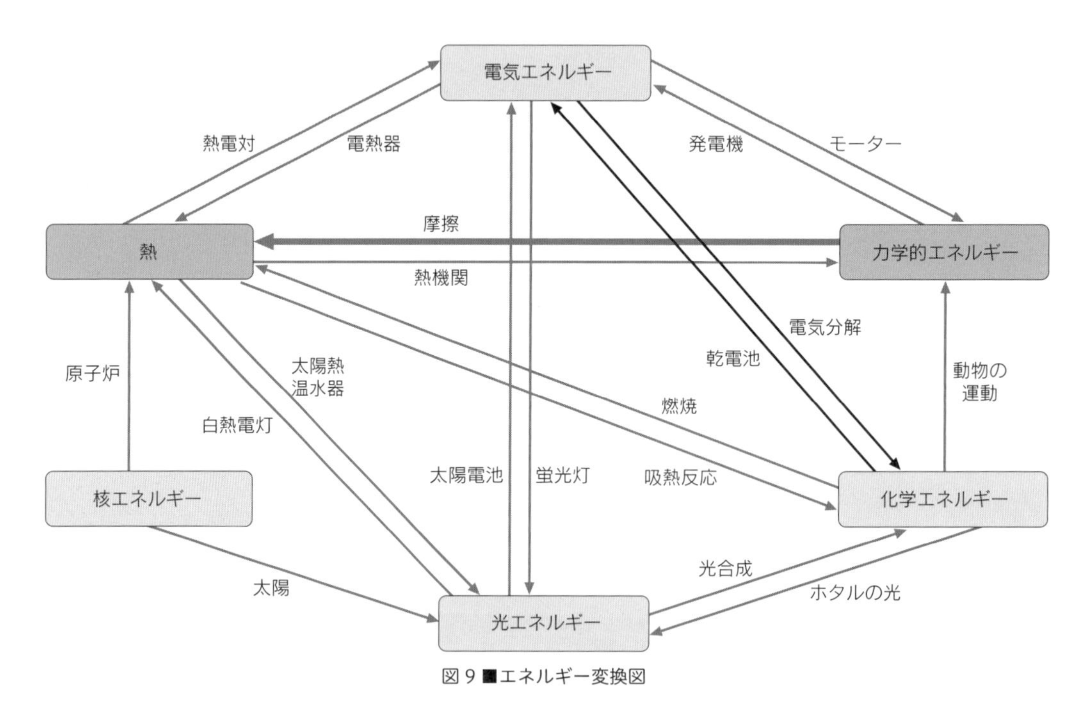

図 9 ■エネルギー変換図

上の図に示すように、エネルギーは、さまざまな姿に変化します。しかし、変換前のエネルギーの総量と変換後のエネルギーの総量は変化しません。これを**エネルギー保存の法則**といいます。

これにより、

（力学的エネルギー）＋（熱）＝ 一定

を示すことができます。この関係を示した法則を、**熱力学第１法則**といいます。

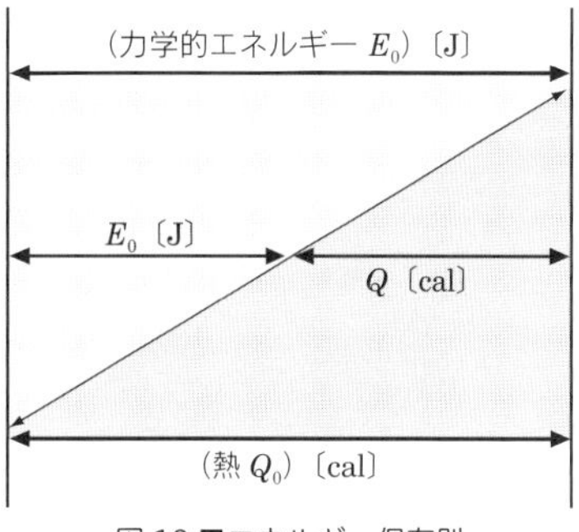

図 10 ■エネルギー保存則

● ● ●

イギリスの物理学者ジェームズ・ジュールは、仕事と熱が比例関係にあることを、実験を繰り返して明らかにしました。ジュールは一体どのような実験を行ったのでしょうか。

実験&工作 ❷－③ ひもを使ってパイプの水が沸騰！実験

準備するもの★木の板（横 15 cm×縦 5 cm ×厚さ 3 cm)、銅管（直径 1 cm×長さ 10 cm、エアコンの冷媒を送るパイプなどを利用)、ひも１本、温度計

実験・工作の手順★木の板に穴をあける⇒銅管の先をつぶす⇒板に差し込む⇒銅管にひもを巻き付けてこする

①木の板に、直径 1 cm の穴をあけます。
②銅管の端から 5 mm ほどつぶし、はんだで完全に閉じます（図 12)。
③板の穴に銅管を裏側から差し込み、板をクランプなどで固定するか、台を手で押さえてもらいます（図 13)。
④銅管に水を入れ、ひもを銅管のまわりに１周巻きつけます。
⑤ひもの両端をにぎり、片端ずつ交互に引っ張って銅管をこすります。続けていると中の温度が上がって沸騰します。このとき、吹きこぼれによってやけどをしないように十分注意しましょう（図 11)。

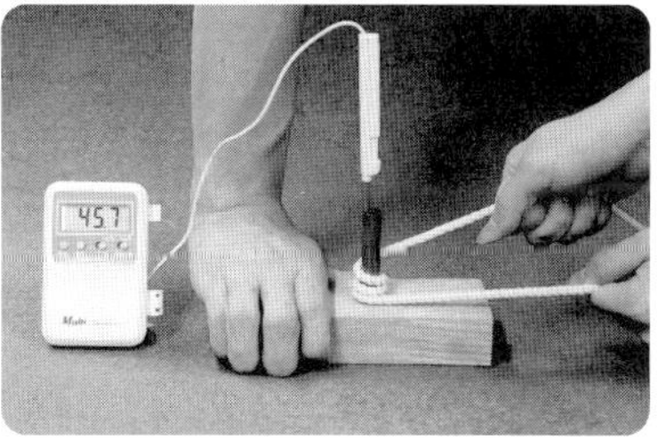

図 11 ■実験のようす

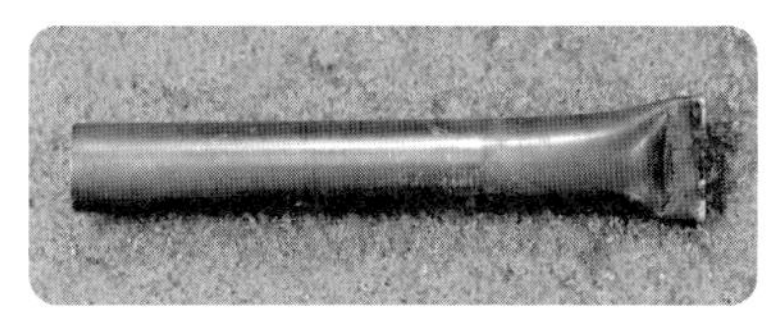
図 12 ■端をつぶしてはんだで閉じたようす

図 13 ■木の板に銅管を差し込んだようす

実際にどの程度温度が上がったのか見てみましょう。時間 t を横軸、温度 T を縦軸のグラフを描くと、図 14 のようになりました。

表１■実験結果

時間 t〔s〕	0	30	60	90	120	150	180	210	240	270
温度 T〔℃〕	25.9	28.9	39	47.2	54.7	60.9	64.7	68.3	73.1	76.6
時間 t〔s〕	270	300	330	360	390	420	450	480	510	
温度 T〔℃〕	76.6	77.6	81.2	85	87.8	91.6	93.7	97.1	100.1	

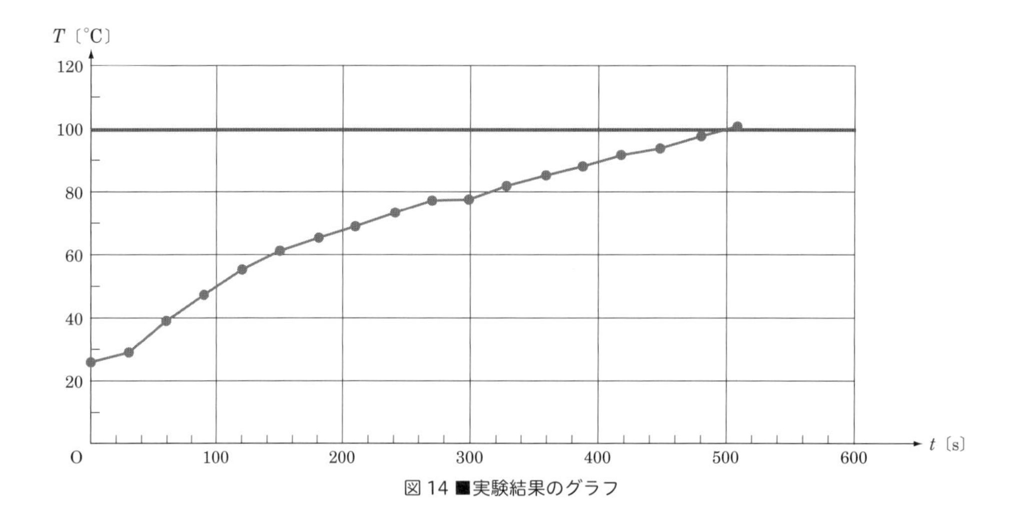

図 14 ■実験結果のグラフ

これは、人がひもでこすった運動エネルギー（仕事）が摩擦によって熱に変わり、水を沸騰させたのです。すべての仕事が水の温度を上昇させるエネルギーに使われたと仮定して考えてみましょう。

実験前の温度を T_1〔℃〕、実験後の温度を T_2〔℃〕、温度の上昇を ΔT とすると

$$\Delta T = T_1 - T_2 = 74.2℃$$

です。このとき、水の温度を上昇させたエネルギー W〔J〕は、銅管の質量を m_1〔g〕、水の質量を m_2〔g〕、銅管の比熱を c_1〔cal/(g·K)〕、水の比熱を c_2〔cal/(g·K)〕とおくと

$$Q = m_1c_1\Delta T + m_2c_2\Delta T = (m_1c_1 + m_2c_2)\Delta T$$

と示すことができます。

$m_1 = 27.4\,\mathrm{g}$、$m_2 = 3.0\,\mathrm{g}$、$c_1 = 0.091\ \mathrm{cal/(g \cdot K)}$、$c_2 = 1.0\ \mathrm{cal/(g \cdot K)}$ のとき

$$Q = (27.4 \times 0.091 + 3.0 \times 1.0) \times 74.2 = 407.6\,\mathrm{cal}$$

となります。

ところで、実験&工作❷-⑤でも行いますが、仕事当量 J は、$J = 4.19\ \mathrm{J/cal}$ なので、8 分 30 秒で人がひもをとおしてした仕事 W は、$W = JQ$ より、

$$W = JQ = 4.19 \times 407.6 = 1707.8\,\mathrm{J}$$

となります。ただし、実際には人がひもをとおしてした仕事は、空気中に放熱されたり、音となっているので、求めた値よりも大きくなります。人数が多いときは、コーヒーの空き缶に水を入れて同じようにひもでこすり、ゆで卵をつくってみると面白いです。私たちの研究室でも実際に成功して、美味しく食べました！

次に泡だて器で、湯沸し実験を行ってみましょう。

実験&工作 ❷－④ 泡だて器で湯沸し実験

準備するもの★電動泡だて器（100円均一ショップで売ってるもの）、大きさの違うプラコップ2個、梱包材（断熱材として使用）、5 cm×5 cm程度の貼りパネ、卵2個、温度計

実験・工作の手順★プラコップと梱包材で容器をつくる⇒容器に卵の白身を割り入れる⇒電動泡だて器で泡立てる⇒卵の温度上昇を記録する

図15 ■実験のようす

①小さいプラコップに梱包材を巻きつけ、大きいプラコップの内側に押し込みます（図16）。

②外側のプラコップに梱包材を巻きつけ、しっかりと断熱します。

③貼りパネでプラコップのふたをつくり、ふたの中央に泡だて器の柄が通る程度の穴をあけます。さらに温度計の通る穴を、泡だて器に当たらない位置にあけます（図18）。

④つくった容器に卵の白身を入れ、泡だて器でかき混ぜます。このときの卵の温度を1分ごとに記録します（図15）。

⑤メレンゲが完成します（図19）。

図16 ■小さいプラコップを押し込むようす

図17 ■押し込んだ後のプラコップ

図18 ■断熱材を巻き、ふたをつけたようす

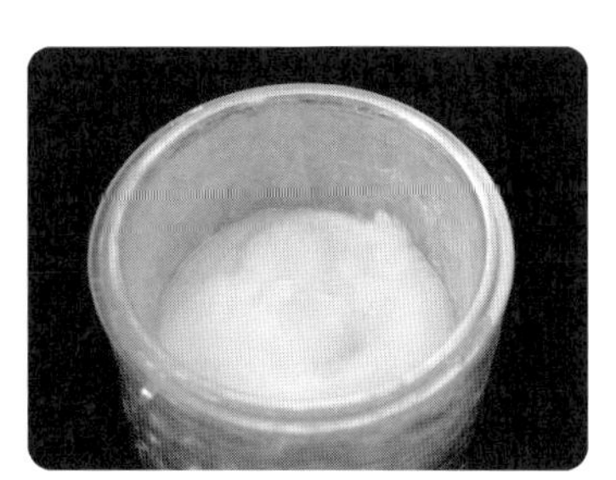
図19 ■完成したメレンゲ

経過時間と卵の白身の温度の関係を調べると、次のようになりました。

表 2 ■実験結果

時間 t〔分〕	0	1	2	3	4	5	6	7	8	9	10	11	12	13	14	15
温度 T〔℃〕	18.4	18.6	18.8	19.0	19.1	19.3	19.4	19.5	19.6	19.7	19.9	20.0	20.2	20.3	20.4	20.5
時間 t〔分〕	16	17	18	19	20	21	22	23	24	25	26	27	28	29	30	
温度 T〔℃〕	20.6	20.7	20.9	21.0	21.1	21.2	21.3	21.4	21.5	21.6	21.7	21.8	21.9	22.0	22.0	

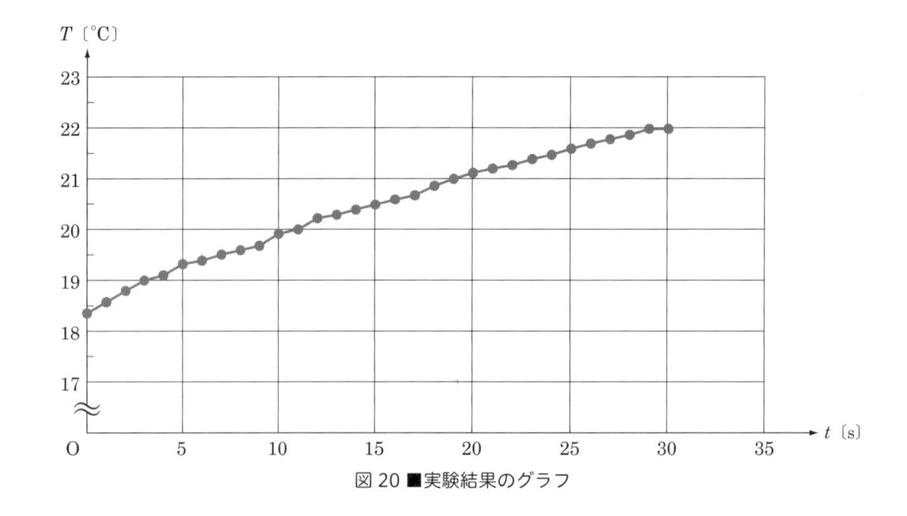

図 20 ■実験結果のグラフ

この実験で、卵の質量を m〔g〕、上昇した温度を ΔT〔℃〕、卵の比熱を c〔cal/(g·K)〕とすると、卵の得た熱量 Q〔cal〕は $Q = m\Delta t$ となります。今回の実験では、卵は 9 割以上水分でできているので、卵の比熱 c は水の比熱 $c_{水} = 1.0$ cal/(g·K) とほぼ等しいとみなしました。

実験開始時の温度を T_1、実験終了時の温度を T_2 とすると

$$\Delta T = T_1 - T_2 = 3.6℃$$

さらに、

$$m = 64.0 \text{ g}$$

なので、

$$Q = mc\Delta T = 64.0 \times 1.0 \times 3.6 = 230.4 \text{ cal}$$

泡だて器が 30 分間にした仕事 W は、$W = JQ$ より、

$$W = 4.19 \times 230.4 = 965.4 \text{ J}$$

とわかります。

これらの実験を通して、機械が行う仕事は大きくて、温度が上がりそうに思えますが、実際には人が手でした仕事の方が大きいことがわかったので、驚きました。

● ● ●

1798年、ランフォードは大砲の中ぐり作業の装置を水槽の中に入れ、馬を使って水中で砲身の穴を開ける実験を行いました。その結果、2時間半後には水が沸騰したと伝えられています。

イギリスの物理学者ジュールは、仕事と熱が比例関係にあることを、実験を繰り返して明らかにしました。ジュールは一体どのような実験を行ったのでしょうか。

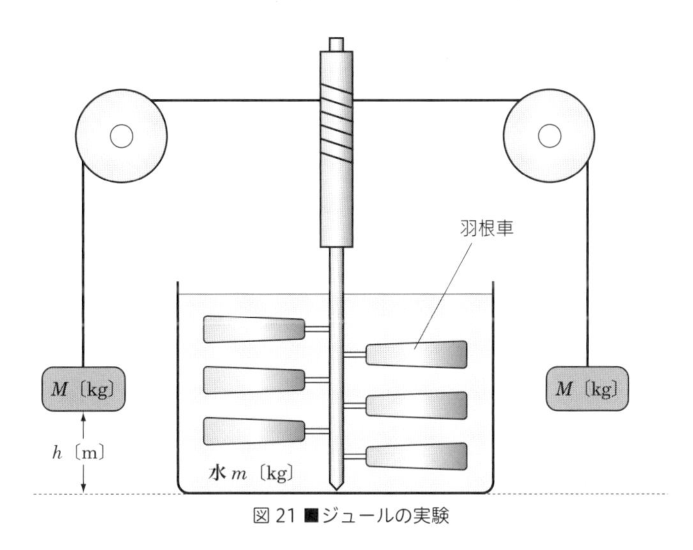

図21■ジュールの実験

ジュールがつくった実験装置を見てみましょう。おもりがゆっくり降下すると滑車を通して羽根車が回り、水を撹拌します。さらに羽根車と水の摩擦によって水温が$\varDelta T$〔℃〕上がります。質量M〔kg〕の2つのおもりがh〔m〕だけ落下する場合を考えてみましょう。おもりは、終端速度v〔m/s〕に達します。重力による位置エネルギーの減少をE_{p}とすると、

$$E_{\mathrm{p}} = 2Mgh \text{〔J〕}$$

です。これが、運動エネルギーと熱の仕事量に変化するので、

$$2Mgh = \left(\frac{1}{2}Mv^2\right) \times 2 + JQ \qquad (2 \cdot 1)$$

となります。また、水当量がw〔g〕の水熱量計とその中の質量m〔g〕の水がもらった熱量Qは、

$$Q = (m+w)\varDelta T \text{〔cal〕} \qquad (2 \cdot 2)$$

式(2・1)、式(2・2)より、

$$2Mgh = \left(\frac{1}{2}Mv^2\right) \times 2 + J(m+w)\varDelta T$$

$$J = \frac{2Mgh - Mv^2}{(m+w)\varDelta T} \text{〔J/cal〕}$$

と導くことができます。さらに

$$J = 4.18605\ \mathrm{J/cal}$$

であり、この値を**仕事当量**といいます。

熱の仕事当量

$$W〔\mathrm{J}〕= J〔\mathrm{J/cal}〕\times Q〔\mathrm{cal}〕$$
$$J = 4.19〔\mathrm{J/cal}〕$$

● ● ●

ところで、お風呂のお湯は水の攪拌で沸かすことができるのでしょうか？

実験&工作 ❷－⑤ 電気ドリル攪拌でお風呂を沸かそう実験

準備するもの★浴槽（あるいは 300 L 程度の大きな水槽）、台車、段ボール、断熱シート、電気ドリル、ちりとり 4 個、塩ビ管（26 mm 程度もの 1 m と外径 38 mm 程度のもの 10 cm）、突っ張り棒 4 本、排水用のビニールホース、ゴム栓、大きめのビー玉 1 個、アングル（90 cm × 9 本、45 cm × 4 本）、針金、ビニールテープ、直径 5 mm アルミパイプ 50 cm、耐震マット、アルミ缶（飲料用の空き缶）、30 mm のドリルの刃（ホールソータイプ）

実験・工作の手順★巨大断熱容器をつくる⇒攪拌棒をつくる⇒電気ドリルスタンドをつくる⇒完成

①台車に浴槽を乗せ、排水口の真下にくる台車の面に排水用のビニールホースが通るように直径 4 cm 程度の穴を開けます（図 22）。

②ゴム栓の中央に穴を開け、ビニールホースを通して接着剤でとめます（図 23）。

③浴槽に断熱シートを巻き、蓋も段ボールと断熱シートでつくります。これで巨大断熱容器ができます（図 24）。

④塩ビ管を長さ 5 cm に、2 つ切ります。

図 22 ■台車に穴を開けたところ

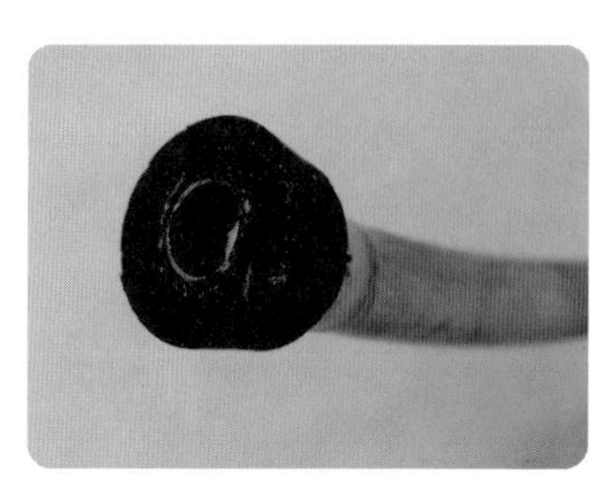
図 23 ■排水ホースの作製

図 24 ■巨大断熱容器のようす

⑤突っ張り棒をクロスさせてビニールテープで縛り、風呂の内側に固定します（図 25）。
⑥④で加工した塩ビ管を、クロスさせた突っ張り棒の中心に針金で縛ります。
⑦⑥の塩ビ管の真下に、アルミ缶の底を、耐震マットを使って貼り、軸受けをつくります（図 26）。

図 25 ■突っ張り棒を針金でしばりつけるようす

図 26 ■底の軸受けと突っ張り棒を取り付けた軸の支え

⑧塩ビ管に十字に穴を開け、アルミパイプ（ない場合は突っ張り棒でもよい）を突き刺します（図 27）。
⑨4 個のちりとりを、4 ヶ所に突き出たアルミパイプそれぞれに、針金で固定します（図 28）。

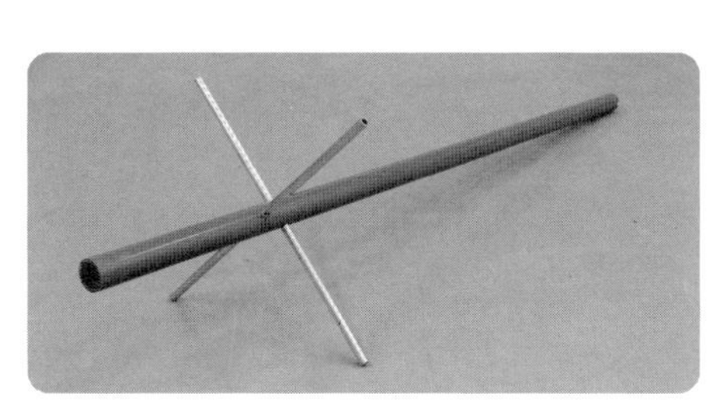
図 27 ■パイプを突き刺したようす

図 28 ■撹拌棒の作製

⑩⑨の撹拌棒の下端に、ビー玉をビニールテープで固定します（図 29）。こうすることで、水中でもスムーズに回転できます。なお、反対側は図 30 のように塩ビ管の淵を切ります。

図 29 ■ビー玉の固定

図 30 ■ドリルとの接続側

⑪作製した撹拌棒の下端を軸受に収め、⑤、⑥同様に、浴槽の上の方でも撹拌棒を支えられるように、押さえを設置します（図 31）。

⑫図 32 のように、90 cm アングル 4 本を浴槽のふちを傷つけないように、囲むように取りつけます。画面手前側の辺は 45 cm アングルで補強を、画面向こう側の辺は台車の取手と針金でとめます。

図 31 ■撹拌棒の設置

図 32 ■電気ドリルを固定する土台づくり

⑬図 33 のように、90 cm アングルを土台と垂直に 2 本立て、それぞれを後ろから 45 cm アングルで支えます。立てた 90 cm アングルの間にドリルを取りつける高さに 2 本の 90 cm アングルをわたします。

⑭電気ドリルを固定します。図 34 のように、ドリルの刃の側面の穴に針金を通し、その針金と図 30 の塩ビ管の切り込みがかみ合うようにし、電気ドリルにつけます。

⑮120 L（適宜変えてもよい）の水を入れ、デジタル温度計の測温部が水につかる高さで浴槽の壁にビニールテープで固定し、ふたを閉めてから撹拌し、実験を行います。

図 33 ■電気ドリルスタンドの作製

図 34 ■電気ドリルと撹拌棒の接続

実験結果は、以下のようになりました。

1. 電気ドリルに流れた電流：2.544 A、電気ドリルにかかった電圧：28.71 V

表 3 ■実験結果

時間 t〔分〕	0	30	60	90	120	150	180
温度 T〔℃〕	19.8	19.9	20	20	20.1	20.1	20.2

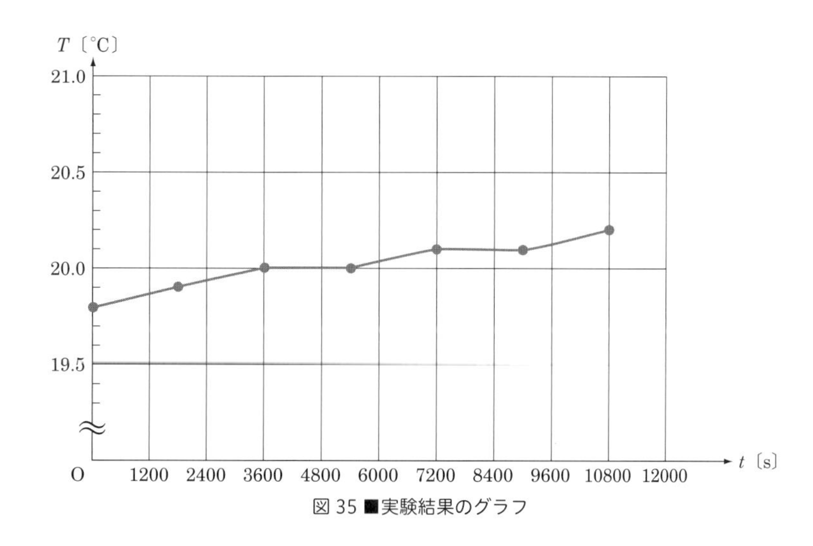

図 35 ■実験結果のグラフ

仕事 W と熱量 Q は比例します。実験の結果から、比例定数 J を求めてみましょう。電圧 $V = 28.71\,\mathrm{V}$、電流 $I = 2.544\,\mathrm{A}$ から、時間 $t = 180$ 分（$= 10800$ 秒）に電気ドリルがした仕事 W は、

$$W = VIt$$
$$W = 28.71 \times 2.544 \times 10800 = 788812.992\,\mathrm{J}$$
$$\fallingdotseq 789\,\mathrm{kJ}$$

とわかります。

また、浴槽の質量を m_1〔g〕、水の質量を m_2〔g〕、浴槽（プラスチック製）の比熱を c_1〔cal/(g·K)〕、水の比熱を c_2〔cal/(g·K)〕とおくと、$m_1 = 13000\,\mathrm{g}$、$m_2 = 120000\,\mathrm{g}$、$c_1 = 0.25\,\mathrm{cal/(g\cdot K)}$、$c_2 = 1\,\mathrm{cal/(g\cdot K)}$ であったので、

$$Q = (m_1c_1 + m_2c_2)\Delta T$$
$$= (13000 \times 0.25 + 120000 \times 1) \times 0.4 = (3250 + 120000) \times 0.4$$
$$= 156000000\,\mathrm{cal}$$

となります。さらに、$J = W/Q$ より、比例定数 J は、

$$J = 0.051\ \mathrm{J/cal}$$

と求めることができます。

これは、実際にジュールが求めた値より低い値です。その理由としては、電気ドリルの回路内

にはさまざまな抵抗があり、その抵抗に電力が使われたことなどがあげられます。実際に温度上昇に使われた仕事量は、計算で求めた値より小さいので、比例定数も小さい値になりました。

● ● ●

導体の電気抵抗を0だと思っている方もいますが、導体といえども電気抵抗（以降、抵抗）が存在します。抵抗に電流を流すと、抵抗の温度が上昇します。このとき発生する熱のことを**ジュール熱**といいます。ジュール熱を体感する実験をしてみましょう。

実験&工作 ❷－⑥ 電子の気持ち

準備するもの★巨大風船20個程度（直径1m程度）、小さい風船 数個（よく市販に売られているサイズ）、ブロアー、ひも

実験・工作の手順★風船を膨らませる⇒巨大風船を両手に持ってトンネルをつくる⇒小さい風船をもつ⇒トンネルを通り抜ける

①巨大風船を20個程度ブロアーで膨らませ、小さい風船を数個膨らませます。

②数人が両手で大きい風船を持ち、向かい合って並び巨大風船トンネルをつくります。この時の巨大風船が、金属イオンです。

③小さい風船をおでこにあてて持ちます。これが電子です。

④トンネルの中を電子が通り抜けます。

⑤巨大風船をもつ人と自由電子役の人が交替して実験を楽しみましょう。

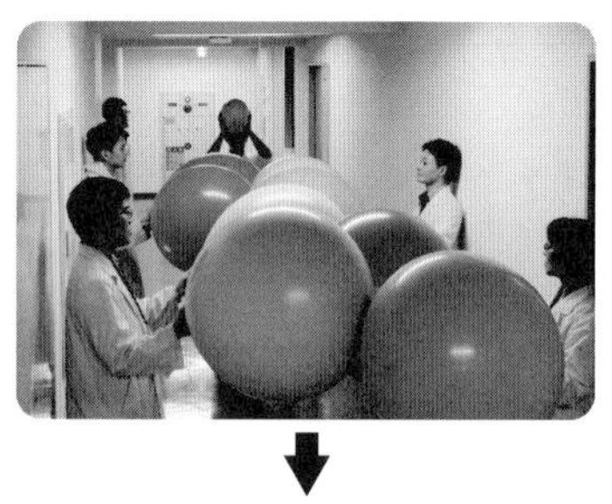

図36 ■電子の気持ち実験のようす

この実験では、巨大風船が導体の中にある金属イオン、小さい風船が自由電子として、自由電子が導線の中の金属イオンに衝突を繰り返しながら一定の平均速度vで運動しているようすを表しています。風船の間隔を狭くしたり、風船の列を長くしたりすると、自由電子役の人は風船の間を通ることが大変になります。通りにくさを表すものが**抵抗**であり、抵抗は風船の間隔（断面積）や風船の列の長さによって変化することがわかります。このことから、長さをL、断面積をSとすると、導線の抵抗Rは、

$$R=\rho\frac{L}{S}$$

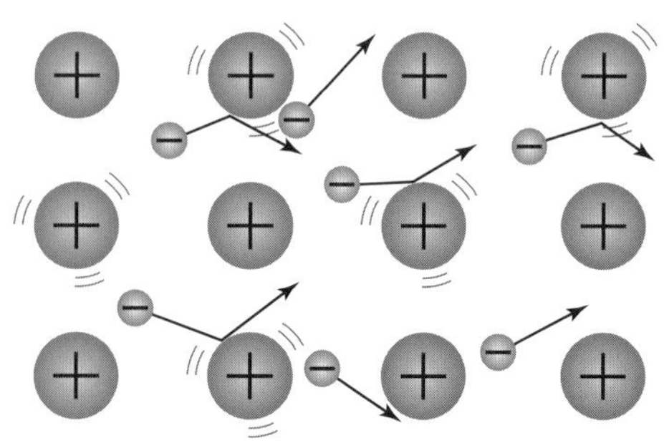

図37 ■ジュール熱の仕組み

と書けることが体感を通して理解できます。ρ は電気抵抗率といい、導線の材料と温度によって決まる定数です。

またこの実験では、自由電子役の人が巨大風船に衝突することにより、巨大風船の振動が激しくなります。自由電子が衝突し、金属原子の熱振動がより激しくなり高温化するようすをイメージすることができます。自由電子役の人は、巨大風船トンネルを通り抜けることにより熱さを感じ、ジュール熱をイメージすることができます。

抵抗 R の導線に起電力 V の電源を接続して、導線に時間 t 秒間、電流 I を流すと、

$$Q = VIt = RI^2t = \frac{V^2}{R}t$$

で表される熱 Q が発生します。この熱がジュール熱というわけだったのです。

● ● ●

ジュール熱を使ってパンを焼いてみましょう。

実験&工作 ❷－⑦ 電気パン焼き器で手づくりパンをつくろう！

準備するもの★500 mL や 1 L の牛乳パック、スチール缶、大きめのゼムクリップ、トング、ホットケーキミックス 25 g、はさみ、紫いも粉 2 g、千枚通し、紙やすり、金づち、水 40 mL、コップ、ガスコンロ、温度計（100℃程度まで測れるもの）、テスター（交流電流を測れるもの）

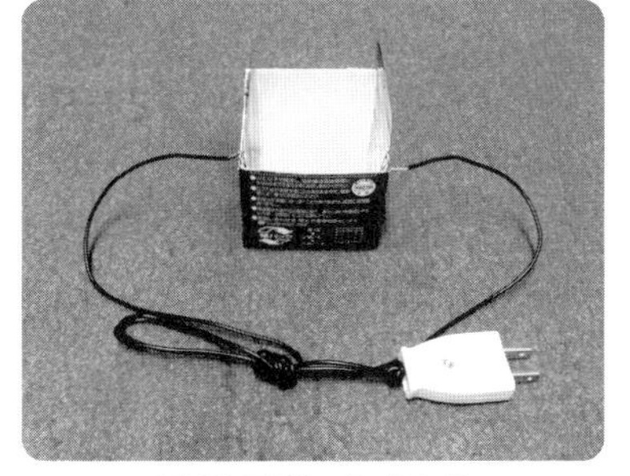

図 38 ■電気パン焼き器

実験・工作の手順★極板をつくる⇒容器をつくる⇒導線をつなぐ⇒完成

①スチールの空き缶の塗料が燃えきるまでスチール缶を焼きます。この作業は換気が十分な場所で行いましょう（図 39）。

図 39 ■スチール缶を焼くようす

②スチール缶の口と底を切り取り、平たく伸ばしてはさみで半分に切りましょう。

③半分にした 2 枚の板についた焼け焦げた塗装を紙やすりで落とします。縁を金づちでたたいて伸ばしたら、2 枚の極板の完成です。

④はさみで牛乳パックの高さを金属極板と同じ高さになるように切ります。

⑤プラグの先の導線の被服をむいて、電線の 1 本 1 本の先をゼムクリップにつなぎ、極板と牛乳パックをこのゼムクリップではさみ固定します。

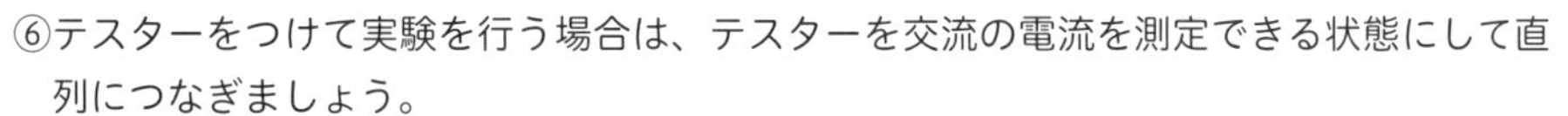

⑥テスターをつけて実験を行う場合は、テスターを交流の電流を測定できる状態にして直列につなぎましょう。

⑦ホットケーキミックス 25 g と紫いも粉 2 g を 40 mL ほどの水で溶かし、だまができなくなるまで割り箸で混ぜます。混ぜ終わったら牛乳パックに注ぎます。
⑧温度計を牛乳パックの中に入れ、プラグをコンセントに挿します。コンセントをつないだら感電の恐れがあるので、絶対に極板や導線の先には触れないように注意しましょう。
⑨パンが焼きあがるようすを観察します。できあがってすぐの手づくりパンは熱いので火傷に注意しましょう。
⑩できあがった手づくりパンにレモンをかけてパンの色の変化を観察しましょう。

家庭用の交流電源（交流電圧 100 V）を用いて、パンをつくりました。

パン生地の温度が徐々に上がり、80℃あたりからパン生地がだんだんと膨らみます。電気パンの温度と電流の時間変化は図 40 のようになります。このグラフから、水の沸点に達するまでは電流が増加していくことがわかります。電流が大きくなると、それに伴いジュール熱が大きくなり、パンの温度が上昇します。やがて、パンの温度は水の沸点（100℃）で一定になり、パン生地の水が沸騰していることがわかります。また、このときに水が蒸発していき、パンの中の水が少なくなるにつれ、電流の値も減少していきました。10 分前後から、湯気が出なくなり、パンの中の水分がほとんどなくなります。そうすると、電流の値が急激に下がり始めます。また、電流の値が下がることによりジュール熱も徐々に減少し、温度も低くなっていきます。

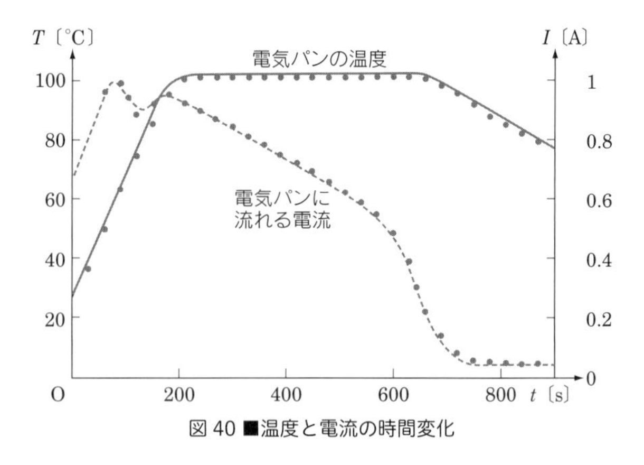

図 40 ■温度と電流の時間変化

焼き上がった紫いもパンの色は緑色をしています。紫いもには、紫キャベツなどにも含まれているアントシアニンが含まれています。アントシアニンは pH の値によって色が変化する物質です。中性のときが紫色、酸性になるにつれて紫色からだんだんと赤色になります。また、中性からアルカリ性になるにつれて、紫色、青色、緑色、黄色と色が変化していきます。これはホットケーキミックスに含まれている重層（$NaHCO_3$）は弱アルカリ性だったのですが、加熱されて、二酸化炭素（CO_2）と水（H_2O）を出して、アルカリ性の強い炭酸ナトリウム（Na_2CO_3）に分解されたからです。パンの中で行われた反応をまとめると、

$$2NaHCO_3 \rightarrow Na_2CO_3 + H_2O + CO_2 \uparrow$$

となります。そのときに発生した二酸化炭素の影響で、パンの表面に穴があきます。

パンを焼かずに、パン生地を常温でおいていても、生地に含まれている重曹のために生地が徐々に紫色から緑色に変化していきます。また、パンに酸性であるレモン汁をかけることにより、パンの色が赤色に変化します。

❸ 気体法則

水が沸騰、蒸発して気体になると、液体のときに比べて体積が増えます。このように閉じ込めた気体の体積や温度を変えると、気体の圧力も変化します。このとき、気体の圧力や体積、温度の間に成り立つ法則をロバート・ボイルやジャック・シャルルは実験によって明らかにしました。ここでは、彼らが明らかにした法則について学んでいきます。

● ● ●

では、ガラスシリンジでのボイル実験を行ってみましょう。

実験&工作 ❸－① ガラスシリンジでのボイルの実験

準備するもの★ 500 mL ペットボトル（口の広いタイプ）、30 mL ガラスシリンジ、ゴムチューブやビニールチューブ、鉄球（ゴムチューブなどの径よりも少しだけ大きいもの）、スチレンボード、両面テープ、カッター、糸

実験・工作の手順★スチレンボードで土台をつくる⇒ペットボトルにガラスシリンジを差し込む⇒土台におもりをのせ、圧力をかける⇒糸とペットボトルを結ぶ⇒ガラスシリンジを持ってペットボトルを持ち上げ、ガラスシリンジにかかる圧力を変える⇒ガラスシリンジ中の気体の体積をはかる

図 1 ■ボイルの法則実験器

①ガラスシリンジの目盛を 17 mL に合わせ、ゴムチューブやビニールチューブと鉄球で栓をします（図 2）。

②スチレンボードを 10 cm × 10 cm の正方形に切ります。これを 2 枚用意します。

③②で切ったスチレンボードのうち、1 枚にガラスシリンジのピストンの持ち手部分と同じ大きさの穴をあけます。

④③で穴をあけたスチレンボードと、穴のあいていないスチレンボードを両面テープで接着します。

⑤ピストン部分を③であけた穴に差し込み、土台をつくります。不安定な場合は両面テープなどで固定します。

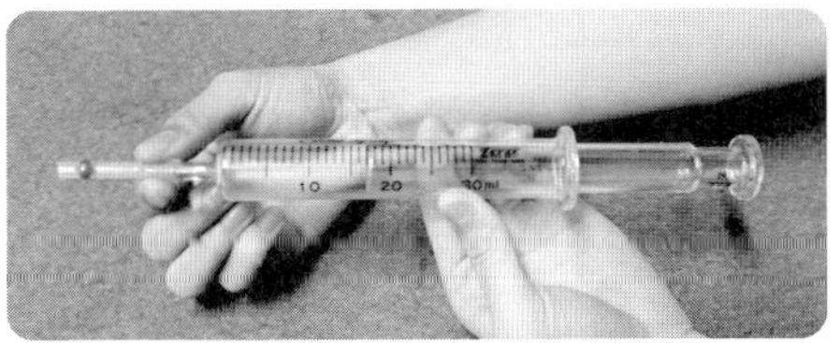

図 2 ■ガラスシリンジ

⑥ 500 mL ペットボトルの口からガラスシリンジを差し込み、ガラスシリンジの先が折れたりしないようにケアします。

⑦土台の上に質量のわかるおもりをのせ、ガラスシリンジに圧力をかけていきます（図 1）。

⑧土台にのせるおもりの質量を変えていき、そのときのガラスシリンジ内の気体の体積を、目盛を読んではかりましょう。

⑨次にガラスシリンジをペットボトルから抜き、おもりと、ピストンを糸で結びます。
⑩ピストン部分に触れないように、ガラスシリンジの本体を持ち、おもりを下につり下げます。
⑪⑧と同様に、おもりの質量を変えていき、そのときのガラスシリンジ内の気体の体積を、目盛を読んではかりましょう。

おもりの質量をm、重力加速度の大きさをg、ピストンの断面積をSとすると、大気圧p_0は、$p_0 = 1.013 \times 10^5 \mathrm{N/m^2}$なので、ガラスシリンジ内の気体にかかる圧力$p$は、$p = \dfrac{mg}{S} + 1.013 \times 10^5 \mathrm{N/m^2}$となります。圧力とガラスシリンジ内の気体の体積をグラフにすると、以下のようになります。

表1■気体の圧力と体積の関係

p〔10^5Pa〕	0.701	0.763	0.826	0.888	0.951	1.01	1.08	1.14	1.20	1.26	1.32
V〔10^{-2}L〕	2.51	2.30	2.10	1.92	1.81	1.70	1.60	1.49	1.40	1.32	1.29
$1/V$〔1/L〕	39.8	43.5	47.6	52.1	55.2	58.8	62.5	67.1	71.4	75.8	77.5

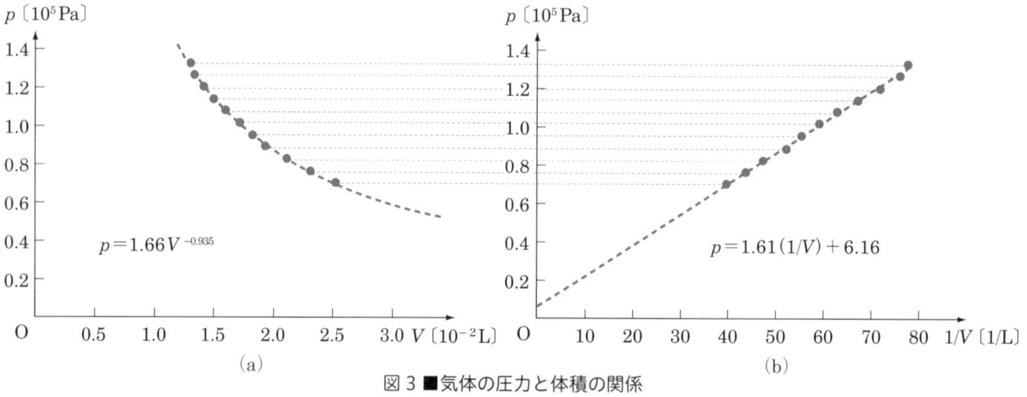

図3■気体の圧力と体積の関係

実験により得られた体積Vと圧力pをグラフにすると、図3(a)のようになり、Vとpは反比例の関係にあるように見えます。このような場合は、横軸に$\dfrac{1}{V}$をとったグラフを描いてみましょう。図3(b)のようになります。図3(b)より、$\dfrac{1}{V}$とpは正比例の関係にあることがわかります。このことから、温度を一定に保つとき、その気体の圧力と体積の積は一定となります。

$$pV = 一定（温度は一定）$$

この関係はボイルによって1662年に発見されたもので、**ボイルの法則**といいます。

● ● ●

実験＆工作❸－①では、一定量の気体の温度を一定に保つとき、その気体の圧力と体積の積は一定であるというボイルの法則を学びました。1787年、フランス人のジャック・シャルルは、ボイルの法則における定数が、温度の変化によってどのように変わるのかを調べました。実験を通してシャルルの法則について学んでいきましょう。

実験&工作 ❸－② ピンポン球手づくり温度計でシャルルの実験

準備するもの★ピンポン球手づくり温度計（実験＆工作❶－①で作製したもの)、水温が測れる温度計（ホームセンターなどで300円ほど、100円ショップでも購入可能)、定規、プラスチックコップなどの容器、はかり、お湯、氷水

実験・工作の手順★ピンポン球手づくり温度計を水につける⇒液面の高さを測る⇒水温を変化させていく⇒液面の高さを測る⇒温度と体積の関係をグラフにする

①ピンポン球の半分程度まで色水を入れ、はかりで色水の質量を測ります。

②色水の密度を1.00 g/cm^{3}とし、ピンポン球内の色水の体積を求めます。

③ピンポン球の体積から色水の体積を引き、ピンポン球内の空気の体積を求めます。

④室温を測り、そのときの液面の高さを測ります。

⑤水にピンポン球手づくり温度計の全体をしっかりとつけ、液面の高さと水温を測ります。

⑥お湯で温めたり、氷水で冷やしたりして水温を変化させ、液面の高さを測ります。

⑦液面の高さの変化から、ピンポン球内の空気の体積変化を求めます。

⑧温度と体積の関係をグラフにします。

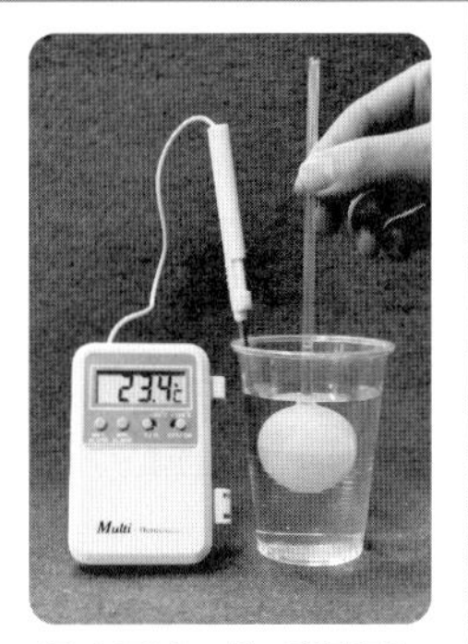

図4■ピンポン球温度計でシャルルの実験

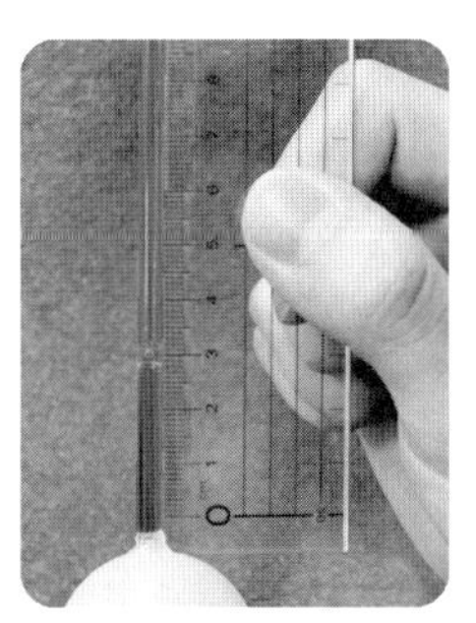
図5■液面の高さの測り方

表2■ピンポン球内の空気の温度と体積の関係

温度 t〔℃〕	1.6	6.4	9.9	15.7	19.5	24.1	29.4	33.6	38.6	40.0
液面の高さ〔cm〕	0.3	0.9	2.0	3.8	4.2	6.1	8.3	10.3	13.2	14.1
空気の体積 V〔10^{-5}m^3〕	1.58	1.59	1.60	1.63	1.64	1.67	1.70	1.74	1.78	1.80

ピンポン球内の空気について $V-t$ グラフを描くと、図6のようになります。

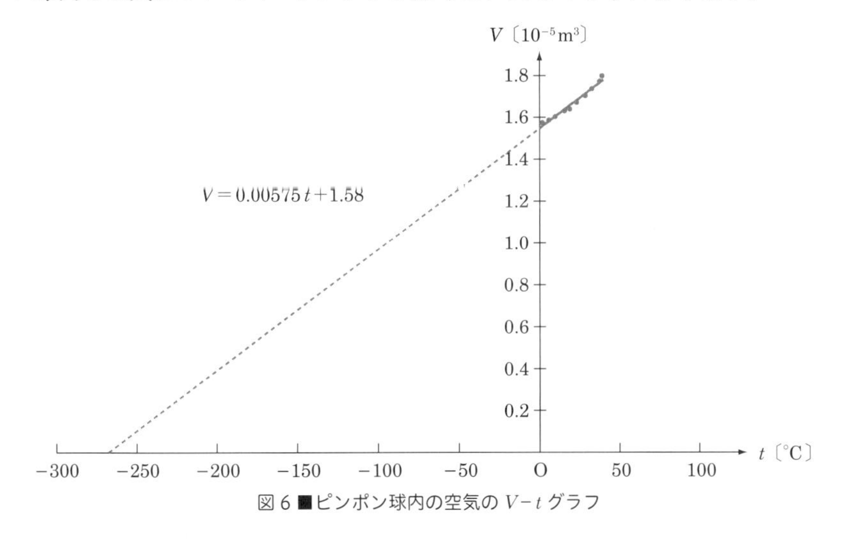

図6■ピンポン球内の空気の $V-t$ グラフ

図6より、ピンポン球内の空気の体積と温度の関係式は

$$V = 0.00575t + 1.58 \qquad (3・1)$$

となり、気体の圧力が一定のもとでは、体積は温度の1次関数として変化することがわかります。$t = 0$℃のときの体積を V_0（$= 1.547 \times 10^{-5}\mathrm{m}^3$）とすると、式(3・1)は

$$V = V_0(1 + 0.00372t) \qquad (3・2)$$

となります。式(3・2)の定数0.00372は、気体の体膨張率 β を意味します。理想的な気体の体膨張率は気体の種類によらず

$$\beta = 0.00366 \cong \frac{1}{273.15} \qquad (3・3)$$

となります。以上から気体の体積と温度の関係は

$$V = V_0(1 + \beta t) = V_0\left(1 + \frac{1}{273.15}t\right) \qquad (3・4)$$

と表すことができます。この関係式は、定圧のもとで気体の温度を1℃上げると、0℃のときの体積の約 $\frac{1}{273}$ だけ体積が増加することを表します。この関係は、シャルルによって発見されたので、**シャルルの法則**（**第1の表現**）といいます。

図6より、体積が0となる温度があることがわかります。$V = 0$ となる温度は式(3・4)より $t = -273.15$℃となります。体積が負になることはないので、-273.15℃より低い温度は存在しません。そこで、この -273.15℃を**絶対零度**とします。絶対温度の目盛は摂氏温度の目盛と同じとします。式(3・4)を有効数字が許す範囲で $V = V_0\left(1 + \frac{1}{273}t\right)$ とおき、絶対温度を T、摂氏温度を t で表すと、

$$T = t + 273 \qquad （より正確には、T = t + 273.15） \qquad (3・5)$$

となります。式(3・5)を式(3・4)に代入すると、気体の体積と絶対温度の関係式は

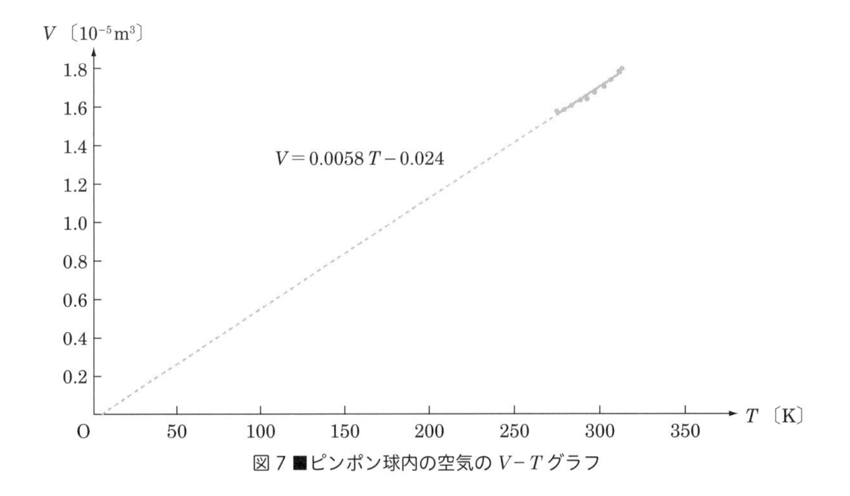

図7■ピンポン球内の空気の V–T グラフ

$$V = V_0\left(1+\frac{1}{273}t\right) = V_0\frac{273+t}{273} = V_0\frac{T}{T_0} \qquad (T_0 = 273\,\mathrm{K})$$

$$\frac{V}{T} = \frac{V_0}{T_0} = \mathrm{C} \quad (一定) \tag{3・6}$$

となります。この関係式は、気体の圧力が一定の場合、一定質量の気体の体積は絶対温度に比例することを表しています。この法則を**シャルルの法則**（**第 2 の表現**）といいます。

ボイルの法則、シャルルの法則に完全に従う理想的な気体を**理想気体**とよびます。実在気体も十分に希薄な場合には理想気体とみなせますが、高圧・低温の場合には、理想気体からずれます。

では、ボイルの法則とシャルルの法則を 1 つにまとめてみましょう。圧力 p と体積 V と絶対温度 T の関係を 2 次元のグラフで表したものが、図 8 です。

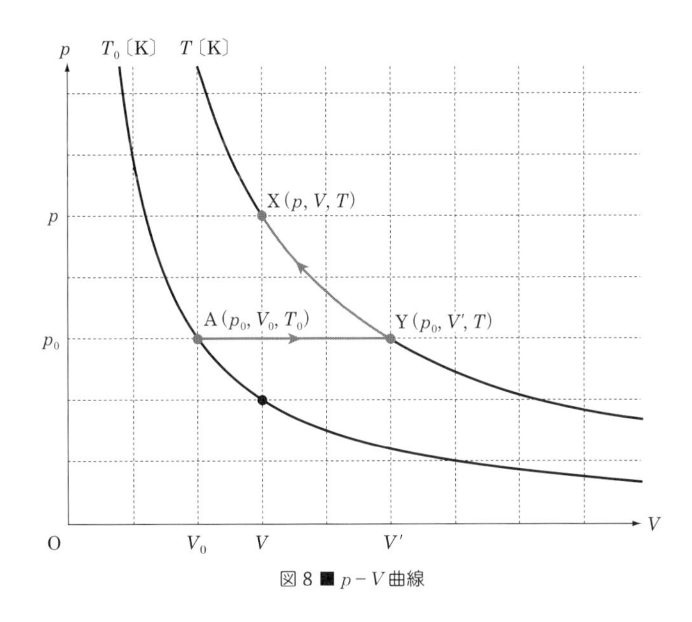

図 8 ■ $p-V$ 曲線

原子、分子、イオンなどは、6.02×10^{23} 個の集団を単位として扱います。この集団を **1 mol**（**モル**）といい、mol を単位として表された物質の量を**物質量**といいます。また、1 mol あたりの粒子の数 6.02×10^{23}/mol を**アボガドロ定数**といいます。**標準状態**（0℃＝273 K、1 気圧＝1.013×10^5 Pa）で、1 mol の理想気体の占める体積は、その種類に関係なく **22.4 L** です。

さて、図 8 の $p-V$ 曲線における点 A を標準状態とし、$\mathrm{A}(p_0, V_0, T_0) = (1\,\mathrm{atm}, 22.4\,\mathrm{L}, 273\,\mathrm{K})$ とします。また、任意の点を点 $\mathrm{X}(p, V, T)$ とします。

では、図 8 の $p-V$ 曲線上で、点 A から点 X への気体の状態変化を考えましょう。

1. A→Y の行程

圧力は p_0 で一定です。温度は $T_0 \to T$ に上昇します。気体は膨張して点 Y に至ります。シャルルの法則より

$$V' = \frac{T}{T_0}V_0 \tag{3・7}$$

2. Y→Xの行程

温度はTで一定なので、ボイルの法則により

$$pV = p_0 V' \qquad (3\cdot 8)$$

3. 式(3・8)に式(3・7)のV'を代入して整理します。

$$pV = p_0 \frac{T}{T_0} V_0 \qquad \therefore \frac{pV}{T} = \frac{p_0 V_0}{T_0} = C \quad (\text{定数}) \qquad (3\cdot 9)$$

$p-V$曲線上の点$X(p, V, T)$は、全く任意の点です。つまり、式(3・9)はある基準となる点Aの状態が決まれば、任意の点Xでの気体の状態を表すことができることを意味します。このように、一定質量の気体の体積は圧力に反比例し絶対温度に比例するという法則を、**ボイル・シャルルの法則**といいます。

それでは、式(3・9)の右辺の定数は、どのような値をとるのでしょうか。この定数をRとして、値を求めてみましょう。

点$A(p_0, V_0, T_0) = (1\,\text{atm}, 22.4\,\text{L/mol}, 273\,\text{K})$の値を式(3・9)に代入すると

$$R = \frac{p_0 V_0}{T_0} = \frac{1\,\text{atm} \times 22.4\,\text{L/mol}}{273\,\text{K}} = 0.0821(\text{atm}\cdot\text{L})/(\text{mol}\cdot\text{K}) \qquad (3\cdot 10)$$

となります。ところで、物理学ではMKS単位系で表現するため

$$p_0 = 1\,\text{atm} = 1.013 \times 10^5\,\text{N/m}^2$$

$$T_0 = 0℃ = 273.15\,\text{K}$$

$$V_0 = 22.4\,\text{L/mol} = 22.4 \times 10^{-3}\text{m}^3/\text{mol}$$

となります。これらを式(3・10)に代入すると

$$R = \frac{p_0 V_0}{T_0} = \frac{1.013 \times 10^5\,\text{N/m}^2 \times 22.4 \times 10^{-3}\text{m}^3/\text{mol}}{273.15\,\text{K}} = 8.31\,\text{J/(mol}\cdot\text{K)} \qquad (3\cdot 11)$$

となります。この値は気体の種類に関係なく共通の定数で、**気体定数**といいます。

式(3・9)と式(3・11)より、1 molの気体について

$$R = \frac{p_0 V_0}{T_0}$$

$$p_0 V_0 = RT_0$$

もし、この気体が2 mol存在するなら、0℃での体積V_{02}は、$V_{02} = 2V_0$となるので

$$R_2 = \frac{p_0 V_{02}}{T_0} = \frac{p_0 2V_0}{T_0} = 2R$$

3 molの場合は同様に

$$R_3 = \frac{p_0 V_{03}}{T_0} = \frac{p_0 3V_0}{T_0} = 3R$$

となります。この気体がn〔mol〕ある場合には

$$R_n = \frac{p_0 V_{0n}}{T_0} = \frac{p_0 n V_0}{T_0} = nR \qquad (3\cdot 12)$$

となります。式(3・9)と式(3・12)より

$$\frac{pV}{T} = \frac{p_0 n V_0}{T_0} = nR \qquad \therefore pV = nRT \tag{3・13}$$

この式は、理想気体の圧力、体積、温度、物質量などの気体の状態を表す量の関係式なので、**理想気体の状態方程式**といいます。

● ● ●

実験&工作 ❸－③ 圧力計 ～ガラスシリンジとペットボトルでボイルの実験～

準備するもの★ペットボトル、ガラスシリンジ、ダブルクリップ、ゴムチューブ、水

実験・工作の手順★ペットボトルに圧力をかける⇒ガラスシリンジ注射器内の空気の体積をはかる

①ガラスシリンジの目盛を 1.5 mL にします。

②ガラスシリンジの先端にゴムチューブをつけ、ダブルクリップで栓をします（図 10)。このときに、ピストンを引いて注射器内の気体の体積を大きくしても、元に戻ることを確認しましょう。

③ペットボトルに水を入れ、その中に②のガラスシリンジを入れます（図 9)。このとき、水はペットボトルから溢れそうになるほど、いっぱいにしましょう。

④ペットボトルのキャップを閉めて、ペットボトルの側面を握ると、ガラスシリンジのピストンが中に押し込まれることがわかります。

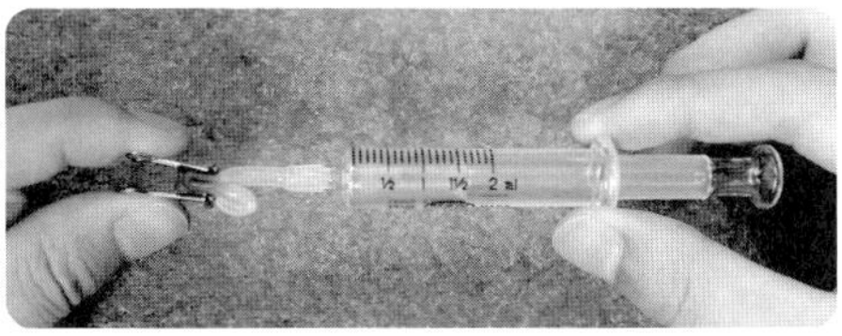

図 10 ■ガラスシリンジに栓をする

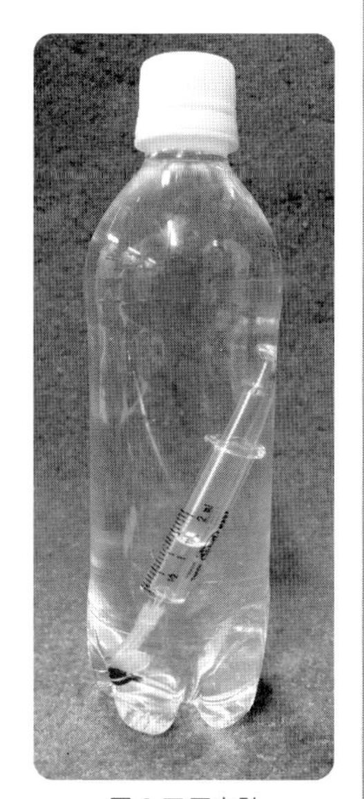

図 9 ■圧力計

ペットボトルの外側での注射器内の圧力 $p_A = 1.013 \times 10^5\ \mathrm{N/m^2}$、注射器内の空気の体積 $V_A = 0.015\ \mathrm{L}$、ペットボトルの内側での注射器の圧力 p、注射器内の空気の体積を V とすると、ボイルの法則より $p_A V_A = pV$ なので、ペットボトルの外側での圧力と体積がわかれば、圧力 p が求められます。

実験によって得られた注射器内の体積 V をボイルの法則に当てはめると、圧力 p は

$$p = \frac{p_A V_A}{V} = \frac{1.013 \times 0.015}{V}\ \mathrm{atm}$$

と求めることができます。

● ● ●

絶対零度では、どんなことが起こるのでしょうか？　量子力学的な不思議な現象が次々と現れます。今回は、超伝導について見てみましょう。

実験&工作　❸－④ 超伝導の実験１　～マイスナー効果～

準備するもの★超伝導物質、液体窒素、浅い皿状の発泡スチロールの容器（厚手の食品トレーでよい）、磁石（100円ショップなどで市販されているネオジム磁石でよい）

実験・工作の手順★超伝導物質を液体窒素で冷やす⇒磁石を超伝導物質の上に置く⇒磁石が浮く

※注）**液体窒素を扱うときは、皮手袋と保護メガネを着用し、軍手は決して用いないようにしましょう。凍傷になる危険があります。**

図11■マイスナー効果で浮く磁石

①発泡スチロールの容器に液体窒素を入れ、超伝導物質を冷やします。

②超伝導物質が十分に冷えたら、その上に、ネオジム磁石を浮かします。磁石が浮いているので、超伝導物質の上でくるくる回転します（図11）。

③ネオジム磁石がたくさんある場合には、ネオジム磁石を並べておき、その上で、冷却した超伝導物質を浮かせても面白いでしょう。

●　●　●

次に、銅酸化物高温超伝導体の１つである $YBa_2Cu_3O_7$ を作製してみましょう。

実験&工作　❸－⑤ 超伝導の実験２　～超伝導物質をつくろう！～

準備するもの★酸化イットリウム（Y_2O_3）、炭酸バリウム（$BaCO_3$）、酸化銅（CuO）、薬さじ、薬包紙、乳鉢（大）、乳棒、ピンセット、るつぼ、プレス装置（万力）、錠剤成型器、ペーパーなど、電気炉

実験・工作の手順★酸化イットリウム、炭酸バリウム、酸化銅を $YBa_2Cu_3O_7$ ができる割合に混ぜる⇒力を加えてよく混合する⇒圧縮成形する⇒電気炉で焼結させる⇒完成

図12■自作のペレットが浮上しているようす

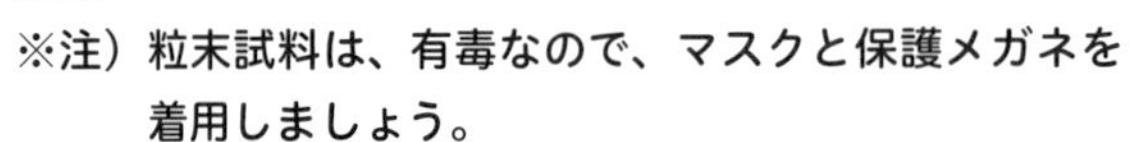

※注）**粒末試料は、有毒なので、マスクと保護メガネを着用しましょう。**

①酸化イットリウム、炭酸バリウム、酸化銅を $YBa_2Cu_3O_7$ ができる割合に量りとります。例えば、順に151 mg、529 mg、320 mgを量りとります。

②これらを乳鉢の中で、20分以上しっかりと力を加えて混ぜます。はじめての人は１時

間ぐらいやってもよいです（図 13）。

③ねばりけが出てきたら、錠剤成型器などの硬い鉄製の容器に入れ、万力などを利用して圧縮します。あるいは、市販の大型のボルトを 2 本準備し、1 本をナットに浅く入れ、試料を入れてから、送方向からもう 1 本のボルトをねじ込み、圧縮してもよいです。10 分程度圧縮しておきましょう（図 14）。

④固めた試料を燃焼ボードにのせ、電気炉で焼きます。

⑤電気炉の温度を徐々に 930℃くらいまで上げ、一晩（12 時間以上程度）焼きます。

⑥焼きあがったペレットを用いて、実験＆工作❸－④の実験をしてみましょう。

図 13 ■超伝導物質をつくるための薬品を乳鉢に入れた状態

図 14 ■ペレットを成形するための圧縮作業

金属抵抗は、温度が低くなるとともに減少します。ある金属では、特定の温度以下になると、急に抵抗値が減少し、0 になります。この現象を**超伝導**（superconductivity）といい、カマリング・オンネス（オランダ）が 1911 年に発見しました。超伝導が生じるときの温度を**臨界温度**といいます。オンネスは、水銀をヘリウムで冷やして電気抵抗を測定したところ、図 15 にみるように、約 4.2 K で電気抵抗が急に消滅することを発見しました。

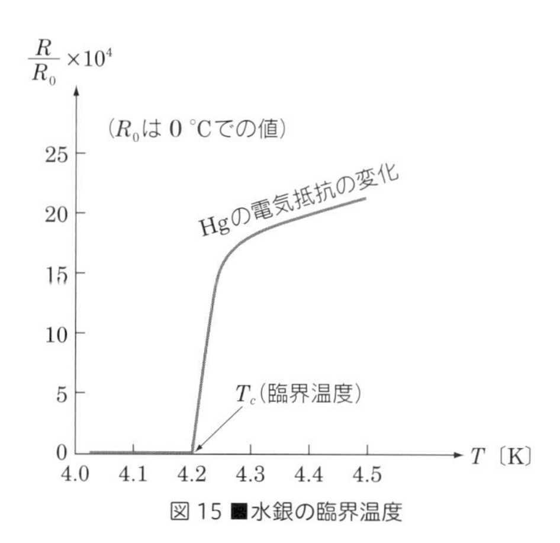

図 15 ■水銀の臨界温度

超伝導状態は電気抵抗が 0 なので、電流は減衰することなく永久電流が流れます。また、超伝導体の上で磁石を浮かすことができますが、これは磁石からの磁束が超伝導体内部に入らないからです。これを**マイスナー効果**といいます。超伝導状態では、$\left|\vec{E}\right| = 0$で、$\left|\vec{B}\right| = 0$となっています。

現在、JR 東海では、東京ー名古屋間に超伝導リニア（マグレブ）を建設中です。時速 500 km/h での運転が可能で、東京ー名古屋間を約 40 分でむすぶ予定です。

Memo

❹分子運動論

熱の本性は仕事であり、エネルギーの一形態であることを「❸気体法則」で勉強しました。これらは、実験や経験事実を通して明らかになったことですが、こういった熱現象を分子や原子の視点から考えてみましょう。この章では気体の持つエネルギーについて、気体分子の運動という観点から考えていきましょう。

● ● ●

物質をつくる原子や分子は絶対零度以上の温度では絶えず不規則な運動（**熱運動**）をしています。この運動は温度の上昇とともにより激しくなります。その変化が一番わかりやすいのが気体です。今回は最も簡単なモデルとして、1つの原子でできた分子（**単原子分子**）の気体の性質について考えます。まずはその運動のようすを全身を使って体感してみましょう。

実験&工作 ❹－① 巨大風船気体分子球モデル

準備するもの★直径1m程度の大きさの風船20個

実験・工作の手順★風船を膨らませる⇒風船を飛ばす

①風船を膨らませます。できるだけ広い部屋で実験しましょう。

②風船を分子球に見立て、指導者側が飛ばして運動させ、生徒が分子球の運動を体感を通して観察します。

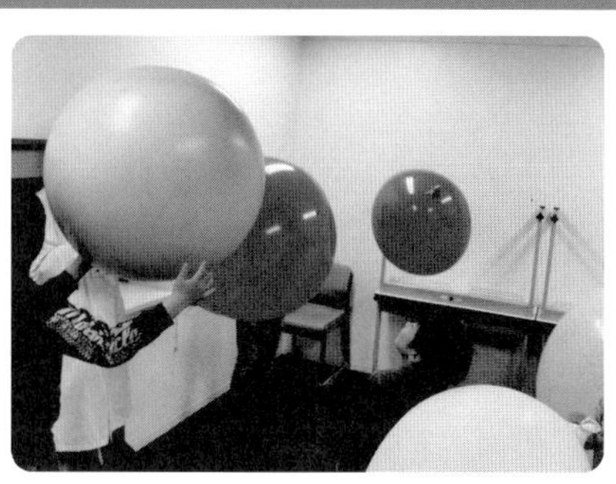

図1■巨大風船気体分子球モデル実験

最初に風船が床で静止していた状態が絶対零度です。風船の運動が激しくなると、温度が高くなった状態を表します。風船が激しく動いているときは、分子球の運動エネルギーを感じることができたと思います。

● ● ●

ロバート・ブラウン（イギリス）は、19世紀に、花粉から水中に流れ出た微粒子の動きを顕微鏡で観察したところ、その微粒子が水中で不規則な運動をしていることを発見しました。この運動を**ブラウン運動**といいます。次は、ブラウン運動の観察を行ってみましょう。

実験&工作 ❹－② 顕微鏡でブラウン運動の観察

準備するもの★顕微鏡（400倍）、スライドガラス、カバーガラス、パンチ穴シート、牛乳

実験・工作の手順★スライドガラスにパンチ穴シートを貼る⇒牛乳をパンチ穴シートに満たす⇒顕微鏡で観察する

①スライドガラスにパンチ穴シートを貼ります。

②パンチ穴シートに、牛乳を10倍以上に薄めたものを一滴垂らし、パンチ穴シートの中を満たします（図3）。

③顕微鏡にセットし、観察します（図2）。

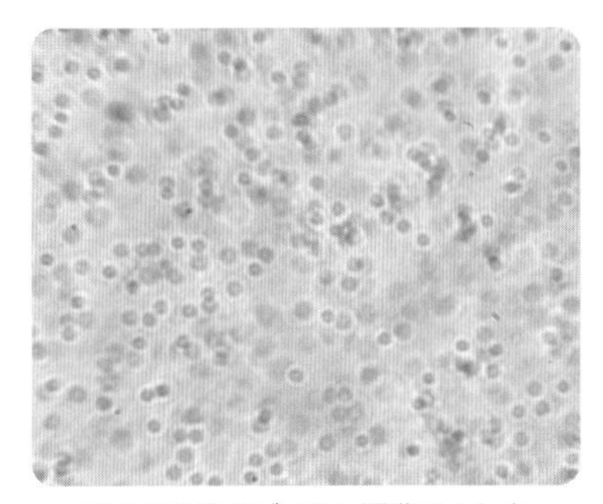

図2 ■牛乳のブラウン運動のようす

図3 ■スライドガラスのパンチ穴と薄めた牛乳の液

● ● ●

実験&工作 ❹－③ レーザーポインターで観るブラウン運動

準備するもの★レーザーポインター、透明ペットボトル、牛乳

実験・工作の手順★ペットボトルに薄めた牛乳を半分程度入れる⇒レーザーポインターを当てる⇒その映像を壁に映す

①ペットボトルに薄めた牛乳を半分程度入れます。

②レーザーポインターを当てます。

③透過光を壁に映し、観察します。

④次にペットボトルを温かいお湯で温めたり、氷水で冷やしたりして同様の観察をします。

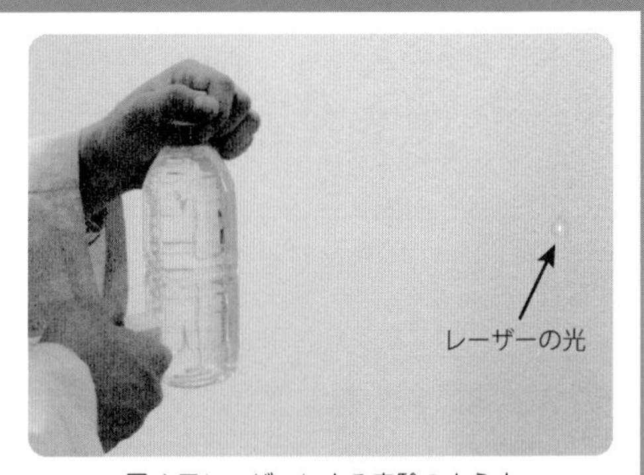

図4 ■レーザーによる実験のようす

温度が高くなると分子運動は激しくなることがわかりましたね（図5）。

図 5 ■壁に映ったブラウン運動のようす

● ● ●

気体の分子が高温になると運動が激しくなることを、次の実験を通して体感しましょう。

実験&工作 ❹－④ 大型分子運動論モデル実験器

準備するもの★透明な円筒容器（直径 30 cm 程度のアクリル柱など）、発泡スチロール円板、実験＆工作❹－①で使用した大型風船（割れたものでもよい）、ポップコーン用のコーンの粒、100 W 程度のアンプとスピーカー

実験・工作の手順★円筒容器の底に風船を貼る⇒円筒容器に合わせて発泡スチロールで円柱をつくる⇒コーンの粒を入れる⇒その上から円柱を入れる⇒風船を貼った面を下にする⇒大型アンプの上に置き、音を出す

図 6 ■大型分子運動論モデル実験器

図 7 ■風船の貼り方

①風船を切って円筒容器の底に貼ります。しわができないように伸ばしながら貼ります（図 7）。

②用意した円筒の内径に合うように、発泡スチロールの円柱をつくります。高さは 5 cm 程度にします。

③円筒の底にコーンの粒を 2 段程度になるように入れます。その上から②でつくった円柱を入れます。

④アンプを横にしてスピーカーを上向きにし、その上に風船を貼った面を下にして円筒を置きます。アンプから音を出し、風船を振動させます。音量を次第に大きくし、内部のコーンの粒の動きがどうなるか観察しましょう（図 6）。

アンプから音を出すと底の風船膜が振動し、コーン粒が運動し始めます。音量が小さいうちは、円柱は低い位置にあります。音量が大きくなるとだんだんとコーン粒の衝突によって円柱が押し上げられ、高く上がります。コーン粒を気体の分子だと考えると、衝突した分子の速度（さらには運動量）が大きくなったので、円柱を押し上げたわけです。これが気体の圧力です。「❸気体法則」で勉強したシャルルの法則では、圧力が一定下では絶対温度と体積は比例関係にあることがわかりました。この実験では、そのようすを確認することができます。

●　●　●

大型分子運動論モデル実験器ができたら手元でできる小型の分子運動論モデル実験器をつくってみましょう。

実験&工作 ❹－⑤ 小型分子運動論モデル実験器

準備するもの★ペットボトル、小型発泡スチロール球、風船

実験・工作の手順★ペットボトルを半分に切る⇒上半分の底に風船を貼る⇒下半分の側面に穴を開けて上半分とつなげる⇒穴に向かって声を出す⇒発泡スチロール球を運動させる

①ペットボトルを半分に切り、上半分の底にしわができないように風船を貼ります（図9）。

②ペットボトルの下半分の側面に直径3 cm程度の穴をあけ、①でつくったペットボトルの下に取りつけます。

③ペットボトルの口から発泡スチロール球を入れます。ペットボトルの側面の穴に向かって大声を出し風船を振動させます（図8）。

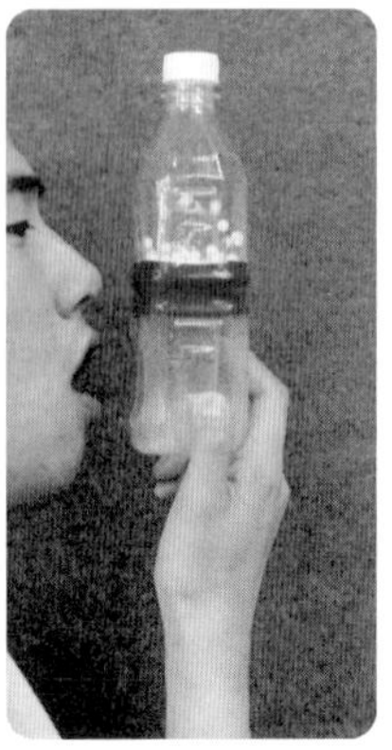

図8■小型分子運動論モデル実験器

図9■風船の貼り方

声を大きくすると中の発泡スチロール球の運動も激しくなります。温度が高くなり気体分子の運動が激しくなると、気体の圧力が大きくなることが学べます。

では1個1個の分子の動きから気体の圧力を求めてみましょう。簡単なモデルとして一辺の長さがLの立方体の中で運動する分子を考えます。分子1個の速度を$\vec{v}$とし、立方体に沿ってx,

y, z 軸をとります。すると分子の速度$\vec{v}$は

$$\vec{v} = (v_x, v_y, v_z)$$

と書けます。立方体中の気体が 1 mol だとすると、立方体中には気体分子が6.02×10^{23}個入っていることになります。そこで分子にそれぞれ番号をつけたと仮定すると、1 番分子の速度$\vec{v_1}$は

$$\vec{v_1} = (v_{1x}, v_{1y}, v_{1z})$$

と表せます。

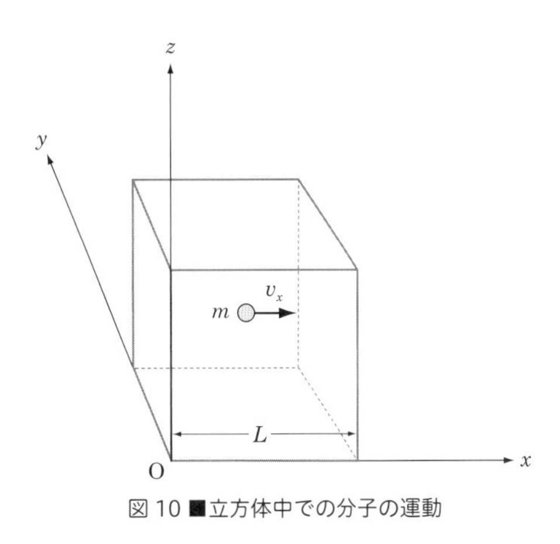

図 10 ■立方体中での分子の運動

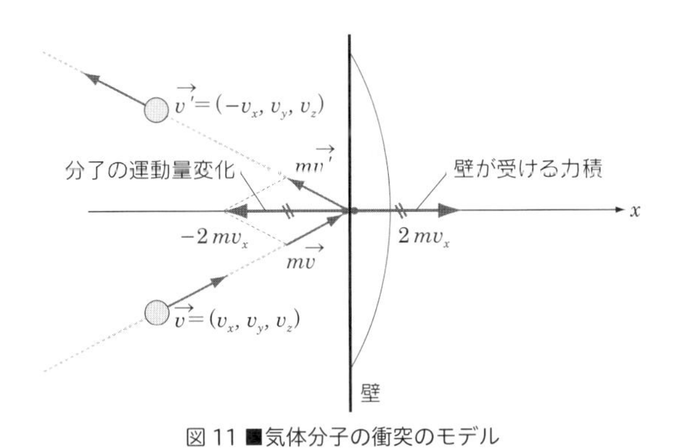

図 11 ■気体分子の衝突のモデル

この分子が立方体の壁に完全弾性衝突するときを考えます。このとき分子の速度やエネルギーは衝突の前後で変わりません。よって運動量変化 Δp は、衝突後の分子の運動が負の向きであることに注意すると

$$\Delta p = -mv_{1x} - mv_{1x} = -2mv_{1x}$$

となります。したがって、壁の受ける力積 I（$= -F_1\Delta t$）は

$$I = 2mv_{1x}$$

です。単位時間に 1 つの分子が壁に与える力積（力の大きさF_1）は、一回の衝突の力積 I と単位時間あたりに衝突する回数の積で表されます。分子が壁に衝突してから再度壁に衝突するまでの移動距離は $2L$ であり、その際にかかる時間は $\dfrac{2L}{v_{1x}}$ です。よって単位時間あたりの衝突回数は $\dfrac{v_{1x}}{2L}$ と表されることがわかります。以上から 1 つの分子が壁に与える力の大きさF_1は

$$F_1 = 2mv_{1x} \times \frac{v_{1x}}{2L} = \frac{m{v_{1x}}^2}{L}$$

となります。

今回、立方体の中には 1 mol の気体分子が入っていると仮定しているので、気体分子の総数を

N_Aとすると、力の大きさ総和 F は

$$F = F_1 + F_2 + F_3 + \cdots + F_{N_\mathrm{A}}$$

$$= \frac{m{v_{1x}}^2}{L} + \frac{m{v_{2x}}^2}{L} + \frac{m{v_{3x}}^2}{L} + \cdots + \frac{m{v_{N_\mathrm{A}x}}^2}{L}$$

$$= \frac{m}{L}\left({v_{1x}}^2 + {v_{2x}}^2 + {v_{3x}}^2 + \cdots + {v_{N_\mathrm{A}x}}^2\right)$$

と表せます。個々の分子の運動は不規則なので、その平均値 $\overline{{v_x}^2}$ は

$$\overline{{v_x}^2} = \frac{{v_{1x}}^2 + {v_{2x}}^2 + {v_{3x}}^2 + \cdots + {v_{N_\mathrm{A}x}}^2}{N_\mathrm{A}}$$

と書けます。これを用いて力の大きさ F を書き直すと、F も平均値と考えてよいので

$$\bar{F} = \frac{m}{L} N_\mathrm{A} \overline{{v_x}^2}$$

よって、気体が面積 S（$= L^2$）の壁に及ぼす平均圧力 p は

$$p = \frac{\bar{F}}{S} = \frac{\bar{F}}{L^2} = \frac{mN_\mathrm{A}\overline{{v_x}^2}}{L^3}$$

と求められます。ここで気体の内部では分子はランダムに運動していて、x 軸方向にも、y 軸方向にも、z 軸方向にも同じ数の割合で分子が運動しているので、

$$\overline{{v_x}^2} = \overline{{v_y}^2} = \overline{{v_z}^2}$$

です。また $v^2 = {v_x}^2 + {v_y}^2 + {v_z}^2$ なので

$$\overline{v^2} = \overline{{v_x}^2} + \overline{{v_y}^2} + \overline{{v_z}^2} = 3\overline{{v_x}^2} \qquad \therefore\ \overline{{v_x}^2} = \frac{1}{3}\overline{v^2}$$

この式と体積 V（$= L^3$）を使って圧力 p を書き直すと

$$p = \frac{mN_\mathrm{A}}{L^3}\overline{{v_x}^2} = \frac{mN_\mathrm{A}}{3L^3}\overline{v^2} = \frac{mN_\mathrm{A}}{3V}\overline{v^2}$$

以上から

$$pV = \frac{1}{3} mN_\mathrm{A}\overline{v^2}$$

と書くことができます。1 mol の気体の状態方程式 $pV = RT$ より

$$pV = \frac{1}{3} mN_\mathrm{A}\overline{v^2} = RT$$

$$\frac{1}{3} m\overline{v^2} = \frac{RT}{N_\mathrm{A}}$$

分子 1 個あたりの平均運動エネルギー $\overline{\varepsilon_k}$ は $\overline{\varepsilon_k} = \frac{1}{2} m\overline{v^2}$ なので、

$$\overline{\varepsilon_k} = \frac{1}{2} m\overline{v^2} = \frac{3}{2}\cdot\frac{R}{N_\mathrm{A}} T$$

と表すことができます。ここで分子1個あたりの気体定数を$k_{\mathrm{B}}\left(=\dfrac{R}{N_{\mathrm{A}}}\right)$とおきます。$k_{\mathrm{B}}$はボルツマン定数とよばれ、その値は

$$k_{\mathrm{B}}=\frac{R}{N_{\mathrm{A}}}=\frac{8.314}{6.023\times10^{23}}=1.38\times10^{-23}\,〔\mathrm{J/K}〕$$

ボルツマン定数を使って分子1個の平均運動エネルギーを書くと

$$\overline{\varepsilon_k}=\frac{3}{2}k_{\mathrm{B}}T\,〔\mathrm{J}〕$$

となります。

● ● ●

これまで、単原子分子の気体の性質について考えましたが、単原子分子は気体のうちでもごくわずかで、多くは複数の原子でできた分子（**多原子分子**）の気体です。単原子分子気体の運動では、x軸、y軸、z軸方向の3つの**並進運動**（重心とともに行う運動）を考えました。では、多原子分子気体はどのような運動をするのでしょう。2原子分子・3原子分子モデル実験器をつくって、確かめてみましょう。

実験&工作 ❹－⑥ 2原子分子・3原子分子モデル実験器

準備するもの★発泡スチロール球、使用済みのボールペン（ノック式のもの）、ストロー、ナット

実験・工作の手順★発泡スチロール球にストローを差し込む⇒ボールペンの芯をストローに差し込む⇒ボールペンの芯とばね、発泡スチロール球を接着する⇒他の発泡スチロール球と連結させる⇒完成

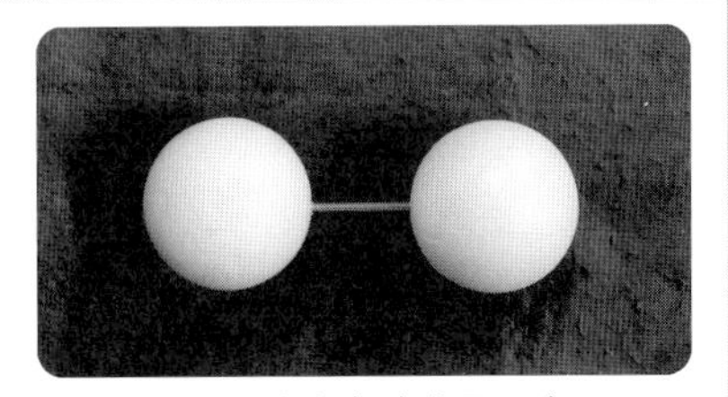
図12■水素（H_2）分子モデル

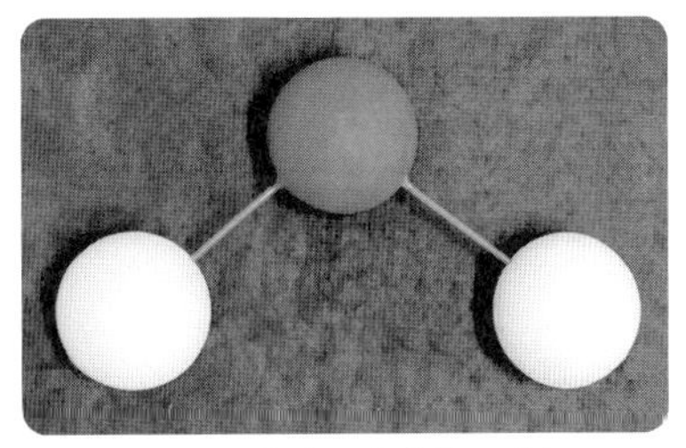
図13■水（H_2O）分子モデル

①発泡スチロール球に、ストローが通るほどの穴をあけます。
②あけた穴にストローを差し込み、はみ出た部分は切り落とします。
③ボールペンの芯をストローに差し込みます。
④ボールペンから取り出したばねを芯に通し、ばねの一端を芯と、他端をスチロール球と接着します。
⑤他のスチロール球に芯を接着して完成です。
⑥分子モデル実験器を回したり振ったりして、気体分子のさまざまな運動を観察しましょう。
⑦うまく振動しないときは、ナットなどのおもりをスチロール球につけましょう。

2原子分子・3原子分子モデル実験器では、多原子分子気体の並進運動や回転運動、振動運動を体感しながら理解することができます。

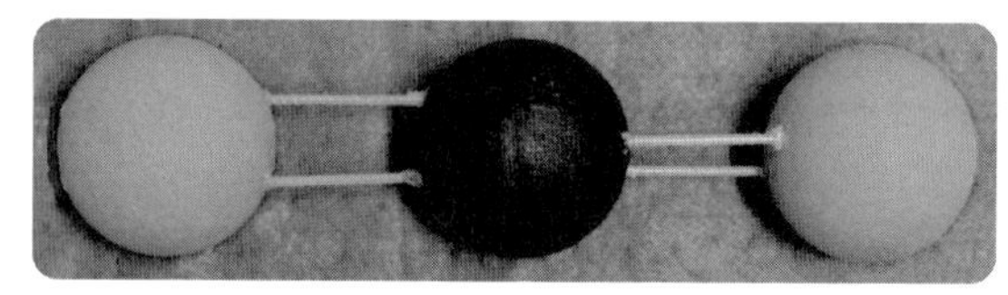
図14■二酸化炭素（CO_2）分子モデル

では、気体分子のもつエネルギーについて考えてみましょう。

まずは単原子分子気体の場合を考えます。空間を移動する気体分子は、x-y-z直交座標では、x, y, z方向のいずれも同じように運動するので、各方向の平均の速さをそれぞれ$\overline{v_x}, \overline{v_y}, \overline{v_z}$とすると、

$$\frac{1}{2}m\overline{v_x{}^2} = \frac{1}{2}m\overline{v_y{}^2} = \frac{1}{2}m\overline{v_z{}^2}$$

が成立します。したがって、単原子分子気体1分子の平均運動エネルギーは

$$\overline{\varepsilon_k} = \frac{1}{2}m\left(\overline{v_x{}^2} + \overline{v_y{}^2} + \overline{v_z{}^2}\right) = \frac{3}{2}k_\mathrm{B}T\text{〔J〕}$$

となるので、x, y, z方向それぞれに対する平均運動エネルギーは

$$\frac{1}{2}m\overline{v_x{}^2} = \frac{1}{2}m\overline{v_y{}^2} = \frac{1}{2}m\overline{v_z{}^2} = \frac{1}{2}k_\mathrm{B}T$$

となります。1方向に対する並進運動エネルギーは$\frac{1}{2}k_\mathrm{B}T$であり、これをx, y, z方向について合計したものが、単原子分子1分子の全体のエネルギーであり、$\frac{3}{2}k_\mathrm{B}T$になります。

ここで、**自由度**という数を考えます。自由度とは、力学系においてその配置を決める座標で、任意に独立な変化をなしうるものの数をいいます。この場合、気体分子はx, y, z方向にそれぞれ1自由度ずつもっているので、自由度は3ということになります。

このように、1個の単原子分子気体分子は、1自由度に対して$\frac{1}{2}k_\mathrm{B}T$ずつエネルギーが分配されているということがいえます。これを**エネルギー等分配の法則**といいます。

続いて、2原子分子気体について考えましょう。2原子分子においても並進運動では、x, y, z方向にそれぞれ1自由度をもっているので、気体分子の自由度は3になります。

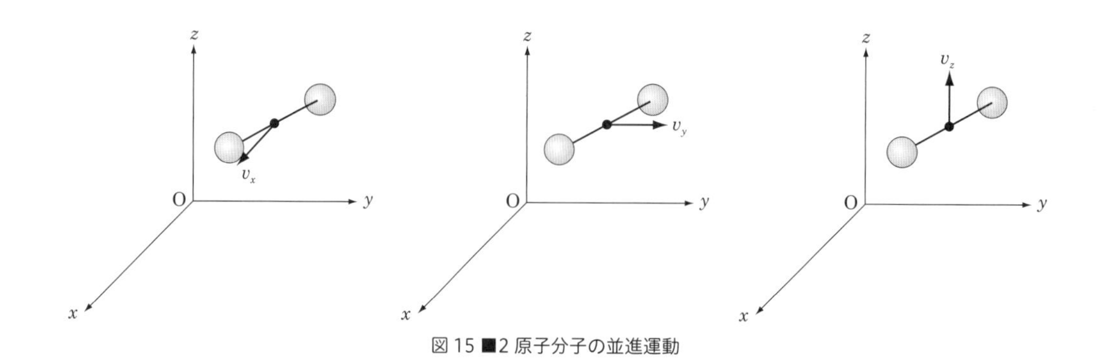

図15■2原子分子の並進運動

2原子分子の場合は、**回転運動**を考える必要があります。一般には、図16のようにθ方向の回転の速度をv_θ、ϕ方向の回転の速度をv_ϕとして考え、回転運動エネルギーは

$$\frac{1}{2}m\overline{{v_\theta}^2} = \frac{1}{2}m\overline{{v_\phi}^2}$$

と表しますが、図17のように2原子分子をバトンのように手で持つとイメージしやすいです。この場合、2つの回転軸があるので、自由度は2と考えることができます。

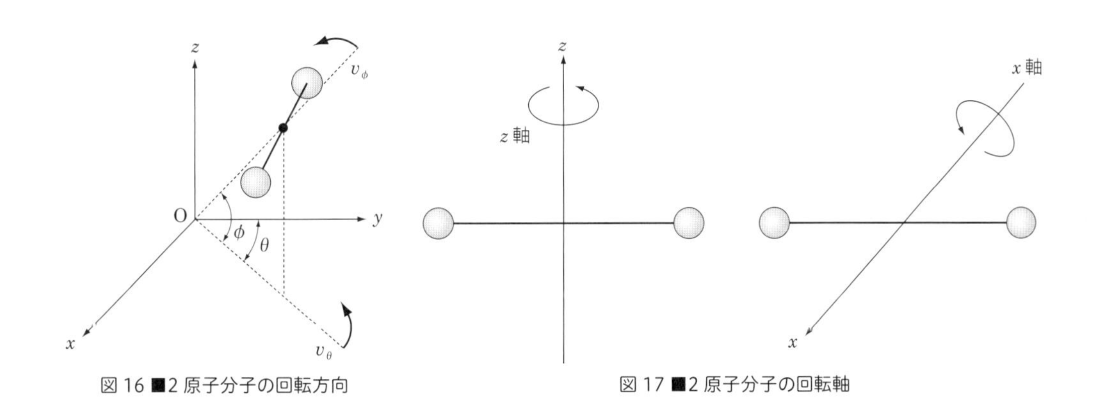

図16■2原子分子の回転方向

図17■2原子分子の回転軸

2原子分子は、常温の範囲内では振動しませんが、**高温になると振動を始めます**。2原子分子の振動は、図18のように2つの原子がばねでつながっているモデルとして考えることができます。この場合、2原子分子は1つの自由度をもつと考えることができます。

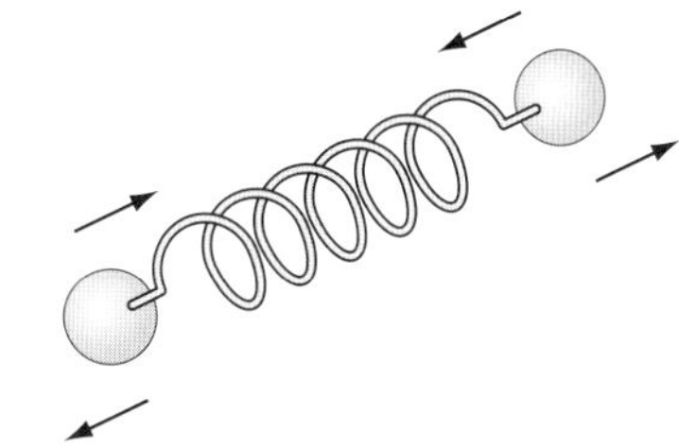

図18■2原子分子の振動運動

ここで、2原子分子の振動エネルギーについて考えてみましょう。弾性力による位置エネルギーは

$$\frac{1}{2}kx^2 = \frac{1}{2}m\overline{v^2}$$

となります。2原子分子の振動エネルギーは、運動エネルギーで$\frac{1}{2}k_{\mathrm{B}}T$、弾性力による位置エネルギーで$\frac{1}{2}k_{\mathrm{B}}T$なので

$$\left(\frac{1}{2}k_{\mathrm{B}}T\right) \times 2 = k_{\mathrm{B}}T$$

となります。このように、振動運動については運動エネルギーと位置エネルギーの和として1自由度あたり$k_{\mathrm{B}}T$のエネルギーをもつと考えることができます。

エネルギー等分配の法則と自由度を用いて、2原子分子のモル比熱を考えてみましょう。常温の範囲内の2原子分子では、並進運動の自由度は3、回転運動の自由度は2であり、自由度の合計は5になります。したがって、1 molの気体が温度T〔K〕のときにもつ内部エネルギーU〔J〕は、

$$U = N_A\left(\frac{1}{2}k_BT \times 3 + \frac{1}{2}k_BT \times 2\right) = \frac{5}{2}N_Ak_BT = \frac{5}{2}RT \text{〔J〕}$$

となります。よって、定積モル比熱C_v〔J/(mol·K)〕、定圧モル比熱C_p〔J/(mol·K)〕、比熱比γ $\left(=\frac{C_p}{C_v}\right)$は

$$C_v = \frac{5}{2}R \text{〔J/(mol·K)〕、} C_p = \frac{7}{2}R \text{〔J/(mol·K)〕、} \gamma = 1.40$$

となります。

続いて、3原子分子気体について考えましょう。3原子分子を考える場合には、二酸化炭素（CO_2）のように3原子が一直線上に並んでいるものと、水（H_2O）のように一直線上に並んでいないものを区別する必要があります。二酸化炭素のように**原子が一直線上に並ぶ場合は、自由度は2原子分子と同じように考えることができます**。したがって、並進運動の自由度は3、回転運動の自由度は2であり、自由度の合計は5となり、モル比熱は2原子分子と同じになります。

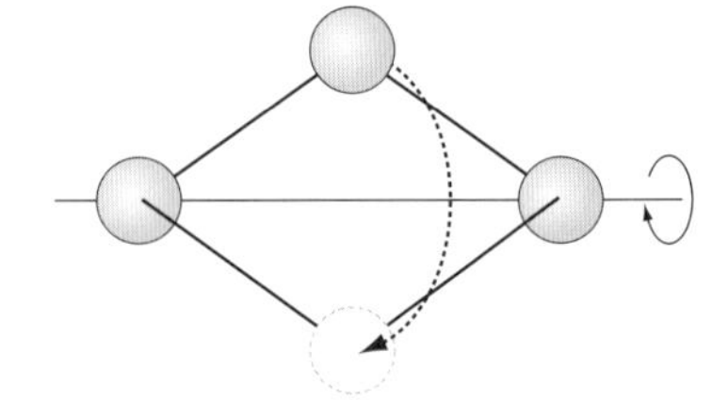

図19■3原子分子の回転運動

水のような分子の場合は、図19のように回転運動の自由度が1増えるので、並進運動の自由度は3、回転運動の自由度は3であり、自由度の合計は6となります。したがって、1 molの気体が温度T〔K〕のときにもつ内部エネルギーU〔J〕は

$$U = N_A\left(\frac{1}{2}k_BT \times 3 + \frac{1}{2}k_BT \times 3\right) = \frac{6}{2}N_Ak_BT = 3RT \text{〔J〕}$$

となります。よってモル比熱は

$$C_v = 3R \text{〔J/(mol·K)〕、} C_p = 4R \text{〔J/(mol·K)〕、} \gamma = 1.33$$

となります。

一般に、分子の自由度をfで表せば、多原子分子1個の運動エネルギーは

$$\overline{\varepsilon_k} = f \cdot \frac{1}{2}k_BT \text{〔J〕}$$

となり、1 molの気体の内部エネルギーU〔J〕は

$$U = N_A\left(\frac{1}{2}k_BT \times f\right) = \frac{f}{2}N_Ak_BT = \frac{f}{2}RT \text{〔J〕}$$

となります。よってモル比熱は

$$C_v = \frac{f}{2}R \text{〔J/(mol·K)〕、} C_p = R + \frac{f}{2}R \text{〔J/(mol·K)〕}$$

となります。

最後に、二酸化炭素分子の振動運動と温室効果の関係について考えましょう。実験＆工作❶－⑯と実験＆工作❶－⑰の実験では、二酸化炭素が赤外線を吸収することが温室効果の原因で

あることがわかりました。では、二酸化炭素はどのようにして赤外線を吸収するのでしょうか。作製した二酸化炭素分子モデルを手にとりながら考えてみましょう。

赤外線の吸収には、分子の振動運動が深く関係しています。赤外線の吸収に関係する振動運動は**基準振動**とよばれるものです。基準振動とは、分子を構成する原子がすべて同じ振動数で連動する振動のことです。表1は、二酸化炭素の3種類の基準振動を示したものです。作製した二酸化炭素分子モデルを使いながら、3種類の基準振動の違いを体感して理解しましょう。

二酸化炭素の3種類の基準振動のうち、赤外線を吸収するものは縮重変角振動と逆対称振動です。赤外線は振動数が約300〜400000 GHzの電磁波ですが、この2種類の基準振動と同じ領域のエネルギーを持つ振動数の赤外線が吸収されます。

表1■二酸化炭素の基準振動

振動形	振動の名称	波長〔μm〕
	対称伸縮振動	7.5
	縮重変角振動	15
	逆対称伸縮振動	4.25

【コラム】　デュロン・プティの法則

これまでは分子運動から気体の比熱を考えてきましたが、ここでは固体の比熱について考えましょう。一般的に、固体は結晶が集まってできています。結晶内の原子は規則正しく並んでおり、結晶内の決まった点に存在します。このような決まった点を**格子点**とよびます。格子点にある原子には、周囲の原子との斥力や引力が作用します。そのため、格子点からずれようとする原子は、もとの格子点に戻されます。つまり、原子は格子点を中心に振動していると考えることができます。

図20のような原子同士がばねでつながれた固体のモデルを考えると、結晶内の原子の運動がイメージしやすくなります。このモデルでは、原子は格子点からのずれが大きくなると、周囲の原子から受ける斥力と引力の合力による位置エネルギーが大きくなります。つまり、固体の比熱を考える場合は、運動エネルギーによる自由度以外に、ばねの弾性力による位置エネルギーの自由度も考えなければならないことがわかります。

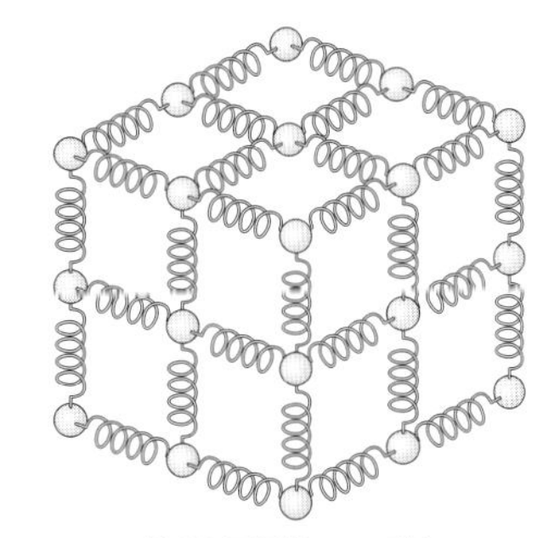
図20■固体のモデル

では、固体1 molのモル比熱を計算してみましょう。まずは1つの原子について考えましょう。固体中の1つの原子がもつ内部エネルギー ε は、原子の運動エネルギー ε_{k} と、ばねの弾性力による位置エネルギー ε_{p} の和として考えるので

$$\varepsilon = \varepsilon_{\mathrm{k}} + \varepsilon_{\mathrm{p}}$$

となります。1つの原子の熱運動の速度を $\vec{v}=(v_x, v_y, v_z)$ とし、ばね定数を k とすると、内部エネルギー ε は

$$\varepsilon=\left(\frac{1}{2}m{v_x}^2+\frac{1}{2}m{v_y}^2+\frac{1}{2}m{v_z}^2\right)+\left(\frac{1}{2}kx^2+\frac{1}{2}ky^2+\frac{1}{2}kz^2\right)$$

となります。x 方向について考えると

$$\varepsilon_x=\frac{1}{2}m{v_x}^2+\frac{1}{2}kx^2$$

となります。原子は格子点を中心に運動していると考えるので、運動エネルギーと位置エネルギーの1周期についての平均値は

$$\left\langle\frac{1}{2}m{v_x}^2\right\rangle=\left\langle\frac{1}{2}kx^2\right\rangle=\frac{1}{2}k_{\mathrm{B}}T$$

となり、1方向の振動に対して $k_{\mathrm{B}}T$ のエネルギーが分配されることがわかります。原子は3方向に振動するので、原子1つが持つ内部エネルギーの平均値 $\bar{\varepsilon}$ は

$$\bar{\varepsilon}=\overline{\varepsilon_x}+\overline{\varepsilon_y}+\overline{\varepsilon_z}=3\times k_{\mathrm{B}}T=3k_{\mathrm{B}}T$$

となります。

1 mol の固体がもつ内部エネルギー U は、アボガドロ数を N_{A} とすると

$$U=3k_{\mathrm{B}}T\times N_{\mathrm{A}}=3N_{\mathrm{A}}k_{\mathrm{B}}T=3RT\ 〔\mathrm{J/mol}〕$$

となります。したがって、固体のモル比熱 C は

$$C=3R\ 〔\mathrm{J/mol\cdot K}〕$$

となります。このことから、**固体のモル比熱 C は、その固体の種類や質量、温度に関係なく、$3R$ となる**ことがわかります。

1819年、フランスの物理学者であるデュロンとプティは、固体元素のモル比熱 C は元素の種類によらず $C=3R=25\ \mathrm{J/(mol\cdot K)}$ であることを発見しました。これを**デュロン・プティの法則**といいます。デュロン・プティの法則は、エネルギー等分配の法則が成り立っている例として有名ですが、デュロンとプティの発見の後、この法則に当てはまらない物質がいくつか発見されました。炭素などの比熱は、$3R$ よりも低いことがわかったのです。さらに時がたつと、かつてはデュロン・プティの法則に当てはまっていた物質でも、温度を $0\ \mathrm{K}$ に下げていくとモル比熱が急激に 0 に近づくという現象が見つかりました。

このように、デュロン・プティの法則は室温付近では多くの物質について成り立ちますが、低温では成り立ちません。低温での比熱には、量子力学（「❿原子」参照）の考え方を用います。

❺ 熱力学第１・第２法則

気体の温度変化において注意すべきことは、気体は比較的簡単に体積変化をするということです。そのため、体積が変化する定圧変化と、体積変化をさせない定積変化とに区別して考える必要があります。「❹ 分子運動論」で扱った $U=\frac{3}{2}nRT$ で表される単原子分子の内部エネルギー U は、気体の体積変化とは無関係に絶対温度だけで決まる気体分子がもつ力学的エネルギーの和です。ある決まった体積から温度変化を始め、定積変化をさせた場合、外部からもらう熱はすべて気体の内部エネルギーとなりますが、体積変化をさせる場合には、気体が外部に仕事をするため、定積変化後の温度と同じなるためには、気体が外部にした仕事と同じ分だけ余分に熱をもらっておかないといけません。そのことを、簡単にイメージすると、次のようにいえます。

気体の内部エネルギー U をお財布の中身としましょう。熱 Q をお小遣い、気体が外部にする仕事 W' を買物と考えると、以下の４つの気体の典型的変化がよくイメージできます。

お小遣いをもらって全額買物をすると、財布の中身は増えないので財布は暖かくはならず、等温変化というわけです。お小遣いをもらわないのに買物ばかりをすると、財布の中身はどんどん減って財布も寒くなりますが、これが、断熱変化です。

定積変化では、お小遣いをもらって、買物をしなかったとしましょう。そうすると、財布の中身も増えて、財布も暖まります。定圧変化は日常的としましょう。お小遣いをもらったり、買物をしたりして、財布の中身も変化します。内部エネルギーの変化を ΔU とすると、以上の４つのパターンは、すべて１つの式の応用で表せます。

$$\Delta U = Q + W$$

ΔU は内部エネルギーの変化、Q はもらった熱、W は外部からされた仕事、そして、W' は $W' = -W$ として、外部に行った仕事とします。もう少し詳しく見てみましょう。

(1) 定積変化

図１のように容器にストッパーなどがついていて気体の体積が変化しない状況で気体に熱量が加えられた場合の変化が**定積変化**です。気体は体積が変化せず、仕事を行わないので与えられた熱はすべて内部エネルギーの上昇に使われます。この場合、内部エネルギーの変化は $\Delta U = Q$ となります。このとき気体の温度が ΔT〔K〕だけ変化した場合、単原子分子の内部エネルギーは $U=\frac{3}{2}nRT$ なので $\Delta U=\frac{3}{2}nR\Delta T$ となり、$Q=\frac{3}{2}nR\Delta T$ と表されます。この $\frac{3}{2}R$ は、定積変化のときの比熱であることから**定積モル比熱**といい、文字 C_V〔J/(mol・K)〕で表されます。定積モル比熱 C_V を用いて定積変化の式を表すと $\Delta U = Q = nC_V\Delta T$ となります。内部エネルギーの変化 ΔU の式は $\Delta U = nC_V\Delta T$ と表されます。

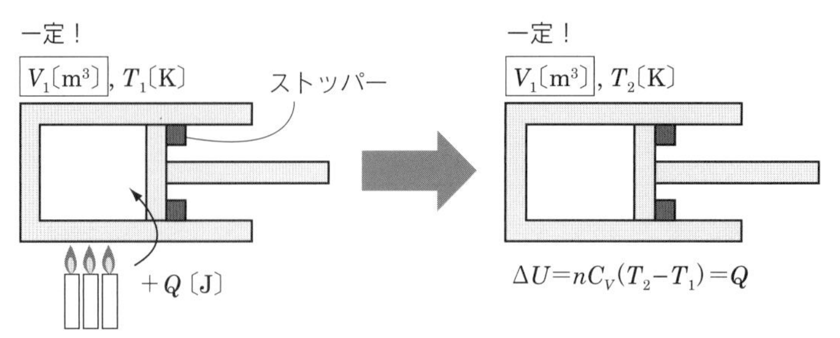

図１■定積変化

(2) 定圧変化

気体の圧力 p〔N/m^2〕を一定に保ちながら熱量を与え、外部と同じだけの圧力を保ちながらの変化（**準静的変化**）をさせた場合の変化を**定圧変化**といいます。気体に熱量 Q〔J〕を加えると気体分子は運動が激しくなって内部エネルギーが上昇すると同時に体積を膨張させて外に仕事を行います。このときの内部エネルギーの変化量 ΔU、熱量 Q、気体がされた仕事 W の関係は $\Delta U = Q + W$ です。ここで、定圧変化において気体がされた仕事の量 W は $W = F \cdot \Delta x = (-pS) \cdot \Delta x = -p\Delta V$ なので、状態方程式 $pV = nRT$ を用いると、$W = -p\Delta V = -nR\Delta T$ となり、気体がされた仕事 W を温度の変化量 ΔT で表すことができます。

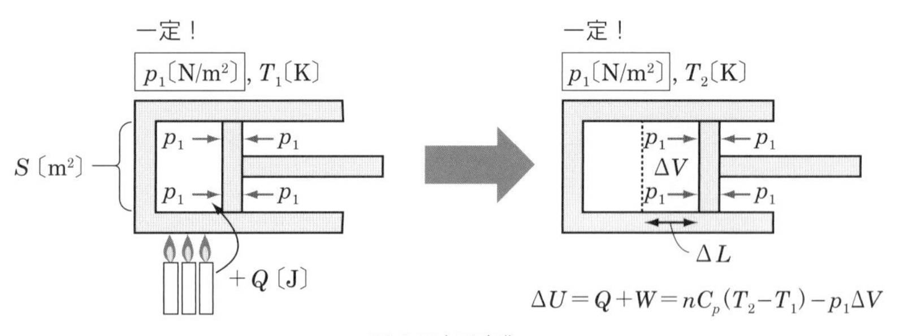

図２■定圧変化

$\Delta U = Q + W$ に $\Delta U = \dfrac{3}{2}nR\Delta T$ と $W = -nR\Delta T$ を代入すると、

$$\frac{3}{2}nR\Delta T = Q - nR\Delta T \Longleftrightarrow Q = \frac{5}{2}nR\Delta T$$

と式を変形することができます。この式での $\dfrac{5}{2}R$ は定圧変化における単原子分子気体の比熱であることから**定圧モル比熱**といい、文字 C_p〔J/(mol・K)〕で表されます。定積モル比熱 C_p を用いて定圧変化の式を表すと $\Delta Q = nC_p\Delta T$ となります。このとき、定積モル比熱 C_V と定圧モル比熱 C_p では $C_p = C_V + R$ という関係（**マイヤーの関係**）になります。

(3) 等温変化

気体の温度 T〔K〕を一定に保って、外部とつりあいを保ちながら準静的変化をさせた場合の変化を**等温変化**といいます。温度を一定に保つと $\Delta T = 0$ となるため、ボイルの法則より $pV =$ 一定となります。また、内部エネルギーの変化も $\Delta U = \frac{3}{2}nR\Delta T = 0$ となります。これを $\Delta U = Q + W$ に代入すると、

$$0 = Q + W \Longleftrightarrow Q = -W$$

となります。このときの W は気体がされた仕事を表すため、この式から等温変化では気体の内部エネルギーの変化はなく、外部から受けた熱量分だけ気体の外へ仕事をすることがわかります。

等温変化において、圧力 p および体積 V はボイルの法則に従って図３のように変化します。気体の状態がＡの状態からＢの状態へ変化したとき、図の面積の部分が気体のした仕事（$-W$）の値となります。積分を用いて、$-W$ は

$$-W = \int_{V_1}^{V_2} pdV$$

と表されます。これに $pV = nRT$ より $p = \frac{nRT}{V}$ を代入すると、

$$-W = \int_{V_1}^{V_2} pdV = \int_{V_1}^{V_2} \frac{nRT}{V}dV = nRT\ [\log V]_{V_1}^{V_2} = nRT \log \frac{V_2}{V_1}$$

よって $W = -nRT \log \frac{V_2}{V_1}$ となります。また、ボイルの法則（pV＝一定）より、$W = -nRT \log \frac{p_1}{p_2}$ と表すこともできます。整理すると、等温変化では

$$Q = -W = nRT \log \frac{V_2}{V_1} = nRT \log \frac{p_1}{p_2}$$

が成り立ちます。

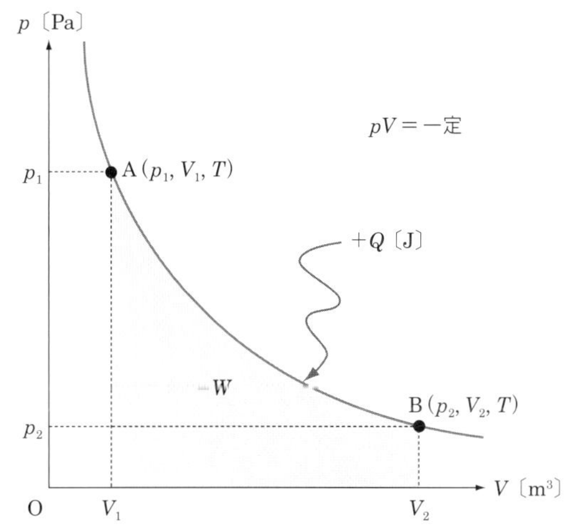

図３■等温変化での圧力と体積の関係

(4) 断熱変化

気体が気体の外と熱量のやり取りがない状態で気体の体積を変化させることを**断熱変化**といいます。この変化においては熱量のやり取りをしないため $Q = 0$ となります。これを $\Delta U = Q + W$

に代入すると、

$$\Delta U = W$$

となります。ここで、気体の体積が大きくなる断熱変化を**断熱膨張**、気体の体積が小さくなる断熱変化を**断熱圧縮**といいます。断熱膨張の場合、気体がされた仕事は$W < 0$となるので$\Delta U < 0$、$\Delta T < 0$であるため温度は下がります。逆に断熱圧縮の場合、気体がされた仕事は$W > 0$となるので$\Delta U > 0$、$\Delta T > 0$であるため温度は上がります。

断熱膨張において、pとVの関係について調べてみましょう。$\Delta U = nC_V \Delta T = W$、$W = -p\Delta V$から、

$$nC_V \Delta T + p\Delta V = 0$$

となります。理想気体の状態方程式から

$$p = \frac{nRT}{V} = \frac{n(C_p - C_V)T}{V}$$

と表せるので、上式に代入すると、

$$nC_V \Delta T + \frac{n(C_p - C_V)T}{V} \cdot \Delta V = 0$$

となります。この式を両辺$nC_V T$で割ると、

$$\frac{\Delta T}{T} + \left(\frac{C_p}{C_V} - 1\right)\frac{\Delta V}{V} = 0$$

ここで比熱比γを$\gamma = \frac{C_p}{C_V}$とおくと、

$$\frac{\Delta T}{T} + \gamma - 1)\frac{\Delta V}{V} = 0$$

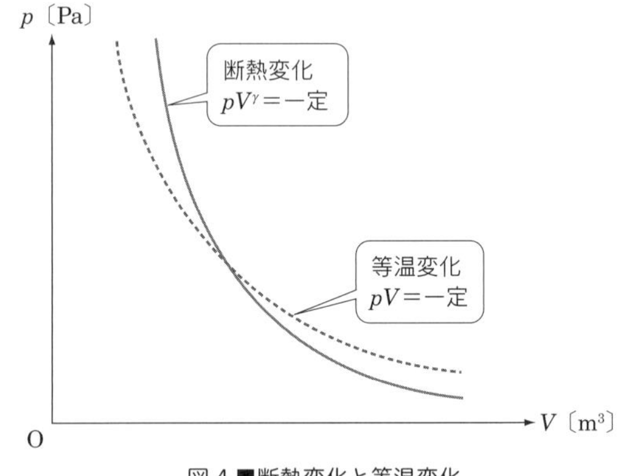

図４■断熱変化と等温変化

この式を両辺積分すると、

$$\log T + (\gamma - 1)\log V = C \quad \therefore \log TV^{(\gamma-1)} = C \qquad (C\text{は定数})$$

となります。これを変形すると

$$TV^{(\gamma-1)} = e^C = C' \qquad (C'\text{は定数})$$

と、気体が断熱変化したときの絶対温度Tと体積Vの関係を表す式が得られます。比熱比γは$C_p > C_V$なので$\gamma > 1$となります。したがって、この式から気体が膨張すると温度が下がり、気体が圧縮すると温度が上がることがわかります。最後にこの式をpとVの式に直しましょう。状態方程式$pV = nRT$から$T = \frac{pV}{nR}$と変形して代入すると、

$$\frac{pV}{nR} \cdot V^{(\gamma-1)} = C'$$

$$pV^{\gamma} = C' \cdot nR = C'' \quad \therefore pV^{\gamma} = C'' \qquad (C''\text{は定数})$$

となり図４のグラフが得られます。この式が示すように、断熱変化時に圧力と体積のγ乗の積が一定になることを**ポアソンの法則**といいます。

● ● ●

前の文ではさまざまな気体の熱的変化について扱いました。この章では実際に実験を行って気体の熱的変化について体感しましょう。

実験&工作 ❺－① 雲をつくろう

準備するもの★ 500 mL ペットボトル（炭酸飲料用）、空気入れ、ボール用の針、６号ゴム栓、千枚通し、サーモテープ

実験・工作の手順★ゴム栓に空気入れの針をさす⇒ゴム栓をつけて空気を入れ、すばやくゴム栓を抜く⇒雲の完成

図５■ペットボトルの中にできた雲

①千枚通しでゴム栓の真ん中に穴を通します。硬いので手を刺さないように注意しましょう。

②空気入れから針を外し、ゴム栓に通します。ゴム栓をつけたままの状態で再び針を空気入れに取りつけましょう。

③一度ペットボトルに水を入れた後、中に水滴が少し残るように、入れた水をペットボトルから出しましょう。

④サーモテープをペットボトルに入れ、空気入れをペットボトルの口に取りつけます。

⑤ペットボトルの口をしっかり手で押さえてゆっくりと空気を入れていきます。十分に空気が入ったらすばやくゴム栓を抜くとペットボトルの中が白く曇ります（図５）。空気を入れるときとゴム栓を抜くときは、ペットボトルの中のサーモテープの示す温度に注目しながら実験を行いましょう。

サーモテープに注目して実験を行うと、図６のように、空気を入れていくときにはペットボトル内の温度が徐々に上昇していき、ゴム栓を抜くと温度が急激に下がることがわかります。ゴム栓を抜いたときの急激な温度変化によって空気の温度が**露点**にまで下がることで、空気中の水蒸気が水滴になります。雲とは、このように温度変化によって生まれた水滴や氷の粒が空気中の小さな塵などを核として集まったもののことです。

(a) 空気を入れる前（27℃）

(b) 空気を入れているとき（31℃）

(c) 空気を抜いた後（26℃）

図６■ペットボトル内の温度

雲ができる原因が温度の変化であることがわかりました。しかし、今回の実験ではペットボトルを火で温めたりして熱のやりとりをしていないのに、なぜ温度が変化したのでしょうか？

空気入れでペットボトルに空気を入れているとき、空気入れのポンプを押している手がペットボトルの中に仕事 W をしているからです。このときしている仕事によって内部エネルギーが上昇し、中の温度が上昇したのです。すなわち、ポンプを押しているときに気体は**断熱圧縮**によって温度が上昇しているといえます。逆にゴム栓を抜いたときは熱のやり取りなしに気体が膨らむことで**断熱膨張**が起こり、気体の温度が下がります。気体の温度の変化は気体にした仕事によるものだったのです。

● ● ●

もう１つ、熱的変化について実験を行いましょう。

実験&工作 ⑤－② 電子レンジでポップコーン

準備するもの★ポップコーンの粒 10 g、サラダ油（少量)、電子レンジ、食塩、コップ、清潔な紙、電子レンジ

実験・工作の手順★**ポップコーンの種とサラダ油、食塩と混ぜる⇒混ぜたものを紙で包む⇒電子レンジで加熱する⇒完成**

①ポップコーンの粒 10 g をコップに入れ、サラダ油と食塩を適量入れ、サラダ油を全体にいきわたるように入れて混ぜます。

②混ぜたものを清潔な紙の上に置き、包んでから電子レンジで加熱します。

③ある程度ポンという音がなったら加熱をやめ、紙を広げて中を確認しましょう。

図７■ポップコーンのようす

電子レンジで加熱すると、ポップコーンの粒はポンと音を立てます。この音とともに見覚えのあるポップコーンができるのですが、このときポップコーンの粒には何が起きているのでしょうか。

電子レンジは液体の状態の水分子の温度を上昇させ、食品を温める電子機器です。今回の実験の場合はポップコーンの粒の中に水分が含まれているので、ポップコーンの粒も温度が上昇します。「**❶温度と熱量**」の相転移で扱ったように水は100℃で気体の状態になるため、ポップコーンの粒が100℃に達したとき、ポップコーンの粒の中の水分が気体になります。気体は水と比べて体積が大きいため、ポップコーンの粒の中の水分が気体になると、ポップコーンの粒の中から大きな圧力がかかり、ポップコーンの粒が破裂します。このとき、中の水の気体は断熱膨張をしているため、破裂した瞬間に急速に温度が下がり、固体の状態に固定されるためにあの形のポップコーンができます。

図８■ポップコーンの種とはじけたポップコーン

● ● ●

次は断熱圧縮をして、小さな紙などに火をつけてみましょう。

実験&工作 ❺－③ 圧縮発火器

準備するもの★アクリルパイプ（25 cm 程度、内径 9 mm、外径 12 mm）、ゴム栓（6 号）、ドアストッパーの足のカバー、接着剤、木の丸い棒（直径 8 mm）、ビニールテープ、丸棒やすり、O リング 2 本（6 号）、ティッシュ、シリコンスプレー（潤滑剤）、角材（3×3×1.5 cm 程度）

実験・工作の手順★筒部分をつくる⇒棒部分をつくる⇒筒の中にスプレーをかける⇒棒を入れる⇒完成

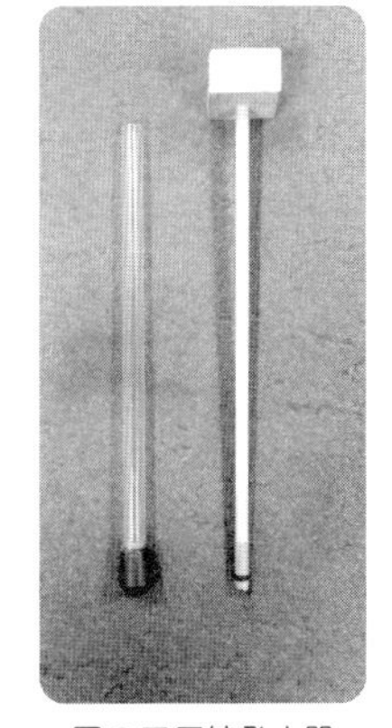
図９■圧縮発火器

①アクリルパイプにゴム栓をつけ、接着材ですきまができないように間をふさぎ、固定します。

②固定したゴム栓の上からさらにドアストッパーの足のカバーをかぶせ、同じように接着剤で固定します。

③木の丸い棒を長さ 30 cm 程度に切ります。

④丸い棒の先端から 1 cm 程度の部分をやすりでけずり、幅が O リングの太さ 2 本分くらいになるように溝をつくります。

⑤④でつくった溝に O リング 2 本をはめます。その後、溝の両端のうち、棒の先端でない側にビニールテープを少しだけ巻き、O リングのストッパーにし、溝から外れにくくなるようにしましょう（図 10）。

図 10■棒の先端

⑥丸い棒の O リングがはまっていない側に角材を固定して取っ手にしましょう。このとき、角材は強い力をかけても外れないようにしっかりと固定しましょう。

⑦アクリルパイプの中にシリコンスプレーをかけ、パイプの中が滑りやすいようにしましょう。

⑧丸い棒のＯリングをつけた側を下にして、棒をアクリルパイプの中にゆっくりと入れていきます。アクリルパイプの中から空気が漏れず、アクリルパイプの中を棒が滑るように動けば完成です。

⑨アクリルパイプの中にティッシュを小さく切ったもの（数 mm 程度）を入れ、棒をアクリルパイプの上から中に思いっきり押し込みましょう。このとき、棒をななめに押してしまうとアクリルパイプが割れてしまいますので注意して実験を行いましょう。

実験が成功すると、アクリルパイプの中のティッシュが一瞬燃えてアクリルパイプの中が光って見えます（図 11）。

この実験では熱のやりとりを行わずにティッシュに火がつきました。これはアクリルパイプを密閉し、アクリルパイプの中の空気を断熱圧縮させることで中の気体の内部エネルギーが上昇したためです。

また、ティッシュの代わりに小さいドライアイスを入れて同様に実験を行ってみましょう。すると、実験＆工作❶－⑥と同じようにドライアイスが液化します。これはアクリルパイプの中を断熱圧縮させることで気体の圧力が増加するためです。元に戻すと、とたんにドライアイスに戻ります。

図 11 ■実験のようす

● ● ●

蒸気機関車は石炭を燃やして、水蒸気の力で動いています。このように熱を仕事に変える装置のことを熱機関といいます。ポンポン船をつくって熱機関について考えてみましょう。

実験＆工作 ❺－④ ポンポン船をつくろう

準備するもの★牛乳パック（500 mL）、アルミパイプ（外径 3 mm、内径 1 mm、長さ 50 cm）、ろうそく、ビニールテープ、両面テープ、針金、カッターナイフ、千枚通し、はさみ、単３乾電池、ライター（着火マンなど）、スポイトなど

実験・工作の手順★船をつくる⇒エンジン部分をつくる⇒エンジンを船に取りつける⇒完成

図 12 ■ポンポン船

①牛乳パックの側面をビニールテープで２回巻いて、ビニールテープに沿って牛乳パックをカッターで切りましょう（図 13）。

②エンジンを乗せる穴とパイプを通す穴をそれぞれ２個ずつあけます。パイプを通す穴は、船の後ろの側面に 2 cm 幅であけましょう。エンジンを乗せる穴は、船の後ろ側から 2 cm ほど手前の両側面に１つずつあけましょう（図 14）。

③ポンポン船のエンジンをアルミパイプでつくりましょう。アルミパイプは、単３乾電池に６回巻きつけ、アルミパイプの両端どちらも約５cmずつ伸ばしておきましょう。このときアルミパイプが潰れやすいので力をゆっくり加えて巻きつけていきましょう（図15）。

④②であけた側面の２つの穴に針金を通し、針金が抜けないようにしましょう。そして、ロウソクの裏に両面テープを貼り、針金よりも少し前側にくるように貼りましょう。

⑤アルミパイプを針金の上にのせて、船の後ろ側の穴に通しましょう。アルミパイプの先が船の底よりも下がるように調整しましょう（図12）。

⑥完成したポンポン船を水槽の上で実験をしてみましょう。パイプの中にスポイトで少しずつ水を入れ、アルミパイプから水が出てきたら、一方の先を指でふさぎましょう。

⑦指で片方のアルミパイプの先をふさぎながら、水に浮かべましょう。このときアルミパイプの先が両方、水の中に入っていることを確認しましょう。ろうそくに火をつけてしばらく待つと、船が前に進みます。

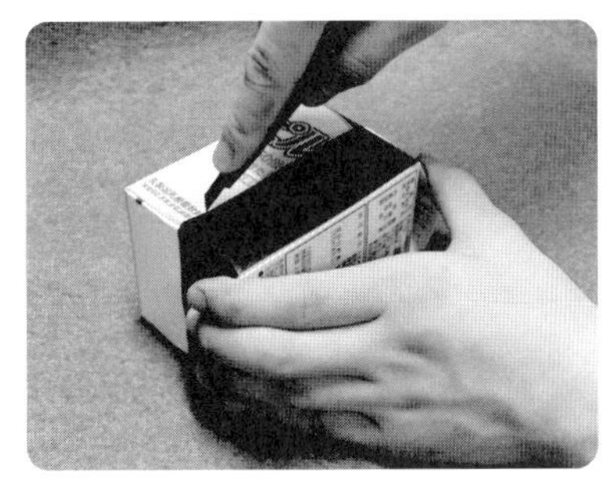

図13■牛乳パックをカッターで切る

図14■牛乳パックに穴をあける

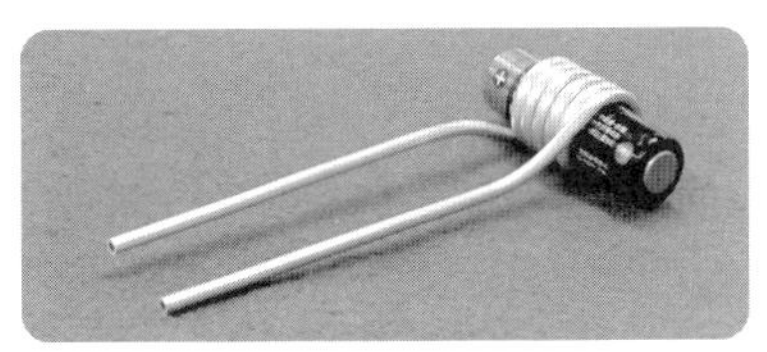

図15■ポンポン船のエンジン

ポンポン船のろうそくに火をつけてしばらく待つと、ポン、ポンと音を出しながら船がひとりでに前に進み始めます。ポンポン船が動くサイクルを考えてみましょう。

ポンポン船のエンジン部分では、熱源であるろうそくの火からアルミパイプの中の水に熱量Q_1〔J〕を受け渡されます。水は受け取った熱量により温度が上がり、やがて沸騰します。水が沸騰すると水蒸気になり、液体のときの約1700倍に体積が膨張します。そのため、アルミパイプ中にできた水蒸気は水を勢いよくアルミパイプの外へと押し出します。外に押し出した反作用の力により船が前に進みます。このときエンジンがした仕事をW〔J〕とします。アルミパイプの中にある水の残った熱量Q_2〔J〕はまわりの水に渡され、水蒸気が水に戻ります。水蒸気が水に戻り体積が急に小さくなるため、アルミパイプ内にまわりの水が吸い込まれます。そして、また同じサイクルをします。

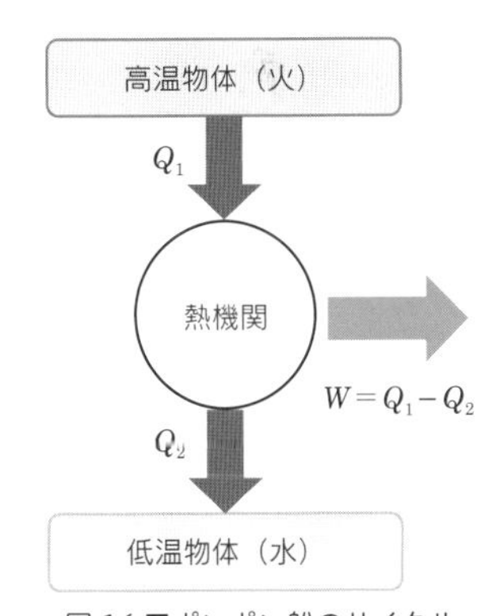

図16■ポンポン船のサイクル

熱機関の仕事が高温物体から得た熱量をどれだけ使ったのかを表す割合を熱効率といいます。

熱効率 e は高温物体から受け取った熱量 Q_1〔J〕に対する熱機関がした仕事 W $(= Q_1 - Q_2)$〔J〕の割合で求まります。

$$e = \frac{W}{Q_1} = \frac{Q_1 - Q_2}{Q_1} = 1 - \frac{Q_2}{Q_1}$$

いかなる熱機関においても $Q_2 > 0$ であるので、熱効率 e は常に１より小さくなります。したがって、熱をすべて仕事に変えることができません。

熱力学第２法則は熱現象の経験に基づく経験法則のため、いくつかの表現があります。

熱力学第２法則

・１つの熱源から熱を得て、それをすべて仕事に変えることのできる熱機関は存在しない。（トムソンの原理）

・熱は低温物体から高温物体に自然に移ることはない。（クラウジウスの原理）

● ● ●

簡単な熱機関としてポンポン船を作製しました。次はもう少し本格的な熱機関であるスターリングエンジンをつくってみましょう。

実験&工作 ❺－⑤ ビー玉スターリングエンジンカーをつくろう

準備するもの★ガラス製注射器（5 mL）、ガラス製試験管、ビー玉５個、ゴム栓（６号）、内径 3 mm のビニールチューブ 5 cm、直径 3 mm のアルミ管 3 cm、輪ゴム２つ、スチレンボード、500 mL の四角いペットボトル１個、直径 3 mm のアルミ丸棒 20 cm 程度、竹くし、プラスチック段ボール、針金、プーリー（直径 4 cm）、空き缶１個、固形燃料、ライター、セロハンテープ、ビニールテープ、千枚通し

図 17 ■ビー玉スターリングエンジンカー

実験・工作の手順★ペットボトルを切り抜いて試験管を固定する⇒スチレンボードで土台をつくる⇒タイヤを回すための機構をつくる⇒試験管と注射器をビニールチューブでつなぐ⇒完成

①ペットボトルの向かい合っている２つの面に縦 6 cm、横 4 cm 程度の穴をあけます。穴はペットボトルの底から 9.5～15.5 cm の高さの位置にあけましょう。このとき、穴の左右が 1 cm 程度残るように注意します（図 18）。

②ペットボトルのもう一方の向かい合っている２つの面に輪ゴムを通す穴をあけます。ペットボトルの底から 15 cm の高さの位置に、間隔が 1.5 cm

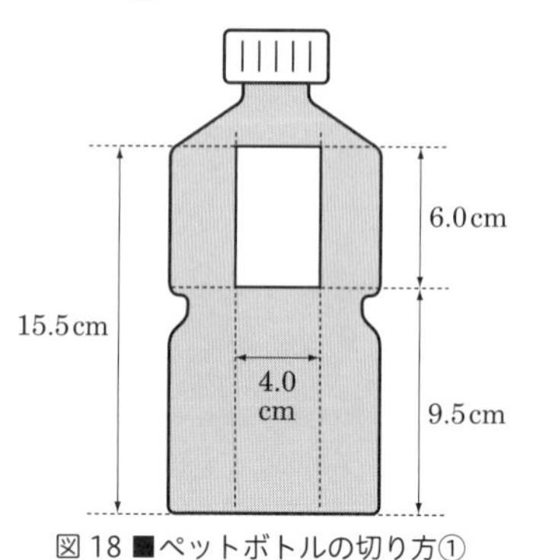

図 18 ■ペットボトルの切り方①

あくように千枚通しで２つの穴をあけましょう。このとき２つの面にあけた穴の位置がずれすぎないように気を付けましょう。穴をあけたら図の実線部分を切りましょう（図 19）。

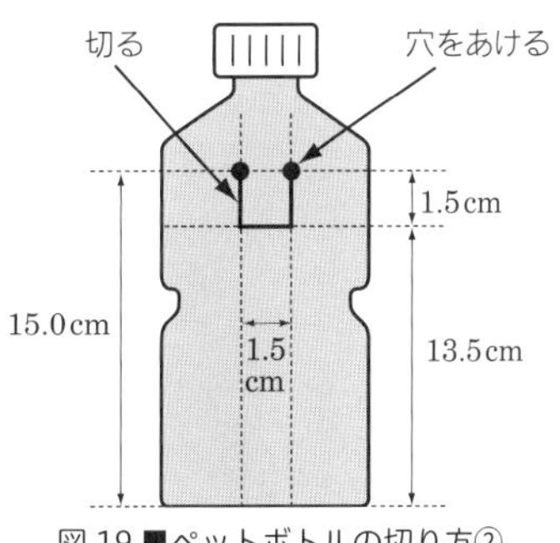

図 19 ■ペットボトルの切り方②

③②であけた穴に輪ゴムを２本通し、①であけた穴に試験管を入れて輪ゴムで試験管の真ん中を固定します。この試験管はスターリングエンジンにおける心臓部となります。

④試験管に取りつけるゴム栓の真ん中に千枚通しで穴を通します。ゴム栓は硬いので手をケガしないように注意しましょう。

⑤試験管にビー玉を５個入れ、ゴム栓をします。

⑥スチレンボードから 7 cm × 30 cm、5 cm × 5 cm および 5 cm × 3 cm の大きさの四角形を切り出します。7 cm × 30 cm の四角形は車体として、5 cm × 5 cm および 5 cm × 3 cm の四角形は注射器を車体と固定するのに用います（図 20）。

図 20 ■3 枚の四角形

⑦7 cm × 30 cm の四角形に、5 cm × 5 cm および 5 cm × 3 cm の四角形を用いて注射器を固定します。5 cm × 5 cm の四角形を 7 cm × 30 cm の四角形の端に固定した後、注射器のピストン部分を 5 cm × 5 cm の四角形にしっかりと固定します。その後、5 cm × 3 cm の四角形に注射器の円筒形の筒の外径の大きさの穴をあけ、四角形を注射器の円筒形の筒にはめます（図 21）。

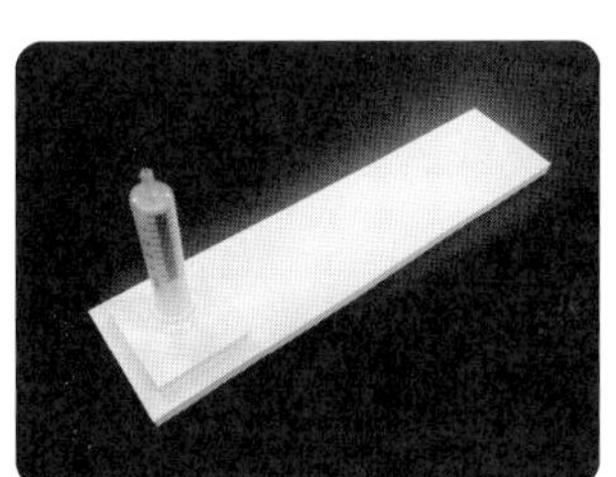
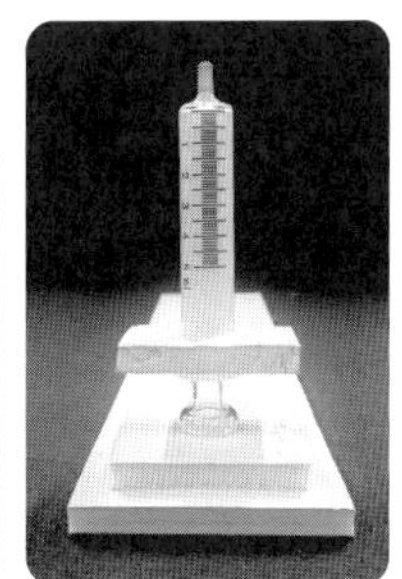

図 21 ■注射器の固定方法

⑧竹くしを 14 cm 程度に切ったものを 5 cm × 3 cm の四角形の上に両端が同じくらいはみでるようにしてしっかりと固定しましょう（図 22）。

⑨試験管の上下運動を回転運動に変換するための機構を作製します。アルミ棒をペンチで曲げて図 23 のようなクランクシャフトをつくります。このとき真ん中のまっすぐな部分は車体の横幅（7 cm）程度にしましょう。

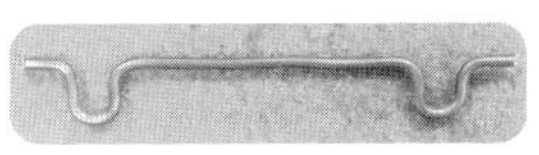

図 23 ■クランクシャフト

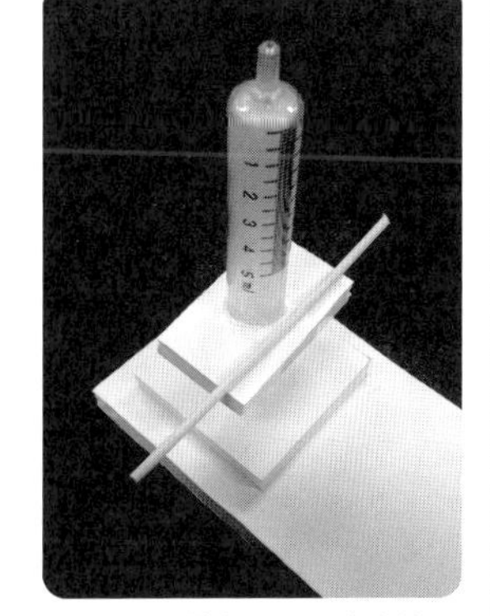

図 22 ■注射器の固定方法

⑩プラスチック段ボールを幅 7 cm に切ったものにクランクシャフトを通し、⑧で取りつけた竹くしの真下にクランクシャフトがくるようにプラスチック段ボールを固定しましょう（図 24）。⑩をしてから⑨を行ってもよいです。

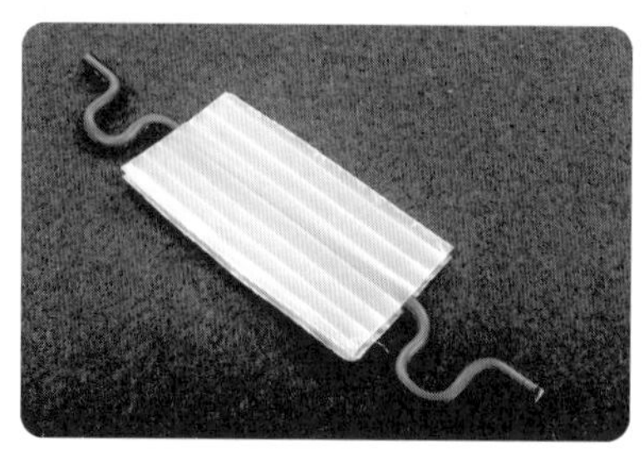

図 24 ■クランクシャフトの取りつけ

⑪クランクシャフトのでっぱりと注射器の筒が一番下に降りている状態で竹くしとクランクシャフトを針金で結びます。このときあまりきつく結びすぎないように注意しましょう。結んだ後、針金を結んだ部分の両端に細く切ったビニールテープを巻いたらエンジンとシャフトの連結作業は完了です（図 25）。クランクシャフトの両端に、プーリーを取りつけます。

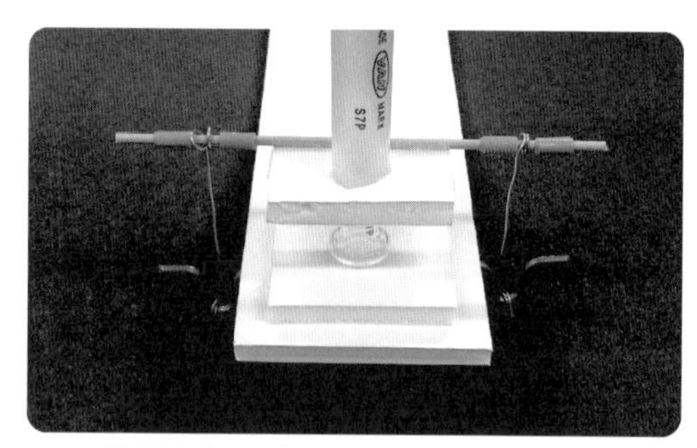

図 25 ■クランクシャフトとエンジンの接続

⑫試験管を固定したペットボトルを 7 cm × 30 cm の四角形の中央に固定します。これでエンジンの取りつけが完了です。

⑬試験管を加熱するための固形燃料を置く台座をつくります。アルミ缶を底から 10 cm 程度のところで切り、逆さにして車体の上に取りつけます。取りつける位置は試験管の底の下に取りつけます。

⑭試験管の先とゴム栓につけたアルミ管をビニールチューブでつなぎます。これらをつなぐことで試験管と注射器はスターリングエンジンとして動作することができます。これでビー玉スターリングエンジンカーの完成です（図 17）。

⑮実験を行う前に試験管の位置に気を付けましょう。注射器のピストンが完全に押し込まれている状態で、試験管の口側が下になるように試験管の位置を調節してから固形燃料をアルミ缶の上に乗せて火をつけてみましょう。

固形燃料に着火してしばらくすると注射器が上下し、試験管が揺さぶられると同時に車輪が少しずつ回り、車が動きます。試験管を固形燃料で熱することによってなぜ注射器がこのような動きをし、車輪が回るのでしょうか。

まずは、一般的なスターリングエンジンの基本的な動作原理について紹介します。スターリングエンジンはエンジン内に密閉された気体を加熱、冷却させて膨張、収縮させることにより、熱量を運動エネルギーに変換するものです。図26のようにエンジン内の気体を加熱、冷却すると気体の膨張に合わせてエンジンの外壁が動き、それと連結している車輪が回ります。

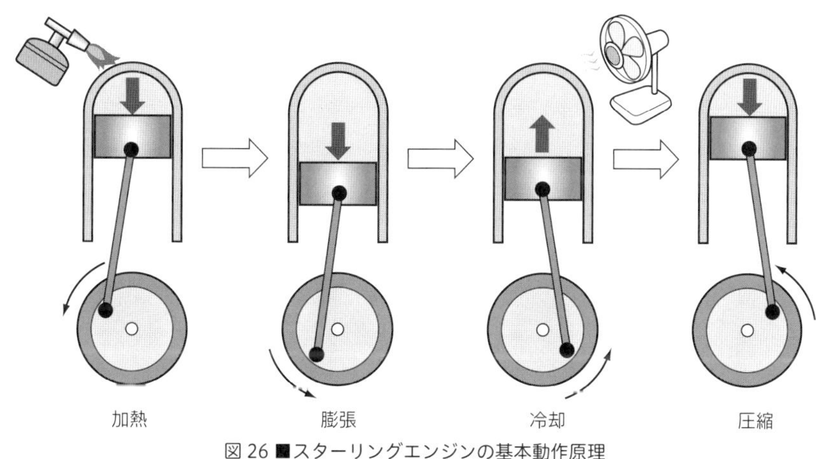

図26 ■スターリングエンジンの基本動作原理

次に、作製したビー玉スターリングエンジンの動作原理について考えてみましょう。

1. 試験管を固形燃料で熱することによって、エンジンの中の気体の温度が上がります。
2. 温度が上昇した気体が膨張するため、注射器が押し出されます。このとき、注射器に連動して試験管の底が下になるように傾きます。
3. 注射器が押し出されることによって試験管の中のビー玉が試験管の底に移動します。試験管の中の気体は加熱されなくなるので、エンジンの中の気体の温度が下がります。
4. 注射器の中の温度が下がった気体は収縮するため、押し出された注射器が元に戻ります。このとき試験管は底が上になるように傾きます。
5. 試験管の中のビー玉が動き、「1」の状態に戻ります。

以上、1～5を繰り返すことで注射器が動き続けるので、ビー玉スターリングエンジンカーは動作することがわかりますね（図27）。

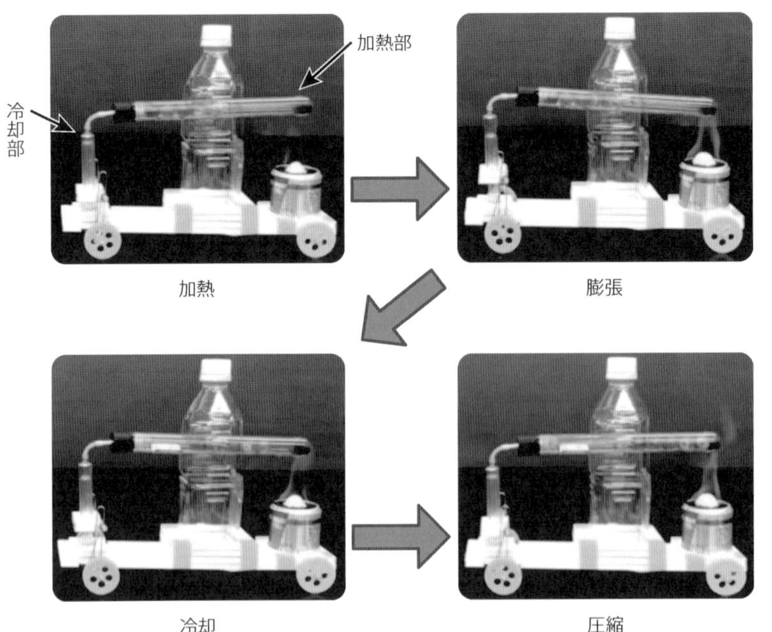

図 27 ■ビー玉スターリングエンジンカーの動作原理

実験 & 工作❺－④でサイクルという言葉がでてきました。では、スターリングエンジンのサイクルはどういったものなのでしょうか。

図 28 は理想的なスターリングエンジンのサイクルを図にしたものです。サイクルの中エンジン内の気体は A→B→C→D→A→・・・と 4 つの状態を入れ替わりながら仕事をしていきます。気体が 1 サイクル内で行った仕事 W' は図の塗られている部分です。A から B は加熱による定積変化、B から C は等温変化、C から D は定積変化、D から A は冷却による等温変化です。A と D、B と C の温度はそれぞれ T_{H}、T_{L} です。

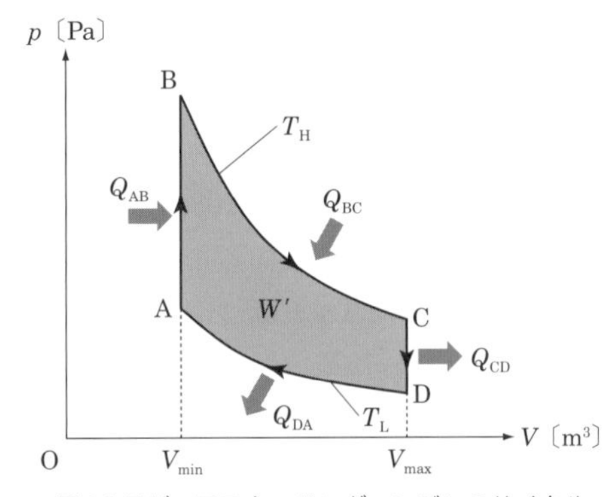

図 28 ■ビー玉スターリングエンジンのサイクル

では、サイクルが実際にした仕事と受け取った熱量について考えてみましょう。A→B、B→C、C→D、D→A の過程で受けた熱量および気体がした仕事をそれぞれ Q_{AB}、W'_{AB}、Q_{BC}、W'_{BC}、Q_{CD}、W'_{CD}、Q_{DA}、W'_{DA} とします。

定積変化においては $Q = \Delta U = nC_V \Delta T$、$W' = 0$ が成り立つため、A→B、C→D の変化においてこれを代入すると

$$Q_{\mathrm{AB}} = nC_V(T_{\mathrm{H}} - T_{\mathrm{L}})、W'_{\mathrm{AB}} = 0$$

$$Q_{\mathrm{CD}} = nC_V(T_{\mathrm{L}} - T_{\mathrm{H}}) = -nC_V(T_{\mathrm{H}} - T_{\mathrm{L}})、W'_{\mathrm{CD}} = 0$$

といえます。また、等温変化においては $Q = W = nRT \log \dfrac{V_2}{V_1}$ が成り立つため、B→C、D→Aの変化においてこれを代入すると

$$Q_{BC} = W'_{BC} = nRT_H \log \frac{V_{max}}{V_{min}}$$
$$Q_{DA} = W'_{DA} = nRT_L \log \frac{V_{min}}{V_{max}} = -nRT_L \log \frac{V_{max}}{V_{min}}$$

といえます。ここで、スターリングエンジンにおいてはC→Dの過程にて放出される熱量がA→Bの過程にて再利用できているといえます（$Q_{AB} = -Q_{CD}$）。このように熱を再利用する機構のことを熱再生器といいます。ビー玉スターリングエンジンカーではビー玉が熱再生器の役割を果たしています。

それでは、熱効率 e の計算を行ってみましょう。熱量 Q_{AB} はサイクルの中で放出された Q_{CD} を再利用しているため、熱効率を考える上では受け取った熱量としては考えません。そのため、熱効率 e は

$$e = \frac{W'_{AB} + W'_{BC} + W'_{CD} + W'_{DA}}{Q_{BC}} = \frac{0 + nRT_H \log \frac{V_{max}}{V_{min}} + 0 + \left(-nRT_L \log \frac{V_{max}}{V_{min}}\right)}{nRT_H \log \frac{V_{max}}{V_{min}}}$$

右辺を $nR \log \dfrac{V_{max}}{V_{min}}$ で約分すると、

$$e = \frac{T_H - T_L}{T_H} = 1 - \frac{T_L}{T_H}$$

となります。例として T_H と T_L を水の沸点（100℃）と水の融点（0℃）として考えてみましょう。T_H と T_L の単位が絶対温度Kであることに注意して計算すると、熱効率 e は

$$e = \frac{373 - 273}{373} = \frac{100}{373} \fallingdotseq 0.27$$

と計算できます。熱効率が27%というのは高いのでしょうか、それとも低いのでしょうか？
他の熱機関などのエネルギー変換効率の例をあげてみましょう。

表1　■熱機関とエネルギー変換効率の例

熱機関	エネルギー変換効率
蒸気タービン	約40%
ガソリン機関	20〜30%
蒸気機関	8〜20%
原子炉	約30%
太陽電池	20〜25%

こうして比べてみることで、スターリングエンジンの効率がなかなか高いこと、そしてエネルギー変換が大変であることがわかると思います。

ここまで熱機関について話をしてきましたが、最後に熱機関についての思考実験について紹介します。

18 世紀の後半に J. ワット（スコットランド）が蒸気機関を改良することでイギリスに産業革命が訪れ、19 世紀半ばには蒸気機関車や蒸気船などが次々と実用化されていきました。その際に蒸気機関がする仕事と機関に与える熱量の関係、すなわち熱効率をどの程度まで上げられるかということが課題となっていました。そんなとき、熱機関に関する学問の先駆けとなったのが N. カルノー（フランス）です。彼は熱力学第 1 法則が知られていない時代に熱効率についての考察を行いました。カルノーが考えた理想的なサイクルをカルノー・サイクルといいます（図 29）。

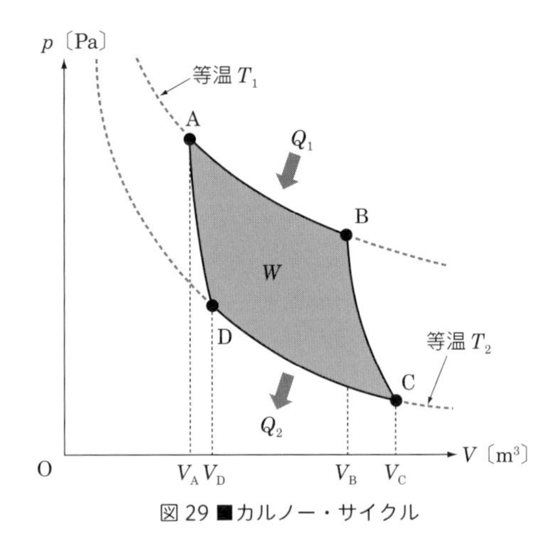

図 29 ■カルノー・サイクル

カルノー・サイクルの中の気体は A→B および C→D が等温変化、B→C および D→A が断熱変化をしています。カルノー・サイクルは実際には実現不可能なサイクルですが、カルノー・サイクルに限りなく近いサイクルをつくることは可能です。

このカルノー・サイクルの熱効率 e は、スターリングエンジンのときと同様に計算ができます。等温変化および断熱変化の式を使って計算をしてみましょう。答えは $e = 1 - \frac{T_2}{T_1}$ となります。この式は理想的なスターリングエンジンでの熱効率の式と同じであることから、スターリングエンジンは理想的な動きを行うことができればカルノー・サイクルと近い熱効率を有するサイクルであるということがいえます。

Memo

❻エントロピー

物質を形作る分子や原子は絶対零度以上の温度では振動しています。この分子や原子の運動の乱雑さと結びついた量を**エントロピー**という量で表します。乱雑さが大きい場合、エントロピーが大きいと表現されます。エントロピーは熱力学での量にとどまらず、情報学においても使われ、私たちの身のまわりの生活にも深く関わっています。

● ● ●

分子や原子の運動は目には見えないので、その運動の乱雑さであるエントロピーを直接見ることはできません。しかし目で見えなくてもエントロピーの変化を体感することはできます。今回は輪ゴムを使ってエントロピーの実験をしてみましょう。

実験&工作 ❻－① 輪ゴム実験

準備するもの★輪ゴム、ドライヤー、おもり、セロハンテープ、つまようじ、クリップ、定規、ワッシャー

実験・工作の手順★輪ゴムを頬に当てる⇒伸縮して温度の変化を確認する⇒輪ゴムにおもりをつるす⇒ドライヤーで温風を当てる⇒輪ゴムをセロハンテープに固定する⇒軸を通す⇒軸をクリップに通す⇒ドライヤーで温風を当てる

図1■実験のようす

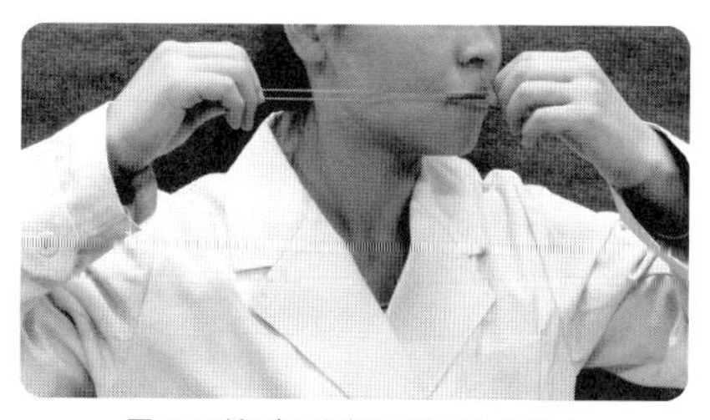

図2■輪ゴムを頬に当てるようす

①輪ゴムを手で伸ばして頬に当ててから元に戻し、そのときに感じる温度を確認します。

②次に、輪ゴムを頬に当てながら伸ばし、そのときに感じる温度も確認します。

③輪ゴムにおもりをつるして伸ばします。その輪ゴムにドライヤーの温風を当てると、わずかに輪ゴムが縮んでおもりが持ち上がります。

④セロハンテープに図3のように輪ゴムをかけて、テープで固定します。中心はつまようじを通して接着剤で固定します。

⑤クリップを曲げて定規に固定します。軸をクリップに通し、ドライヤーで温風を当てると、セロハンテープが回転し始めます（図1）。うまく回らない場合はセロハンテープの外側にワッシャーなどを貼りつけるなどしてバランスをとります。

図 3 ■輪ゴムのかけかた
（中心軸はつまようじ）

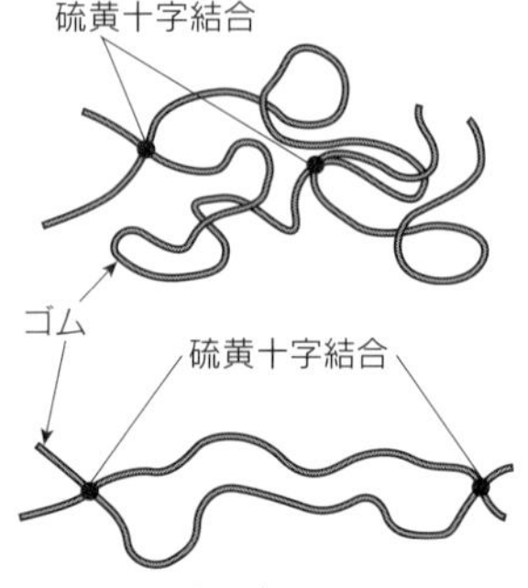

図 4 ■輪ゴムが縮んでいるときと伸びているとき

輪ゴムを伸ばして頬に当ててから戻したときは、温度が低くなったように感じられたと思います。逆に輪ゴムを自然の長さで頬に当ててから伸ばしたときは、温度が高くなったように感じたと思います。輪ゴムには硫黄原子が入っています。硫黄原子によってポリマー鎖の間に十字結合がつくられています。引き伸ばされていないゴムの中では、鎖はランダムに曲がっていますが、引き伸ばされたゴムの中では、鎖は回転して直線的になろうとします。よって輪ゴムを引き伸ばしたときの方がエントロピーは小さくなります。

また、実験・工作の手順③で輪ゴムに熱を与えたときは、輪ゴムはわずかに縮みました。今回の実験から、エントロピーが小さくなると温度は上がり、熱を加えるとエントロピーは大きくなることがわかります。実験・工作の手順④でセロハンテープの輪が回転したのは、熱を加えたことでその部分の輪ゴムが縮み、軸が中心からずれたためです。熱を加えられて縮んだ部分は回転とともに温風が当たらなくなり、元の長さに戻ります。そして温風が当たった部分は縮み、またセロハンテープが回転します。この繰り返しでセロハンテープは回転し続けます。

このように温度とエントロピーと熱量には関係がありますが、「**❺ 熱力学第 1・第 2 法則**」で学んだ可逆機関での温度と熱量の関係を考えてみましょう。温度 T_1 の高温熱源から熱 Q_1 を吸収し、温度 T_2 の低温熱源に熱 Q_2 を放出する熱機関では

$$\frac{Q_1}{T_1} = \frac{Q_2}{T_2}$$

という関係がありました。1つのカルノーサイクルⒶが2つのサイクルⒷ、Ⓒでできていると考えると、図5のような模式図で描けます。カルノーサイクルⒶが温度 T_1〔K〕の高温熱源から熱量 Q_1 を吸収し、低温熱源に熱量 Q_2 を放出するカルノーサイクルとします。Ⓑ、Ⓒの機関が外部にした仕事は $W_1' - W_2'$ であり

$$W_1' = Q_1 - Q_3 \ ; \ W_2' = -(Q_3 - Q_2)$$

なので

$$W_1{}' - W_2{}' = (Q_1 - Q_3) - \{-(Q_3 - Q_2)\} = Q_1 - Q_2$$

カルノーサイクルⒶが外部にした仕事$W' = Q_1 - Q_2$より

$$W' = W_1{}' - W_2{}'$$

よって、Ⓐがした仕事とⒷ、Ⓒがした仕事は等しいことがわかります。第3の熱源の温度T_3を絶対温度1Kに設定すると、T_1とT_2の熱源間ではたらく熱機関は、T_1と1Kの熱源間で順サイクルを行い、T_1と1Kの熱源間で逆サイクルを行う機関と考えられます。1Kの熱源で吸収・放出された熱量をQ_sとすると

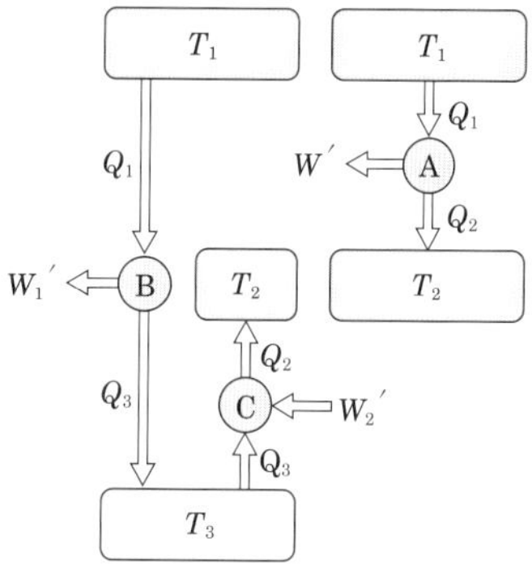

図5■カルノーサイクルⒶ、Ⓑ、Ⓑ

$$\frac{Q_1}{T_1} = \frac{Q_s}{1}\ ;\ \frac{Q_2}{T_2} = \frac{Q_s}{1}$$

となるので

$$\frac{Q_1}{T_1} = \frac{Q_2}{T_2} = \frac{Q_s}{1} = S$$

と書けます。このSは、このサイクルにおける任意の温度T〔K〕とその温度Tにおける吸収・放出熱量Qの比であり

$$S = \frac{Q}{T}$$

となります。したがって、この値は温度によらず一定になります。この関係式から1Kの熱源が熱機関より得る熱量Q_sがわかれば、$Q_s = 1 \times S$よりSの値がわかります。温度T〔K〕の熱源から得る熱量は$Q = ST$なので、このときの熱機関が1Kになるまでにする仕事は

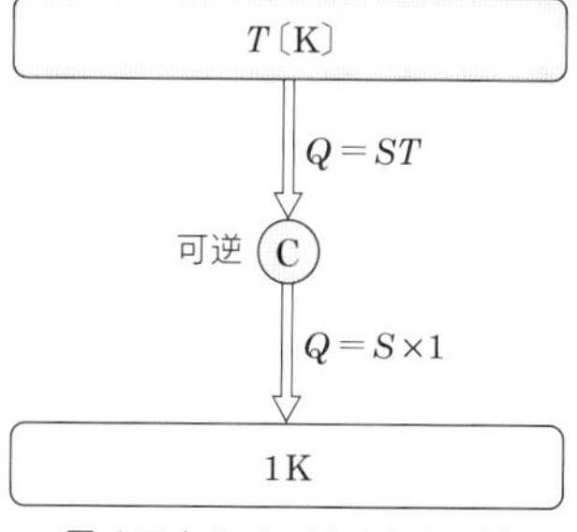

図6■カルノーサイクルの例

$$W' = Q - Q_s = S(T - 1)$$

となります。カルノーサイクルでは$\frac{Q_1}{T_1} = \frac{Q_2}{T_2}$の関係があるので、この機関と同一条件ではたらく不可逆機関の熱効率をeとすると

$$e = \frac{Q_1 - Q_2}{Q_1} < \frac{T_1 - T_2}{T_1}$$

$$\therefore \frac{Q_1}{T_1} < \frac{Q_2}{T_2}$$

と表せます。したがって可逆機関と不可逆機関での熱量と温度の関係は以下のようになります。

$$\text{可逆機関}：\frac{Q_1}{T_1} + \frac{Q_2}{T_2} = 0$$

不可逆機関：$\dfrac{Q_1}{T_1}+\dfrac{Q_2}{T_2}<0$

以上の関係をもとにして、高熱源（温度T_n）と低熱源（温度T_1）の間を任意の物体が準静的に任意の変化を行い、最後に元の状態に戻った場合を考えます。この準静的なサイクルを、図7のように多数のカルノーサイクルに分割し、各熱源の温度をT_1、T_2、$\cdots T_n$とします。それぞれのカルノーサイクルは同じ熱源から熱を受け取ったり、与えたりします。よって各熱源が受け取る正味の熱量をQ_1、Q_2、$\cdots Q_n$とすると、準静的な変化であることから可逆変化だと考えると、

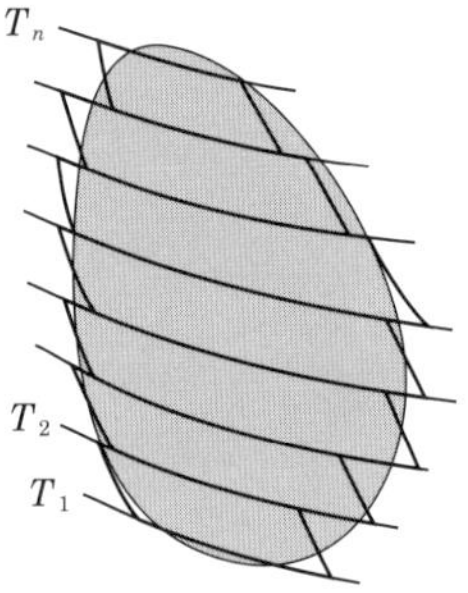

T_n
T_2
T_1

図7■多数のカルノーサイクル

$$\frac{Q_1}{T_1}+\frac{Q_2}{T_2}+\cdots+\frac{Q_n}{T_n}=\sum_{i=1}^{n}\frac{Q_i}{T_i}=0$$

となります。無数のカルノーサイクルに分けたと考えると、極限の和は積分になるので

$$\sum\frac{Q_i}{T_i}=\oint\frac{dQ}{T}=0 \qquad (6\cdot1)$$

となります。一方不可逆サイクルの場合は$\dfrac{Q_1}{T_1}+\dfrac{Q_2}{T_2}<0$などから

$$\sum\frac{Q_i}{T_i}=\oint\frac{dQ}{T}<0$$

となります。この式を**クラウジウスの不等式**といいます。

このサイクルの道筋は任意なので、1つの状態Bを通ってAに戻る過程を道筋Iと道筋IIに分けて考えます。すると式(6・1)は

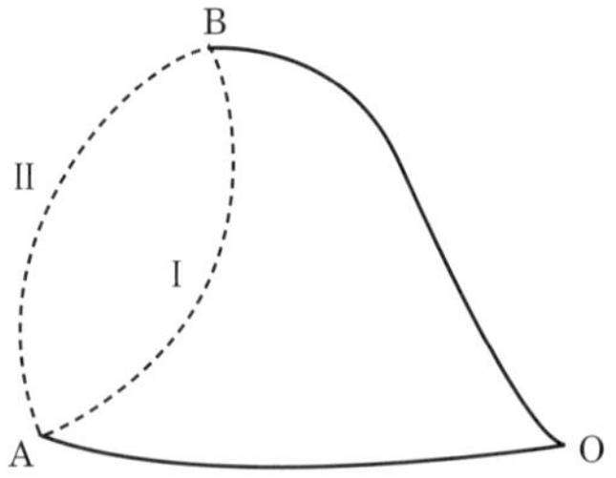

B
II
I
A
O

図8■状態Aから状態Bへの変化

$$\int_{\mathrm{A\,I\,B}}\frac{dQ}{T}+\int_{\mathrm{B\,II\,A}}\frac{dQ}{T}=0$$

となりますが、準静的変化IIを逆にたどると熱の吸収・放出が逆になります。よって

$$\int_{\mathrm{B\,II\,A}}\frac{dQ}{T}=-\int_{\mathrm{A\,II\,B}}\frac{dQ}{T}$$

となりますが、これは$\displaystyle\int_{\mathrm{A}}^{\mathrm{B}}\frac{dQ}{T}$が道筋によらないで状態Aと状態Bだけで決まることを表します。そこで1つの基準Oをつくります。準静的変化に沿って

$$S_{\mathrm{A}}=\int_{\mathrm{O}}^{\mathrm{A}}\frac{dQ}{T}\ ;\ S_{\mathrm{B}}=\int_{\mathrm{O}}^{\mathrm{B}}\frac{dQ}{T}$$

とすればこれらはそれぞれOとA、OとBによって決まるので

$$\int_{\mathrm{A}}^{\mathrm{B}}\frac{dQ}{T}=\int_{\mathrm{A}}^{\mathrm{O}}\frac{dQ}{T}+\int_{\mathrm{O}}^{\mathrm{B}}\frac{dQ}{T}=\int_{\mathrm{O}}^{\mathrm{B}}\frac{dQ}{T}-\int_{\mathrm{O}}^{\mathrm{A}}\frac{dQ}{T}$$

準静的変化A→Bの間に温度で物体が受け取れる熱量をdQとすると

$$\int_{\mathrm{A}}^{\mathrm{B}} \frac{dQ}{T} = S_{\mathrm{B}} - S_{\mathrm{A}}$$

となります。S は状態だけで決まる量なので状態量といいます。この状態量 S のことをエントロピーといいます。エントロピーの微分形式は微小な変化量で以下のように表せます。

$$dS = \frac{dQ}{T}$$

これがエントロピーの定義になります。エントロピーは、ある基準の状態における量が決まらないと、その状態でのエントロピーの値を求めることができません。その基準量として以下のように定められています。

「絶対温度 0K の平衡状態にある系のエントロピー *S* の絶対値を 0 と定める」

これを**熱力学第 3 法則**といいます。これを前提として、孤立系（断熱系）が不可逆変化をした場合のエントロピーの変化を考えてみましょう。

ある系が不可逆過程Ⅰの道筋に沿って、状態 A から状態 B まで変化し、次に可逆過程Ⅱの道筋を通って初めの状態 A に戻るサイクルを考えます。このサイクルは全体としてみると不可逆過程です。したがって

$$\oint \frac{dQ}{T} = \oint_{\mathrm{A}}^{\mathrm{B}} \frac{dQ}{T} + \int_{\mathrm{B}}^{\mathrm{A}} \frac{dQ}{T} < 0$$

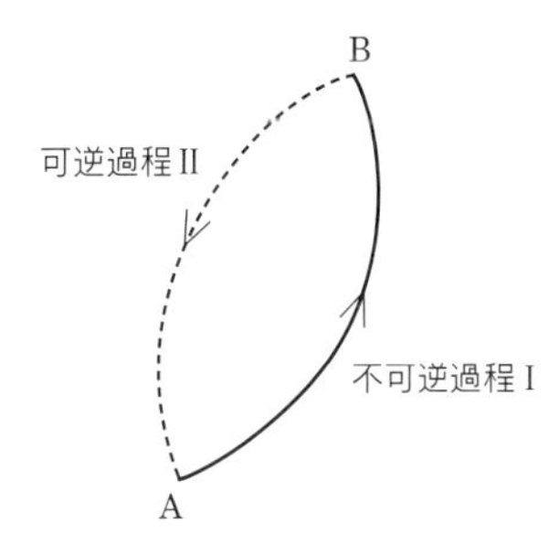

図 9■A→B（不可逆過程Ⅰ）、B→A（可逆過程Ⅱ）の状態変化

です。S_{A}、S_{B} をそれぞれ状態 A、B のエントロピーとすると、B→A の過程は可逆過程なので

$$\int_{\mathrm{B}}^{\mathrm{A}} \frac{dQ}{T} = S_{\mathrm{A}} - S_{\mathrm{B}}$$

一方 A→B の過程は不可逆過程なので

$$\int_{\mathrm{A}}^{\mathrm{B}} \frac{dQ}{T} < S_{\mathrm{B}} - S_{\mathrm{A}} \qquad (6 \cdot 2)$$

式(6・2)より、1つの系が不可逆変化により状態 A から状態 B にうつるとき、$\int_{\mathrm{A}}^{\mathrm{B}} \frac{dQ}{T}$ は状態 A、B のエントロピーの差より小さいことを表しています。この 2 つの状態が非常に近く、差が微小であると考えられるときには両辺を微分した

$$\frac{dQ}{T} < dS$$

が成立します。系を断熱的に変化させたときは、孤立系として不可逆変化させたと考えられるので

$$dQ = 0$$

です。したがって

$$S_B - S_A > 0 \qquad \therefore S_B > S_A$$

となるので、A→Bの不可逆変化をさせると、エントロピーは増大することがわかります。これを「**エントロピー増大の法則**」といいます。孤立系（断熱系）が不可逆変化をするとき、変化後の状態でのエントロピーは変化前の状態でのエントロピーよりも増大することがわかります。

● ● ●

ここまでで熱力学でのエントロピーについて学んできましたが、情報学の分野でもエントロピーという考え方が使われています。この実験ではトランプを使って情報エントロピーについて学んでいきましょう。

実験&工作 ❻－② エントロピートランプ

準備するもの★トランプ

実験・工作の手順★カードを4×4の形に並べる⇒相手に1枚を選んでもらう⇒その1枚がわかるまで質問を繰り返す

①カードを図10のように縦4枚、横4枚で並べます。
②相手に並べたカードの中から1枚を選んでもらいます。
③相手が選んだ1枚を当てるために質問をします。まずは上半分の8枚と下半分8枚のどちらにあるかを聞きます。
④次に8枚の中で右半分の4枚と左半分の4枚のどちらにあるかを聞きます。
⑤残った4枚のうち、上の2枚と下の2枚のどちらにあるかを聞きます。
⑥最後に残りの2枚の右と左のどちらであるかを聞くと、相手が選んだカードが決まります。

図10■カードの並べ方

どのカードを選んだ場合でも、実験・工作の手順③～⑥で相手が決めたカードが残ります。つまり16枚のカードの中から任意の1枚を選び出すには、4回の質問が必要ということであり、その1枚にはその分の情報の量（**情報量**）があるということになります。これにエントロピーの考え方を用いると、最後に1枚残った状態は選択肢が他にないのでエントロピーは0であり、最初に16枚そろっていた状態はエントロピーが大きい状態といえます。トランプの枚数を半分にするという操作は、だんだんと選択肢を狭めていくことになります。選択肢が少なくなるということは情報を受け取ったということですが、情報としてのエントロピー（**情報エントロピー**）が失われたと考えることもできます。情報エントロピーとは、情報量に負の符号をつけたものと考えることができます。

情報エントロピーは選択肢の数と未知なるものの数（カードの枚数）によって決まります。エントロピートランプの分け方は右か左か、あるいは上か下かという分け方でした。これは、選択肢としては2通りあり、そのうちの一方を選んでいることになります。もしカードの枚数が16枚でなくW枚だとしたら

$$2^n = W$$

の関係が成り立ちます。これを、対数を用いて表すと

$$n = \log_2 W$$

となり、これが情報エントロピーを表します。単位はbit（ビット）です。デジタルコンピュータなどで使われる情報の大きさの最小単位としてもbitが用いられます。

【コラム】 ボルツマンの原理を導こう

熱力学と統計力学の創始者といわれるボルツマンの墓は現在ウィーンにあり、墓石には$S = k.\log W$と彫られています。Sはこの章で学んだエントロピーであり、$k.$はボルツマン定数で、今後はk_{B}と書きます。Wはある系がとりうる微視的な状態の数（**状態数**）です。それでは、$S = k_{\mathrm{B}} \log W$で求められる$S$とこの章で学んだ$dS = \dfrac{dQ}{T}$との関係を考えていきましょう。空白の部分の解答はこの章の最後にあります。

ある空間Vをv_0のサイズに分割した場合、区画の数Nは①＿＿＿＿＿です。

このv_0については、空間中の気体分子の大きさよりも十分に大きく、かつその気体分子が平均的に占める空間の大きさよりも十分に小さい必要があります。標準状態（1気圧、0℃）の$1\ \mathrm{mol}$の気体分子1個が平均的に占める空間の大きさを$\bar{v}$とすると

$$\bar{v} = \frac{22.4 \times 10^{-3}}{6.02 \times 10^{23}} \cong ②\underline{\qquad\qquad\qquad}$$

です。一方、気体原子・分子の大きさは$10^{-10}\ \mathrm{m}$程度なので、気体分子1個あたりの体積v_mは$v_m = 10^{-30}\mathrm{m}^3$程度になります。以上から$v_0$は$v_m < v_0 < \bar{v}$を満たしていることがわかります。

気体の微視的状態数Wは、このN個の区画に各気体分子がどのように入っているかという場合の数です。分子数は、$1\ \mathrm{mol}$とし、アボガドロ数$N_{\mathrm{A}} = K$個あるとします。1番からアボガドロ数まで分子に番号をつけ、順に区画に入っていくとすると、区画の大きさは分子の大きさに比べて十分に大きいので

1番目の分子が入る場所：N通り
2番目の分子が入る場所：N通り
3番目の分子が入る場所：N通り
⋮

となります。よって、気体の微視的状態数Wは

$$W = N^K$$

です。ここで両辺の対数をとると

$$\log W = K \log N$$

となりますが、$N = \dfrac{v}{v_0}$、$N_{\mathrm{A}} = K$ より

$$\log W = ③\underline{\qquad\qquad\qquad}$$

と表すことができます。ボルツマンの原理の右辺と形をそろえるために両辺にボルツマン定数 k_{B} をかけると

$$k_{\mathrm{B}} \log W = ④\underline{\qquad\qquad\qquad}$$

となります。

一方、ある状態 A から B になるときの自由膨張のエントロピーの変化は、理想気体の状態方程式を用いて考えると

$$S_{\mathrm{B}} - S_{\mathrm{A}} = \sum \frac{dQ}{T} = \sum \frac{p\Delta V}{T} = \sum \frac{R\Delta V}{V} = \int_{V_{\mathrm{A}}}^{V_{\mathrm{B}}} \frac{RdV}{V}$$

$$\therefore S_{\mathrm{B}} - S_{\mathrm{A}} = ⑤\underline{\qquad\qquad\qquad}$$

です。$R = N_{\mathrm{A}} \cdot k_{\mathrm{B}}$ より、右辺にボルツマン定数が出てくるように書き直すと

$$S_{\mathrm{B}} - S_{\mathrm{A}} = ⑥\underline{\qquad\qquad\qquad}$$

となります。以上から

$$S = k_{\mathrm{B}} \log W$$

となることが導かれます。

Memo

① $N = \dfrac{V}{v_0}$、② $3.72 \times 10^{-26}\mathrm{m}^3$、③ $N_{\mathrm{A}} \log \dfrac{V}{v_0} = N_{\mathrm{A}}(\log V - \log v_0)$

④ $k_{\mathrm{B}} N_{\mathrm{A}}(\log V - \log v_0) = R(\log V - \log v_0)$、⑤ $R(\log V_{\mathrm{B}} - \log V_{\mathrm{A}})$

⑥ $R(\log V_{\mathrm{B}} - \log V_{\mathrm{A}}) = k_{\mathrm{B}}(\log W_{\mathrm{B}} - \log W_{\mathrm{A}})$

❼ 相対性理論

20世紀の前半の物理学は、2つの大きな進展がありました。1つは量子力学の登場です。そしてもう1つは**相対性理論**です。この章では相対性理論について、少しだけのぞいてみましょう。

● ● ●

光は、秒速30万kmもの速さで進みます。高速で運動しているとき、そこにある物理法則は、私たちの住んでいる低速の世界と本当に同じなのでしょうか？

1905年に、アルバート・アインシュタインは、特殊相対性理論の論文を発表しました。これは、2つの仮定に基づいていました。1つは、ガリレオが提唱した**相対性原理**で、「すべての観測者で同じ物理法則が成り立つ」というものです。もう少しわかりやすくいうと、早く動いていても遅く動いていても物理法則は一緒である、ということです。車に乗っている人と歩いている人で、物理法則が違っていては困ります。だから、“原理”なのです。もう1つは、マクスウェル方程式から導かれる、「光速は光源や観測者の動きにかかわらず一定である」というものです。普通、車の速度は、立ち止まっている人が見た場合と、他の車に乗っている人が見た場合では、相対速度が変わります。しかし、光の速さは、止まっている人から見ても、車に乗っている人から見ても、同じだというのです。果たして、この原理は正しいのでしょうか？

実験&工作 ❼－① マイケルソン・モーレーの実験

準備するもの★「理論がわかる　光と音と波の手づくり実験」の「実験&工作⓫－⑤ 移動鏡による光のドップラー効果の観測をしよう」の実験器（図1）

実験・工作の手順★レーザー光を重なるように調整する⇒周りを暗くする⇒録音しながら回転させる

①2つの光路を通ってきたレーザー光を、フォトトランジスタのところで重なるように調整します（図2）。

②周りを暗くし、録音しながら、実験機全体を回転させます。例えば、90度回転させるまでに、0度、30度、60度、90度の4か所を録音、また

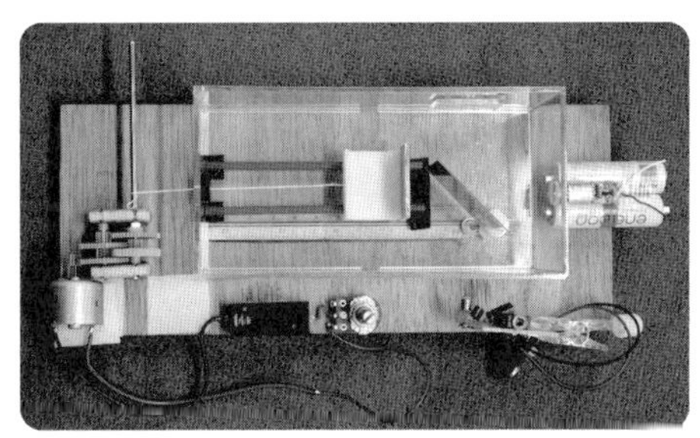

図1■完成図

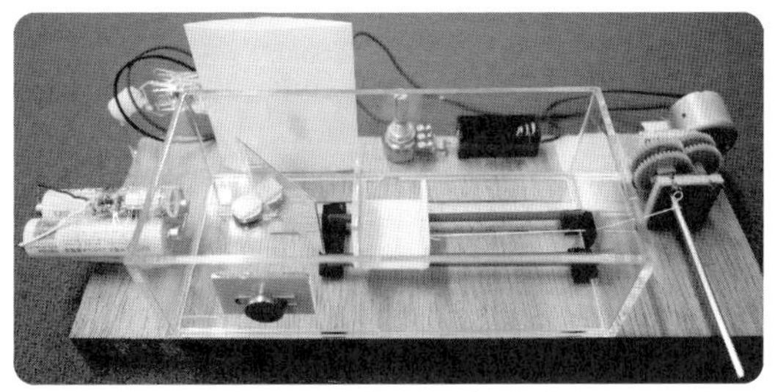

図2■レーザー光の合わせ方

は、紙に当たったレーザー光の明るさを見ます。
③録音した音の大きさが変化したか、または、明るさが変化したかを見ます。

この実験では、レーザー光の明るさの変化、または録音した音の大きさの変化はみられません。では、この実験では、一体何を見ていて、何が分かるのでしょうか？

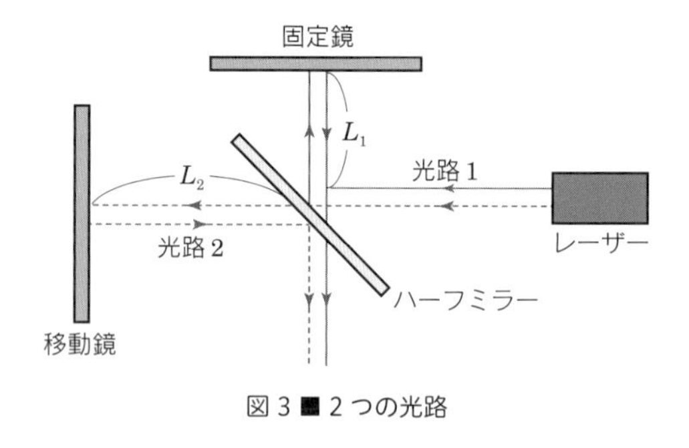

図 3 ■ 2 つの光路

この実験では、図 3 のように、2 つの光路を通ってきたレーザー光が重なり合います。ここで、考えてほしいのは、この実験機が動いていないかどうか、ということです。実際、私たちは静止しているといえるのでしょうか？　地球（日本）は時速 1400 km で自転し、太陽の周りを秒速 30 km もの速さで公転し、太陽系は銀河系の中を秒速 217 km で移動していますので、静止していると考える方が無理です。したがって、この実験機はどちらかの方向に動いているはず、と考えられます。

例えば、実験機全体が光路 2 の方向に速さ v で動いていたとします。すると、光路 2 を往復する時間は $t_2 = \frac{L_2}{c+v} + \frac{L_2}{c-v} = \frac{2cL_2}{c^2-v^2}$、となります。一方、光路 1 の往復時間は、$t_1 = \frac{2L_1}{\sqrt{c^2-v^2}}$ と計算できますので、2 つのレーザー光は、$\Delta\alpha_0 = \frac{2\pi c}{\lambda}(t_1 - t_2) = \frac{2\pi c}{\lambda}\left(\frac{2L_1}{\sqrt{c^2-v^2}} - \frac{2cL_2}{c^2-v^2}\right)$ の位相差で到達することになります。装置を 90 度回転させれば、今度は、$\Delta\alpha_{90} = \frac{2\pi c}{\lambda}\left(\frac{2cL_1}{c^2-v^2} - \frac{2L_2}{\sqrt{c^2-v^2}}\right)$ の位相差になります。結局、装置を回転させる前と 90 度回転させた後では、位相差の差は、$\frac{v^2}{c^2} \ll 1$ より

$$\begin{aligned}\Delta\alpha = \Delta\alpha_{90} - \Delta\alpha_0 &= \frac{4\pi c}{\lambda}\frac{c - \sqrt{c^2-v^2}}{c^2-v^2}(L_1 + L_2) \\ &\sim 2\pi\frac{L_1+L_2}{\lambda}\frac{v^2}{c^2}\end{aligned}$$

となります。もし、光速が、観測者の速度によって変化するならば、地球が秒速 217 km で動いているとして $v = 2.17 \times 10^5 \mathrm{m/s}$ を、$L_2 + L_1 = 0.2\,\mathrm{m}$、$\lambda = 6.4 \times 10^{-7}\,\mathrm{m}$ を代入すると、$\Delta\alpha = 1.03\,\mathrm{rad}$（約 60 度）程度となります。つまり、レーザー光の山と山が合っていて明るく見えていたものが、装置を 90 度回転させると、山の位相が 60 度ずれることで打ち消し合って、少し暗く見える、ということです（$L_2 + L_1$ を大きくするか、緑や青のレーザーを用いて波長を短くすると、$\Delta\alpha$ はより大きくなり、差が見えやすくなります）。しかし、実験では、そんな違いはみえません。つまり、$2\pi\frac{L_1+L_2}{\lambda}\frac{v^2}{c^2} = 0 \Leftrightarrow v = 0$ ということです。でも、最初に述べたように、

$v=0$ というのは考えられません。したがって、このことから、光は、どのような速さで動いている人から見ても、$v=0$ とした速さの合成に従う、つまり、光速は常に一定値の 3.0×10^8m/s である、ということがわかるのです。これを、光速度不変の原理といいます。

● ● ●

それでは、光速度の不変が証明されましたので、それを基本原理として、特殊相対理論において重要な式（概念）を、順を追って導いてみましょう。

(1) 特殊相対性理論を導出しよう　～時間～　［作業シート 1］

図 4 のように、円筒形で速さ v で動く宇宙船を考えましょう。宇宙船の両端には M_1 と M_2 の 2 つの鏡が向き合って固定され、その間の距離は L_0 とします。宇宙船の中にあり一緒に動く時計ⓐと、宇宙船の外に静止している時計ⓑがあり、それぞれ光が M_1 を出て M_2 に戻ってくる一往復の時間を計ります。光速は c とします。

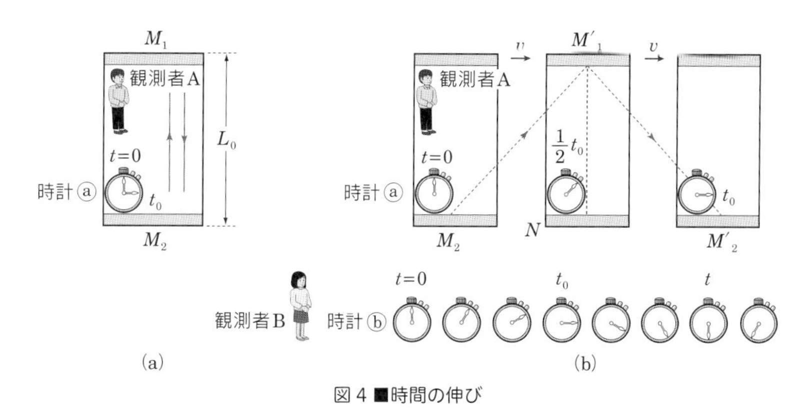

図 4 ■時間の伸び

宇宙船内にいる観測者 A が、往復時間 t_0 を測定したとき、宇宙船自体は動いていても相対的に止まっているのと同じ（図 4(a)）なので、その時間 t_0 は、①＿＿＿＿＿です。一方、宇宙船の外にいる観測者 B が時計ⓑで、往復時間 t を計るとどうなるでしょう？　光は、図 4(b) のように、M_2 から出て、$M_1{}'$ で反射し、$M_2{}'$ に戻る、という経路をとります。したがって、距離は、②＿＿＿＿＿となります。光速度不変の原理より、宇宙船の外からでも光速は c ですので、そのまま計算すると、往復時間 t は、③＿＿＿＿＿という t の方程式になります。改めて、この方程式を t について解くと、④＿＿＿＿＿という結果が得られます。つまり、$t > t_0$ であり、宇宙船内の時計ⓐが t_0 を指すまでに、外の時計ⓑでは t の時間だけ経過していることになります。これは、静止しているより、ある速度で運動している方が、時間の進み方が遅れる、ということを意味しているのです。

解答　① $t_0 = \dfrac{2L_0}{c}$、② $2\sqrt{\left(\dfrac{1}{2}vt\right)^2 + (L_0)^2}$、③ $t = \dfrac{2\sqrt{\left(\frac{1}{2}vt\right)^2 + (L_0)^2}}{c}$

④ $t = \dfrac{2L_0}{\sqrt{c^2 - v^2}} = \dfrac{2L_0}{c}\dfrac{1}{\sqrt{1-\left(\dfrac{v}{c}\right)^2}} = \dfrac{t_0}{\sqrt{1-\left(\dfrac{v}{c}\right)^2}}$

(2) 特殊相対性理論を導出しよう　～空間～　[作業シート 2]

次は、相対的に動いている空間では、距離がどのように変化するのか、計算していきましょう。いま、図5のように、図4と同様な宇宙船が縦方向に速さvで動いているとします。外にいる観測者Aから見て、光が右端に届くまでの時間をΔt_1とし、さらに右端から左端に届くまでの時間をΔt_2とします。このとき、Aから見て光がΔt_1の間に進む距離は、光速×時間と同時に、宇宙船の長さと宇宙船自体が進んだ距離でもあるので、$c\Delta t_1 =$ ①＿＿＿＿＿と書けます。同様に、Aから見て光がΔt_2の間に進む距離は、$c\Delta t_2 =$ ②＿＿＿＿＿と書けます。したがって、光が往復する時間は、$\Delta t = \Delta t_1 + \Delta t_2 =$ ③＿＿＿＿＿となります。一方、宇宙船と一緒に動いている観測者Bからみると、光の往復時間Δt_0は、宇宙船の距離L_0を用いて、単純に④＿＿＿＿＿と計算できます。ここで、運動している空間の時間は進みが遅くなり、$\Delta t = \dfrac{\Delta t_0}{\sqrt{1-\left(\frac{v}{c}\right)^2}}$という関係にあることが、[作業シート 1] からわかっています。したがって、③式と④式をこの関係式で結ぶと、LとL_0の関係式、$L =$ ⑤＿＿＿＿＿が導けます。つまり、運動している空間は、静止している観測者からは、運動している方向に対して、$\sqrt{1-\left(\frac{v}{c}\right)^2}$倍に縮んでみえる（ローレンツ収縮）、ということなのです。

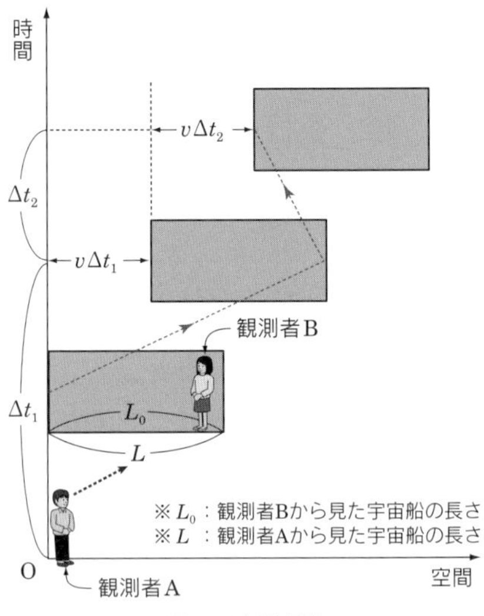

図5■空間収縮

解答　① $L + v\Delta t_1$、② $L - v\Delta t_2$、③ $\dfrac{L}{c-v} + \dfrac{L}{c+v} = \dfrac{2Lc}{c^2 - v^2}$、④ $\dfrac{2L_0}{c}$、⑤ $L_0\sqrt{1-\left(\frac{v}{c}\right)^2}$

(3) 質量とエネルギーの等価性を導出しよう

[作業シート 3]

最後に、質量とエネルギーの等価性を導いてみましょう。図6のように、速さvでx軸方向に動いている観測者Bが質量mのボールⓑを速さuで投げます。一方、静止している観測者Aも同じ質量mのボールⓐを速さuで投げ、ちょうど正面衝突しました。その後、ボールはy軸に平行方向に跳ね返りお互いの観測者のところへ戻っていきます。

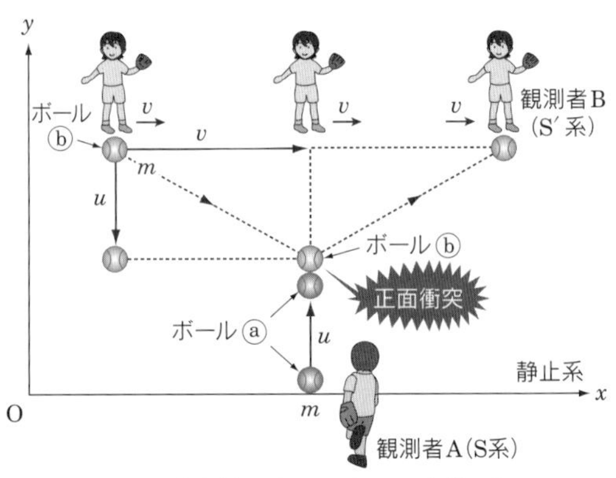

図6■観測者AとBのキャッチボール

このとき、x 軸方向は変化がないので、y 軸のみの運動量変化を見てみましょう。ただし、静止している観測者 A（静止系 S）からみる、としますので、以下の点に注意します。

1. 速さは「距離÷時間」であるが、動いている系 S′ は静止している系 S からみると、時間が $\dfrac{t_0}{\sqrt{1-\left(\frac{v}{c}\right)^2}}$ 倍に伸びるため、速さとしては $\sqrt{1-\left(\frac{v}{c}\right)^2}$ 倍になる
2. 質量は、静止しているときは m であるが、速さ v で動いているとき、何らかの形で変化すると仮定するので、質量はその速度の関数であるとする、$m=m(v)$

では、y 成分の運動量の保存を式で書いていきましょう。まず、観測者 A が投げたボールⓐは、速さは u であり、質量は $m(u)$ となります。したがって、運動量は①________と計算できます。一方、観測者 B が投げたボールⓑは、静止系からみると、y 成分の速さは $u\sqrt{1-\left(\frac{v}{c}\right)^2}$、$x$ 成分の速さは v となるので、合成すると②________となります。したがって、観測者 B が投げたボールⓑの持つ運動量は、③________と書けます。以上の①式と③式を足したものが、衝突前の運動量です。

衝突後は、それぞれ速さの向きが反対になるだけです。こうして立てた運動量保存則の式から、観測者 A が投げたボールⓐの質量 $m(u)$ と、観測者 B が投げたボールⓑの質量 m（②________）の関係式を導くと、④________という式が得られます。

最後に、静止した質量との関係を出したいので、④式で u を 0 に置き換え、$m(0)=m_0$ と表し、整理すると、$m(v)=$ ⑤________の関係式を得ることができます。これは、運動していると、質量が重くなっているかのようにみえてしまう、ということです。

さらに、⑤式を $\dfrac{v}{c}$ が十分小さいとして、近似計算をします。x が 1 より十分小さいとき、$(1+x)^{\alpha}\approx 1+\alpha x$ と計算できることを使うと、$m(v)\approx$ ⑥________という結果が得られます。⑥式の第 2 項が運動エネルギーになるように整理すると、$E=m(v)c^2\approx$ ⑦________と、エネルギーと質量の関係式が得られます。これは、静止していても、質量があればエネルギーと等価である、ということを示している式なのです。

解答　① $m(u)u$、② $\sqrt{v^2+u^2\left(1-\left(\frac{v}{c}\right)^2\right)}$、③ $m\left(\sqrt{v^2+u^2\left(1-\left(\frac{v}{c}\right)^2\right)}\right)u\sqrt{1-\left(\frac{v}{c}\right)^2}$

④ $m(u)=m\left(\sqrt{v^2+u^2\left(1-\left(\frac{v}{c}\right)^2\right)}\right)\sqrt{1-\left(\frac{v}{c}\right)^2}$、⑤ $\dfrac{m_0}{\sqrt{1-\left(\frac{v}{c}\right)^2}}$、⑥ $m_0+\dfrac{1}{2c^2}m_0v^2$

⑦ $m_0c^2+\dfrac{1}{2}m_0v^2$

特殊相対性理論の初歩を導出しましたが、特殊というのは、以上見てきたように、等速運動をしている特殊な場合、という意味です。20世紀初頭に突然登場した特殊相対性理論ですが、ミクロな世界を見るときには、もう1つの重要な理論、量子力学と合わせて考えなくてはならない、重大な発見だったのです（加速度運動している場合の相対性理論は、一般相対性理論といい、宇宙物理に欠かせない理論になりました）。量子力学については、「**❽粒子性と波動性**」から勉強していきましょう。

● ● ●

本シリーズの「理論がわかる　力と運動の手づくり実験」の万有引力による実験では、中心に砲丸投げの鉄球や、上から棒などで風船の表面を押しつけるなどの実験を紹介しました。今回は、ブラックホールに近づいたものは、すべて吸い込まれるという実験を行いたいと思います。

実験&工作　❼－② ブラックホールの実験　～風船バージョン～

準備するもの★ボウル（直径約18 cm、大きくても小さくてもよい）、風船（直径が約30 cmに膨らむもの）、ガムテープ、ビー玉

実験・工作の手順★風船を切る⇒風船をボウルにかぶせる⇒球の運動を観察する

①ボウルの底に、にぎりこぶしが十分に入る穴をあけます。

②風船を膨らまして空気を抜いたあと、縁を切り落とします。一度膨らましておくと、あとで楽に風船をボウルにかぶせられます。

③ボウルに②で切り取った風船をたるまないようにかぶせて、ガムテープでとめます。

④風船の真ん中あたりにビー玉を置き、これを裏側から引っ張ります。すると、中央に深いくぼみができます。この穴がブラックホールというイメージです。

⑤ブラックホールのまわりを、ビー玉などを横切らせてみましょう。速度は、光速を超えることができないので、そのようなイメージでモデル化しましょう。

⑥ある距離よりブラックホールに近づくと、物体はブラックホールにトラップされ、吸い込まれてしまいます。

● ● ●

実験&工作　❼－③ ブラックホールの実験　～3Dプロッターでつくってみよう～

準備するもの★ 3Dプロッター、材料（20 cm×20 cm×10 cm程度、3Dプロッターに入るサイズ）、ピンポン玉

実験・工作の手順★ブラックホールモデルを削り出す⇒球の運動を観察する

①ポリゴン化フリーソフト（Align 3Dなど）用いて、3Dプロッターで動くデータを組み、削り出しをします。3Dプロッターは、3Dプリンターよりも精度が高いです。その理由は、アクリルやモデ

図7■ブラックホール

リングウッド、発泡スチロールなど硬さが均一のものを 1 つのブロックから削り出すからです。

②フリーソフトをダウンロードし、インストールします。

③エクセルでブラックホールモデルの点群データをつくります。10 cm 角の場合、−50 から +50 まで、ミリメートル単位で座標のマトリクスをつくります。A 列を x、B 列を y として、1 mm ごとに各座標を定義します。

④ C 列に、$z = f\ (x, y)$ で定義されるデータを入れます。

⑤ D 列に、プリントしたときに発散する部分を除外する条件式を入れます。

⑥エクセルのファイルをテキスト形式で保存し、保存したテキストファイルを再度、エクセルで開きます。

⑦ここで、C 列のみを削除し、再度、テキスト形式で保存します。

⑧エクセルを閉じ、保存したファイルの拡張子 TXT を XYZ に変えます。これは 3 次元データ形式 (x, y, z) となります。

⑨ポリゴンを作成するため、フリーソフトで、このファイルを開き、ポリゴン作成後は拡張子 stl で保存します。

⑩このファイルを、3D プロッターに附属のソフトで立ち上げれば、ブラックホールモデルの削り出しができます。

⑪ブラックホールモデルのブラックホールのまわりを、ピンポン玉などを横切らせてみましょう。速度は、光速を超えることができないので、そのようなイメージでモデル化しましょう。

⑫ある距離よりブラックホールに近づくと、物体はブラックホールに吸い込まれてしまいます。

ブラックホールは、質量がそうとう大きな恒星が超新星爆発したのち、自らの重力によって重力収縮することによって生成したり、巨大なガス雲が収縮することで生成すると考えられています。ブラックホールの周囲には、非常に強い重力場がつくられるので、ある半径より内側では脱出速度が光速を超え、光ですら外に出てくることができなくなります。この半径を**シュヴァルツシルト半径**、この半径を持つ球面を事象の地平面（シュヴァルツシルト面）とよびます。

ブラックホールそのもの自体は不可視ですが、ブラックホールが物質を吸い込む際に放出される X 線や γ 線、宇宙ジェットなどによって観測することができます。

ブラックホールの中に物体が落ちていくのをブラックホールから離れたところにいる観測者からみると、相対論的効果によって物体が事象の地平面に近づくにつれて、物体の時間の進み方が遅れるようにみえるため、事象の地平面では非常にゆっくりと落ちていくようにみえます。また、物体から放出された光は赤方偏移をするので、物体は落ちていくにつれて次第に赤くなります。やがて可視光から赤外線、電波へと移り変わり、事象の地平面に達した段階で見えなくなります。

Memo

❽ 粒子性と波動性

古代ギリシャの時代から、人類は物質の起源を解明することを夢見てきました。19 世紀になり、物質を構成する、それ以上分割することのできない要素として原子の存在が確立され、その夢は実現したかに見えました。ところが、20 世紀になって、原子はさらに細かな構造をもつことが明らかになりました。そして、原子レベルの小さな世界では、それまでの物理学をそのまま適用することができず、量子力学に支配されることがわかりました。この章からは、そのような微視的世界における物理学を学んでいきましょう。

● ● ●

正と負の電極を組み込んだガラス管の中の空気を抜いて真空にして、電極に電圧をかけると放電します。管内の真空度によって放電はいろいろな色の光を出します。この現象を**真空放電**といいます。ここでは真空度 0.1 Torr（大気圧の 1 万分の 1 気圧）以下の真空放電管である**クルックス管**を用いた実験をしてみましょう。

実験&工作 ❽－① クルックス管

準備するもの★クルックス管（十字板入り、偏向極板入り、移動型回転車入り）、誘導コイル、偏向極板用電源、U 型磁石、導線

実験・工作の手順★クルックス管に電圧をかける⇒管内のようすを観察する

①まず、十字板入りのクルックス管を用いた実験を行ってみましょう。

②クルックス管の本体下の部分に、誘導コイルに接続した端子の＋極を、本体横の部分に－極をそれぞれつなぎます。

③誘導コイルのスイッチを入れ、出力調整を上げていき、クルックス管内のようすを観察してみましょう（図 1）。

④次に、偏向極板入りクルックス管を用いた実験を行ってみましょう。

⑤クルックス管の右端部に誘導コイルに接続した端子の＋極を、左端部に－極をそれぞれつなぎます。

⑥クルックス管本体の上部に偏向極板用電源に接続した端子の＋極を、本体の下部に－極をそれぞれつなぎます。

⑦誘導コイルのスイッチを入れ、出力調整を上げていきます。このとき、放電出力があまり高くならないように設定してください。

⑧偏向極板用電源のスイッチを入れ、出力調整を上げていき、クルックス管内のようすを観察してみましょう（図 2）。

図 1 ■クルックス管（十字板入り）に電圧をかけたときのようす

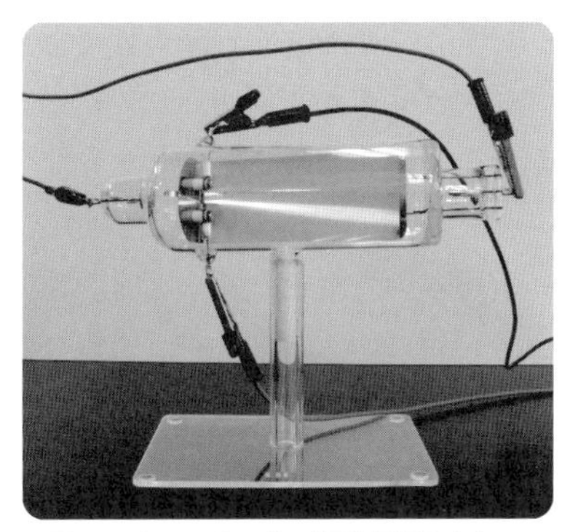
図 2 ■クルックス管（偏向極板入り）に電場をかけたときのようす

⑨偏向極板用電源の＋極と－極を入れ替えて、同様に実験してみましょう。
⑩偏向極板用電源のスイッチを切り、クルックス管の上から U 型磁石をかぶせるように近づけます。
⑪クルックス管内のようすを観察してみましょう。
⑫磁石の極を逆にして、同様に実験してみましょう（図 3）。
⑬最後に移動型回転車入りクルックス管を用いた実験を行ってみましょう。
⑭クルックス管の右端部に誘導コイルに接続した端子の＋極を、左端部に－極をそれぞれつなぎます。
⑮誘導コイルのスイッチを入れ、出力調整を上げていき、クルックス管内のようすを観察してみましょう（図 4）。
⑯誘導コイルの＋極と－極を入れ替えて、同様に実験してみましょう。

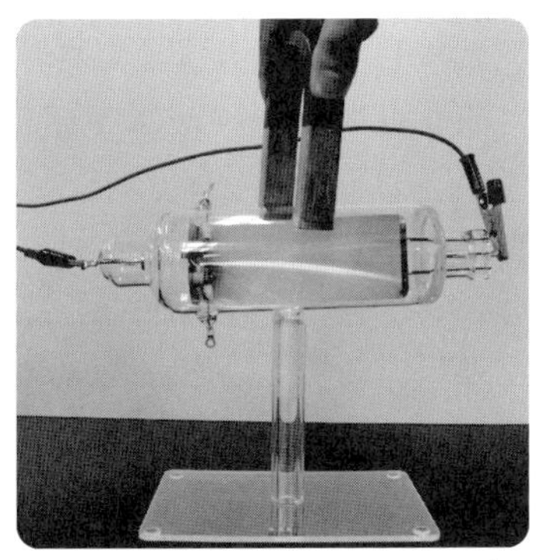
図 3 ■クルックス管（偏向極板入り）に磁場をかけたときのようす

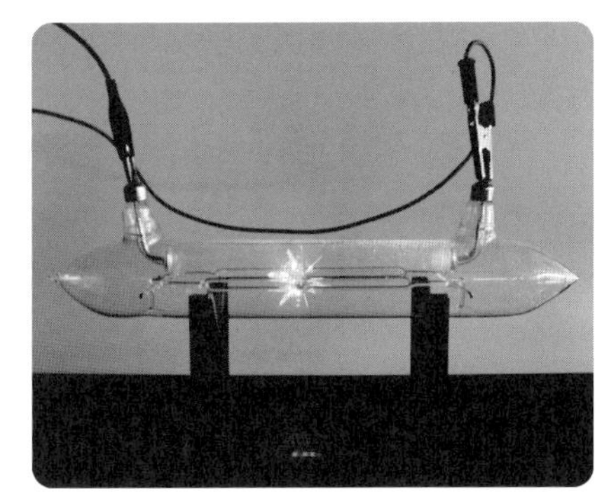
図 4 ■クルックス管（移動型回転車入り）に電圧をかけたときのようす

まず、クルックス管（十字板入り）に電圧をかけると、＋極側の壁の内側に塗ってある蛍光物質が光りますが、十字板の後ろには十字の影ができていることがわかります。これは、－極から何らかの粒子が飛び出して直進し、十字板に当たったものはさえぎられていると考えることができます。この、－極から出てくる粒子の流れは**陰極線**と名づけられました。以上のことから、陰極線には**蛍光作用**と**直進性**があることがわかります。

次に、クルックス管（偏向極板入り）に電圧をかけると、－極から＋極へ陰極線が直進します。そこに偏向極板に電圧をかけ、陰極線に垂直に電場をかけると、偏向極板の＋極のほうへ陰極線が曲げられます。また、U 型磁石で磁場をかけると、フレミングの左手の法則に従った方向へ陰極線が曲げられます。このことから、陰極線は**負の電荷を持つ**ことがわかります。

さらに、クルックス管（移動型回転車入り）に電圧をかけると、－極側から＋極側へ回転車が回転していきます。陰極線が回転車に当たると、当たった面の温度を上昇させ、その面での分子運動が激しくなります。その面では、残留気体の分子との衝突によって受ける反作用がその裏側よりも大きくなります。それで回転車が回転するのです。このことから、陰極線は**当たった物体の温度を上昇させる**ことがわかります。

この実験では、陰極線の性質がいくつかわかりましたが、その正体を明らかにするためには、陰極線粒子の質量と電荷の大きさを知る必要がありました。陰極線粒子の電気量の大きさ e と質量 m の比の値 e/m を粒子の**比電荷**といいます。1897 年、トムソンは、陰極線に垂直な方向に電場と磁場をかけ、比電荷を調べました。その結果、陰極線の金属をいろいろ変えても、得られる比電荷は常に一定値 $e/m = 1.76 \times 10^{11}$ C/kg でした。したがって、陰極線は一種類の粒子であることがわかり、この粒子が後に**電子**とよばれるようになりました。

● ● ●

光が粒子であるか波動であるかは、物理学の歴史上でも大きな問題でしたが、ヤングの実験などにより、光は干渉現象を起こすことが明らかになりました。また、マクスウェルが電磁波の存在を理論的に導き、電磁波のうち特定の波長を持つ波が光であることがわかりました。こうして、19 世紀までは「光は波動である」と考えられていました。

ところが、19 世紀末に、光を波動と考えたのでは説明できない現象が発見されました。それが**光電効果**です。ここでは、はく検電器をつくって光電効果を観察してみましょう。

実験&工作 ❽－② ペットボトルはく検電器で光電効果実験

準備するもの★ペットボトル、ペットボトルのキャップ、食品トレー、ゼムクリップ、アルミはく、ストロー3本、プラスチック消しゴム（塩ビ製）、殺菌灯、はさみやカッター、セロハンテープ、ステープラー、千枚通し

実験・工作の手順★ペットボトルはく検電器をつくる⇒はく検電器を検電状態にする⇒殺菌灯を当てる⇒はくのようすを観察する

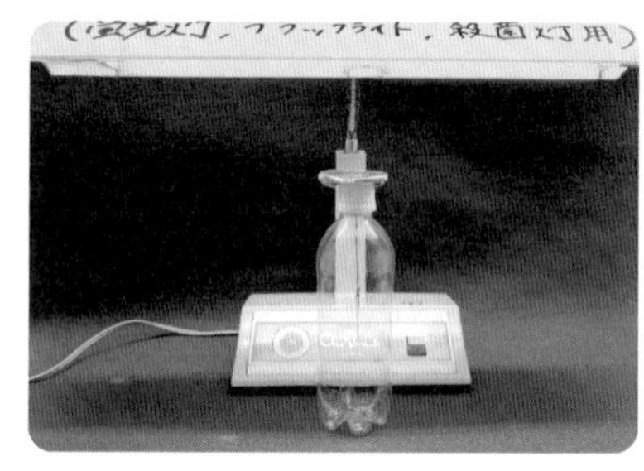

図 5 ■実験の全体図

①食品トレーを任意の形に切って、アルミはくでくるみます。

②図 6 のように、ゼムクリップを伸ばします。

③図 7 のように、千枚通しで穴をあけたペットボトルのキャップと、①の食品トレーを②で伸ばしたゼムクリップに通した後で、ステープラーでゼムクリップの他端の側を食品トレーに固定します。

④アルミはくを端から 8 mm の幅で切り分けます。

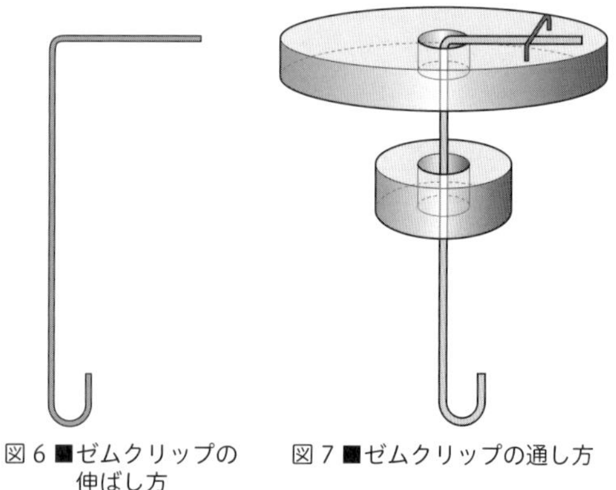

図 6 ■ゼムクリップの伸ばし方

図 7 ■ゼムクリップの通し方

⑤④で切ったものを２つ折りにし、よく伸ばしてゼムクリップにはさみます。これをペットボトルのキャップの裏に出ている部分に吊るします。
⑥キャップをペットボトルに取りつければ、はく検電器の完成です。
⑦ストロー３本を一束にして、プラスチック消しゴムで擦って＋に帯電させます。
⑧はく検電器が電子過多になるように、⑦で＋に帯電したストローを使って検電状態にします。
⑨はく検電器のはくが開いたことを確認した後、はく検電器上部のアルミ板部分に殺菌灯を当ててみましょう。
⑩殺菌灯を当てるとはくがどのように変化するか観察してみましょう。このとき、失明などのおそれがあるので、殺菌灯の光を目で直接見ないように紫外線防止用のメガネを着用するなど注意してください。

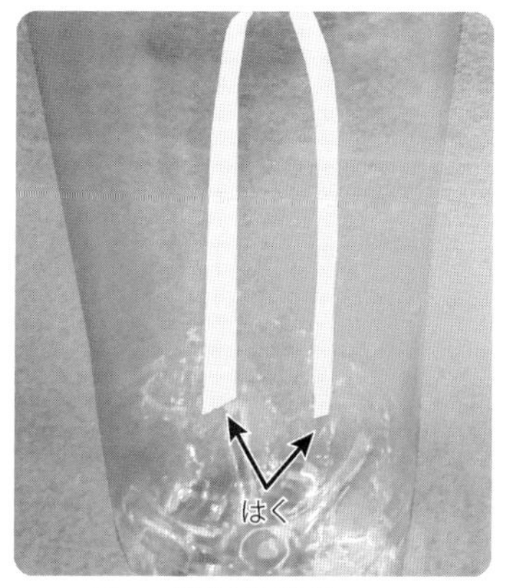

図８■殺菌灯照射前のはく

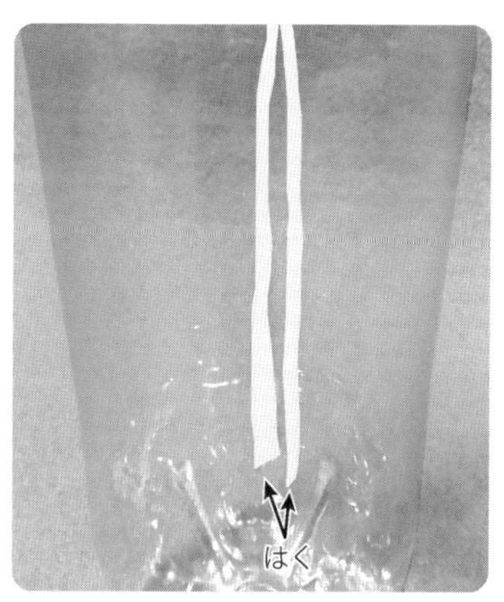

図９■殺菌灯照射後のはく

検電状態にしたはく検電器に殺菌灯を当てると、**光電効果**によりはくが閉じていきます。光電効果とは、金属表面に光を当てると、電子が金属から飛び出してくる現象で、このとき飛び出す電子を**光電子**といいます。はく検電器上部のアルミ板から電子が飛び出していき、検電器は電子を失い、はくが閉じます。

光電効果はどんな光をどんな金属に当てても起こるのかというと、そうではありません。金属には、その種類によって決まる特定の振動数 ν_0 があります。これを**限界振動数**といいますが、それよりも大きな振動数の光を照射したときだけ、光電効果は起こります。振動数がその金属の限界振動数より小さい光では、いくら光を強くしても光電子は飛び出しません。しかし、光の振動数が限界振動数より大きければ、弱い光でも光電子が飛び出します。

これは、光を波動として考えただけでは説明がつきません。光が波動だとすると、振動数が小さくても強い光ならば、光電子が飛び出すはずですが、この説明では実験結果と一致しません。

この現象を説明するために、1905年、アインシュタインは**光量子説**を発表しました。光量子説では、振動数 ν〔Hz〕の光は、$h\nu$〔J〕のエネルギーをもった多数の粒子の流れとして表されます。このときの h を**プランク定数**といいます（プランク定数については「❿原子」参照）。この粒子を**光子**（フォトン）といい、その粒子の流れの速さは光速 c です。

光量子説で光電効果を説明すると、次のようになります。

金属内の自由電子は、陽イオンから引力を受けているので、金属外には出られません。しかし、この引力に逆らってする仕事に相当するエネルギーを与えると、自由電子を金属外に取り出すことができます。このエネルギーの値は金属の種類によって決まっていて、その値を金属の**仕事関数**といいます。

光子 1 個がもつエネルギーは $h\nu$〔J〕で、この光子のエネルギーは光電子 1 個にすべて与えられます。仕事関数を W〔J〕、飛び出す光電子の運動エネルギーを $(1/2)m{v_0}^2$〔J〕とすると、$h\nu > W$ のときには、時間の遅れなしにただちに光電子が放出され、

$$\frac{1}{2}m{v_0}^2 = h\nu - W$$

という関係式が成立します。これを光電効果に関するアインシュタインの式といいます。$h\nu = W$ のときは、光電子が飛び出す限界であり、そのときの振動数 ν が限界振動数です。$h\nu < W$ のときは、光電効果は生じません。

このようにして光電効果を説明できたことにより、光量子説が確立され、やがて「光は粒子でもあり、波でもある」という考え方に至るようになったのです。

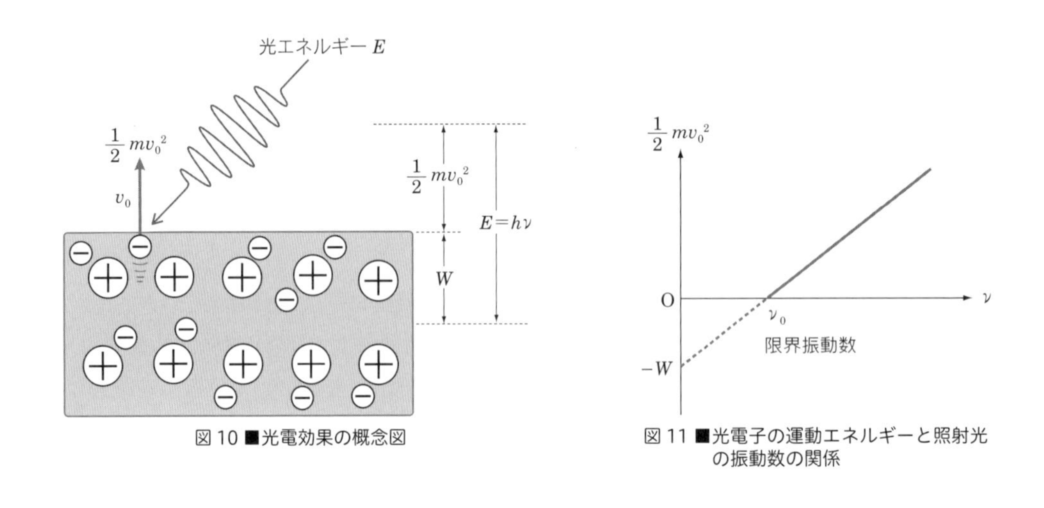

図 10 ■光電効果の概念図

図 11 ■光電子の運動エネルギーと照射光の振動数の関係

● ● ●

では次に、具体的な電子の振る舞いについて、白熱電球を用いた**熱電子効果**の実験に取り組んでみましょう。1883 年、発明家のエジソンが白熱電球を改良していたとき、電球表面とフィラメントの間に電流が流れていることを発見しました。これは**熱電子効果**といい、高温に加熱されたフィラメントという金属から電球表面に電子が飛び出していくことによるものです。それでは実際に白熱電球を使って実験をしてみましょう。

実験&工作 ❽－③ 熱電子効果

準備するもの★透明な白熱電球（クリア電球）、電球ソケット、検流計、アルミホイル

実験・工作の手順★透明な白熱電球にアルミホイルを取りつける⇒検流計で計測する

①透明な白熱電球にアルミホイルを被せます。このとき、まだ電球は、点灯させません。

②電球を電球ソケットに取りつけ、電流ソケットをコンセントにつなげて電球を点灯させます。

③検流計の片方の端子を電球に被せたアルミホイルにあて、もう片方をアースします（水道の蛇口などのしっかりとアースできる場所に端子をあてます）。図12では、プラス端子をアルミ箔につけ、マイナス端子をアースしています。

④検流計の目盛りを読み、電流が流れていることを確認します。

図12■熱電子効果の実験

この実験では、高温に熱せられた金属（フィラメント）から電子が飛び出してきて、その電子が電球表面に到達することを、電流が流れていることにより確認できます。

真空管は、熱電子効果を実際に利用していました。二極管は整流回路に、三極管は増幅回路に利用されてきましたが、いまではその役をそれぞれダイオードとトランジスターが担っています。

● ● ●

光などの電磁放射のエネルギーとその振動数との関係を最初に書き表したのは**マックス・プランク**という人です。プランクは「振動数 ν の電磁放射が $E = h\nu$ という関係で決まるエネルギー E として放射され、吸収される」としました。この h を**プランク定数**といい、プランク定数は $h \fallingdotseq 6.63 \times 10^{-34}$ J・s とされています。ここでは手に入りやすいLEDを用いて実際にプランク定数を求めてみましょう。

実験&工作 ❽－④ LEDでプランク定数測定

準備するもの★可変抵抗（100 Ω）、LED（赤色、黄緑色、青色）、単3乾電池2本、テスター、被覆導線2本、ゼムクリップ2個、ネオジム磁石3個（100円ショップで購入可能）

実験・工作の手順★可変抵抗にLEDをつける⇒各色のLEDが光りはじめる電圧を測定する⇒測定したデータをグラフにする⇒プランク定数をグラフの傾きから求める

①可変抵抗の穴にLEDの足を挿して固定します。このとき、LEDの長い側の足が可変抵抗の左側の穴に、短い側の足が真ん中の穴に入るようにしましょう。

②2本の単3乾電池の＋と－でネオジム磁石をはさみます。こうすることで2本の単3

乾電池が磁力で固定されます。

③単３乾電池の両端にネオジム磁石をつけます。

④被覆導線の両端の被覆をはぎ、可変抵抗の左右に被覆をはいだ部分をつなぎます。可変抵抗につないだ２本の被覆導線の端にゼムクリップを巻きつけます。このゼムクリップを③の単３乾電池にふれさせると全体に電流が流れます。このとき、つないだ被覆導線が可変抵抗の真ん中の端子にふれないようにしましょう（図 13）。

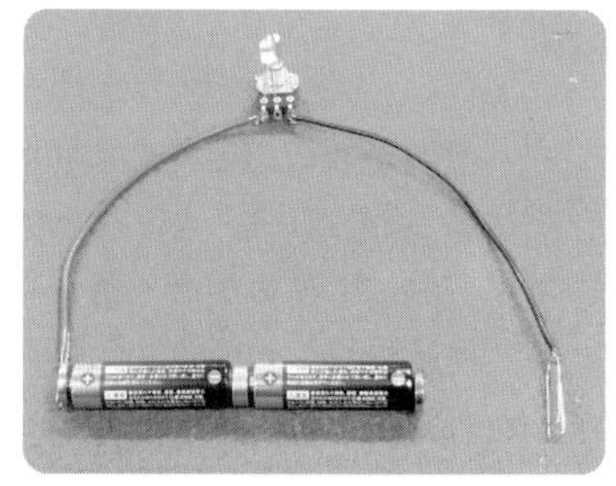

図 13 ■本実験の実体配線図

⑤可変抵抗の左側につないだ導線が電池の＋とつながるようにゼムクリップを接触させます。このときに赤の LED を可変抵抗に挿している場合は可変抵抗のつまみを真ん中くらいに調整しておきましょう。

⑥電池をつないだときに LED が光った場合、可変抵抗のつまみを光が消えるまで調整しましょう。

⑦再度可変抵抗のつまみを調整し、LED が光り始める位置でつまみを離しましょう。

⑧⑥の状態のままテスターを LED の２本の足に接続し、LED にかかる電圧を測定します。

⑨この LED を外し、違う色の LED で再度⑤～⑧を行い、最終的に赤、緑、青の LED それぞれの光り始める電圧を測定しましょう。

⑩電圧 V〔V〕をエネルギー E〔J〕、各色の LED の光の波長 λ〔nm〕を振動数 ν〔Hz〕に変換して、縦軸がエネルギー E〔J〕、横軸が振動数 ν〔Hz〕のグラフを作成しましょう。このとき、電圧を V〔V〕、電子の電荷を $e = 1.6 \times 10^{-19}$C、光の波長を λ〔m〕、光の速度を $c = 3.0 \times 10^{8}$ m/s とすると、エネルギーは $E = eV$〔J〕、振動数は $\nu = \dfrac{c}{\lambda}$〔Hz〕と計算ができます。各色の LED の光の波長 λ は LED の仕様表から確認しましょう。

⑪得られたグラフの傾きを計算しましょう。傾きの値がプランク定数の実験値になります。

実験を行うと、次の表のような測定結果になりました。

表 1 ■測定結果

	電圧 V〔V〕	エネルギー $E \times 10^{-19}$〔J〕	波長 λ〔nm〕	振動数 $\nu \times 10^{14}$〔Hz〕
赤　色 LED	1.421	2.274	644	4.658
黄緑色 LED	1.687	2.699	574	5.226
青　色 LED	2.200	3.520	465	6.452

この測定結果から、振動数が大きい光ほどエネルギーが大きいことがわかります。しかし、このままでは振動数とエネルギーがどのような関係をもっているかがわからないため、縦軸がエネルギー E〔J〕、横軸が振動数 ν〔Hz〕のグラフを作成してみましょう。グラフを作成すると次のようになります。

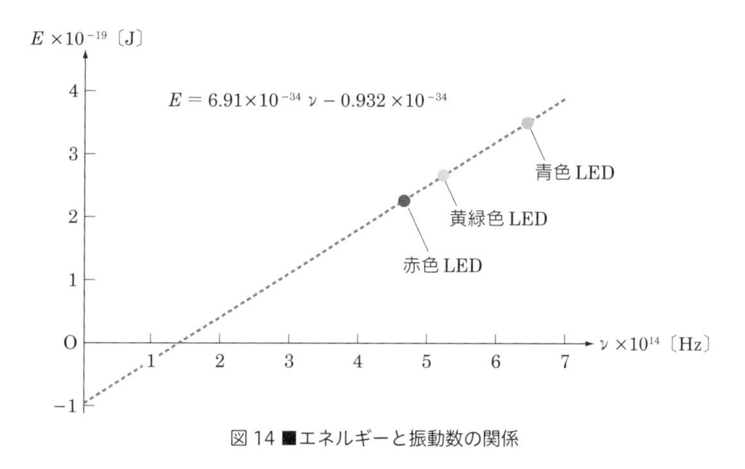

図 14 ■エネルギーと振動数の関係

グラフを作成してみると、三色の LED での測定点がすべて同一直線状にのることがわかります。このグラフの傾きの値は 6.91×10^{-34} と求められ、この値がプランク定数の実験値となります。プランク定数の理論値は 6.63×10^{-34} J・s とされているため、この実験では理論値にかなり近いプランク定数の値が求められるといえます。

【コラム】 X 線

1895 年、真空放電の研究をしていたレントゲンは、実験に使用していた放電管のそばに置いてあった写真乾板が感光していることを発見しました。彼は放電管から未知の何かが放射されていると考え、これを **X 線**と名づけました。やがて X 線には、透過力が強い、蛍光作用をもつ、気体を電離させるといった性質があることが明らかになりました。さらに、ラウエが 1912 年に X 線が回折することを実験で確かめたため、X 線は波長が非常に短い電磁波の一種であることがわかりました。

X 線を発生させるには、図 15 のような X 線管とよばれる装置を用います。この装置は、真空管の中に電極を封入してあり、熱せられた陰極から飛び出した電子（**熱電子**）を高電圧で加速して陽極に衝突させることにより、X 線を発生させます。このときの X 線の波長と強度との関係（X 線スペクトル）を調べると、図 16 のようなグラフになります。図 16 からわかるように、X 線スペクトルには、最短波長 $\lambda_{\min}$ のところで急に終わる連続スペクトルの部分

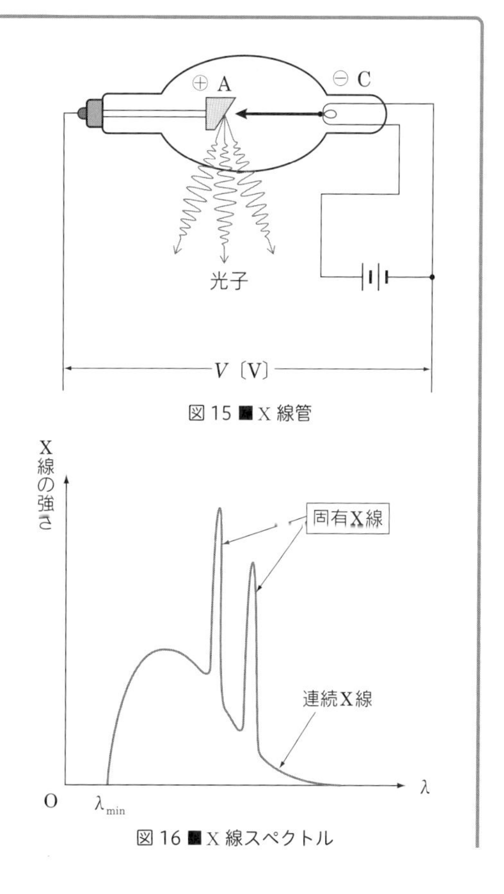

図 15 ■ X 線管

図 16 ■ X 線スペクトル

(**連続 X 線**) と、特定の波長だけ急に強くなる線スペクトルの部分 (**固有 X 線**) があります。

X 線が発生する仕組みについて、もう少し詳しく考えてみましょう。X 線管内の陽極に当たった電子は、陽極中の原子から力を受けて急激に減速して停止します。このとき、もっていた運動エネルギーの一部または全部が X 線の光子になり、残りのエネルギーは陽極中の原子の熱運動を増加させ、温度を上昇させます。このようにして放出されるのが連続 X 線です。電子の運動エネルギーのうちどれだけが X 線のエネルギーに転化するかは、衝突のしかたによって異なります。そのため、飛び出す X 線光子は、図 16 のようにあるエネルギーの範囲に分布します。連続 X 線には最短波長があり、それは陽極物質の種類によらず、また電子の加速電圧が大きくなるにしたがって短くなります。

1 個の入射電子の運動エネルギーが、すべて 1 個の X 線の光子になるとき、最も大きなエネルギーの光子、つまり最も波長が短い光子が放出されます。電子の電荷を $-e$ とすると、電圧 V で加速された電子の運動エネルギーは eV です。したがって、光速度を c、最短波長を λ_{min}、そのときの振動数を ν_{max} とすると、λ_{min} は次のように求められます。

$$h\nu_{\mathrm{max}} = h\frac{c}{\lambda_{\mathrm{min}}} = eV \qquad \therefore \quad \lambda_{\mathrm{min}} = \frac{hc}{eV}$$

これより、λ_{min} は V に反比例することがわかります。かける電圧が大きくなるほど入射電子の運動エネルギーは大きくなるので、より大きいエネルギーの X 線光子が出るようになり、最短波長が短くなるというわけです。

一方、固有 X 線は光の線スペクトルに相当するものです。陽極の金属内には、自由電子の他に、原子核のまわりを回っている束縛電子も存在しています。陰極から飛んできた電子が、原子核に近い軌道にある電子 (エネルギー E_1) をはじきとばすと、そこにできた空席にそれよりも外側の軌道にある電子 (エネルギー E_2) が落ち込んできます。そのときに、この 2 つの軌道間のエネルギー差 $E_2 - E_1$ のエネルギーをもった X 線光子が放出されます。これが固有 X 線です。放出される固有 X 線の振動数を ν、波長を λ とすると、

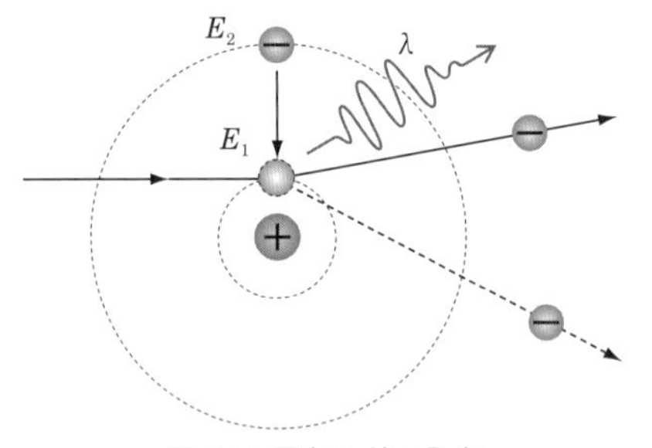

図 17 ■固有 X 線の発生

$$h\nu = h\frac{c}{\lambda} = E_2 - E_1$$

となります。固有 X 線の波長は加速電圧にはよらず、陽極の物質だけで決まります。

X 線は透過作用をもつことから、医療現場での X 線検査や、空港などでの手荷物検査に利用されています。X 線撮影では、X 線を目的の物質に照射して、物質を透過した X 線の量を白黒の写真として表します。物質によって X 線の透過率は異なり、同じ波長の X 線を当てたときには、一般的に、原子番号や密度、厚さが小さい物質ほど透過しやすくなります。例えば、人間の体は骨、筋肉、脂肪、空気などで構成されていますが、骨などは X 線が透過しにくいため、写真には白く写ります。逆に空気などは X 線が透過しやすいため、写真には黒く写ります。

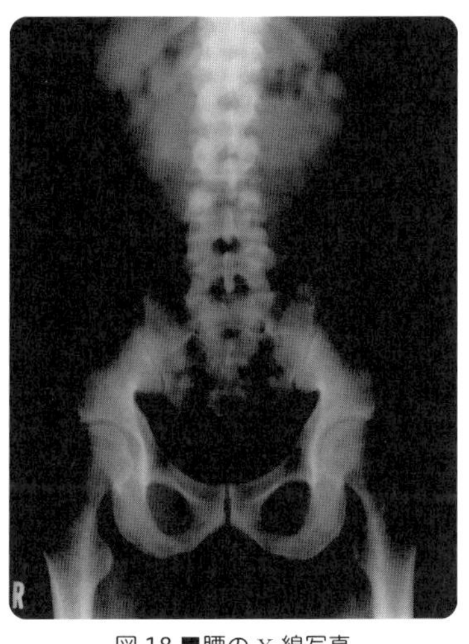

図 18 ■腰の X 線写真

図 19 ■首の X 線写真

光電効果の実験により、波動であると考えられていた光は、波の性質（**波動性**）と粒子の性質（**粒子性**）を持つことがわかりました。ド・ブロイはこのことから、粒子と考えられる物質にも波動性があるのではないかと考え、物質波の存在を予想しました。その後、粒子と考えられていた電子が波の性質を示すことが発見され、思考実験として二重スリットを通る電子の振る舞いが提唱されました。エクセルを用いて電子の二重スリット実験についての簡単なシミュレーションを行ってみましょう。

実験&工作 ❽－⑤ 電子の二重スリットシミュレーション

準備するもの★エクセルなどの表計算ソフトとそれが使えるパソコン

実験・工作の手順★エクセルで電子の二重スリットシミュレーションを組む⇒シミュレーションを行う

①図 21 のように、エクセルに波数 $k\left(k=\dfrac{\lambda}{2\pi}\right)$、スリット幅 d、振幅 A、分散 σ、粒子数 N を入力する欄をつくります。

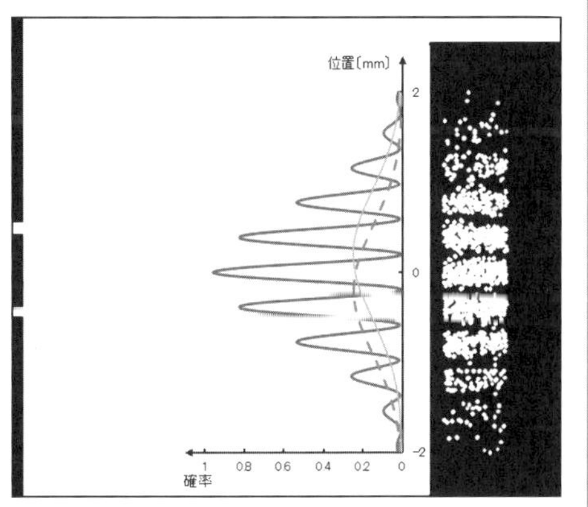

図 20 ■電子の二重スリットシミュレーション

②上スリット、下スリットのそれぞれを通過した電子の分布を表す関数を図 22 のよう入力します。この関数は**波動関数**とよばれます（詳しくは、実験＆工作❿－⑥を参照）。関数は図 23 のように入力します。位置 x の範囲は任意です。例として図 22 では $-2 \to 2$ まで 0.025 ごとにとっています。

	A	B	C
1	波数	k	8
2	スリット幅	d	0.2
3	振幅	A	0.5
4	分散	σ	1
5	粒子数	N	300

図 21 ■波数などの入力例

I	J	K	L	M
率＼x	−2	−1.975	−1.95	−1.925
ψ1	−0.042578	−0.046761	−0.049280	−0.049829
ψ2	−0.094759	−0.103033	−0.107502	−0.107619
|ψ1|²	0.001977	0.002205	0.002457	0.002734
|ψ2|²	0.009791	0.010706	0.011693	0.012754
P	0.019108	0.022465	0.024621	0.025128

図 22 ■波数などの入力例

ψ_1	fx	=IMPRODUCT(C3,IMEXP(COMPLEX((-1)*(J$1-$C$2)^2/(2*$C$4^2),$C$1*J$1)))
ψ_2	fx	=IMPRODUCT(C3,IMEXP(COMPLEX((-1)*(J$1+$C$2)^2/(2*$C$4^2),-$C$1*J$1)))
$\lvert\psi_1\rvert^2$	fx	=IMABS(J$2)^2
$\lvert\psi_2\rvert^2$	fx	=IMABS(J$3)^2
P	fx	=IMABS(IMSUM(J$2,J$3))^2

図 23 ■入力する関数例

③位置 x と $|\psi_1|^2$、$|\psi_2|^2$、P を散布図としてグラフ化し、グラフの右に黒の図形を置いてグループ化しておきます（図 24）。これは、暗室でのスクリーンのイメージです。電子が当たると、その部分が白く光ると考えて下さい。

④シミュレーションを行うため以下の 4 つのマクロを作成します。

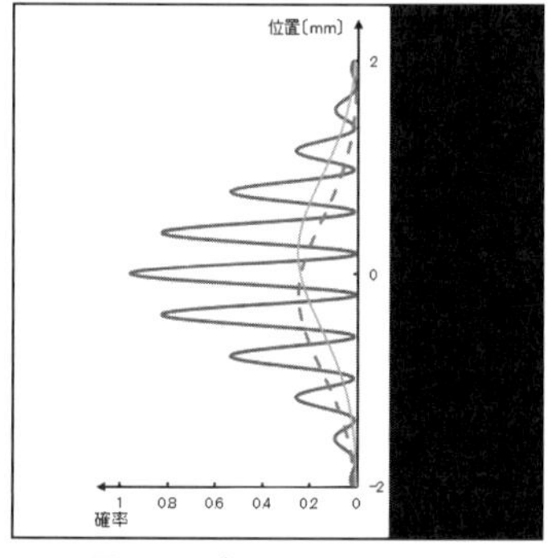

図 24 ■グラフの置き方の例

1. グラフなどの位置についての指定

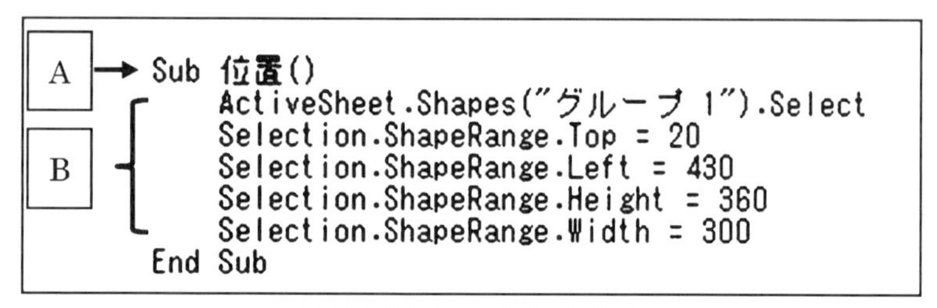

```
A → Sub 位置()
B {     ActiveSheet.Shapes("グループ 1").Select
        Selection.ShapeRange.Top = 20
        Selection.ShapeRange.Left = 430
        Selection.ShapeRange.Height = 360
        Selection.ShapeRange.Width = 300
    End Sub
```

図 25 ■位置についてのマクロ例

1 行目 A の部分は作成したマクロの名称を表します（以下のマクロでも同様です）。2〜6 行目の B の部分は、③で作成したグラフと図形の位置を指定します。グループ化した状態での名称を ActiveSheet.Shapes に続くかっこ内に入力します。3 行目以降はグラフと図形の場所を指定し、Top が上辺の位置、Left が左辺の位置、Height が高さ、Width が幅を決定します。

2. 点の配置についての指定

```
    Sub 点(x, y, r, color)
      ActiveSheet.Shapes. _
C     AddShape(msoShapeOval, x - r, y - r, r * 1, r * 1).Select
      Selection.ShapeRange.Fill.ForeColor.SchemeColor = color
      Selection.ShapeRange.Line.ForeColor.SchemeColor = color
    End Sub
```

図 26 ■点についてのマクロ例

2～5 行目の C の部分は、スクリーン上の電子の位置として配置される図形を指定します。3 行目の Addshape に続くかっこ内は図形の形、横方向の長さ、縦方向の長さです。4、5 行目は図形の塗りつぶしと線の色を指定しています（例は円形、白色です）。

3. シミュレーションの結果のリセット

```
      Sub リセット1()
          Call 位置
D         For Each Object In ActiveSheet.Shapes
          If Object.AutoShapeType _
             = msoShapeOval Then Object.Delete
          Next
          Range("A1").Select
      End Sub
```

図 27 ■シミュレーションのリセットのマクロ例

2～5 行目の D の部分は、選択された範囲の対象となる図形を消去します。2 行目で（1）で決めたグラフと図形が対象範囲となり、3～5 行目は消去する図形の指定（例は円形）を行います。

4. 両側スリットがあいている場合

```
    Sub 両スリット()
E ────→ Call リセット1: Randomize
            k = Cells(1, 3)
            d = Cells(2, 3)
F           a = Cells(3, 3)
            Sigma = Cells(4, 3)
            N = Cells(19, 17)
        For i = 1 To N
        Do
            x = (Rnd - 0.5) * 4
            A1 = Exp(-(x - d) ^ 2 / (2 * Sigma ^ 2))
G           A2 = Exp(-(x + d) ^ 2 / (2 * Sigma ^ 2))
            P = a ^ 2 * (Cos(k * x) ^ 2 * (A1 + A2) ^ 2 _
               + Sin(k * x) ^ 2 * (A1 - A2) ^ 2)
        Loop Until P > Rnd * 1
H ────→ Call 点(Rnd * 49.1 + 640, 190 + x * 67, 1.3, 1)
        Range("A7").Select
I ──→   Application.Wait [Now() + "00:00:00.01"]
        Next i
    End Sub
```

図 28 ■両側スリットがあいている場合のマクロ例

1 行目 E の部分では、作成したグラフと図形の位置を指定し、そこに乱数を発生させます。2〜6 行目 F の部分と 9〜14 行目 G の部分では、両側スリットがあいている場合の波動関数とその変数が指定されています。16 行目 H の部分では、乱数を発生させる部分を詳細に指定します。18 行目 I の部分では、マクロの実行の間隔を指定します。例では 0.01 秒ごとにマクロを実行するようにしています。

5. 上側、下側の一方のスリットしかあいていない場合

```
Sub 上スリット()
        Call リセット1: Randomize
           k = Cells(1, 3)
           d = Cells(2, 3)
           a = Cells(3, 3)
           Sigma = Cells(4, 3)
           N = Cells(19, 17)
        For i = 1 To N
        Do
           x = (Rnd - 0.5) * 4
           P = a ^ 2 * Exp(-(x - d) ^ 2 / Sigma ^ 2)
        Loop Until P > Rnd * 0.4
        Call 点(Rnd * 49.1 + 640, 190 + x * 67, 1.3, 1)
        Range("A7").Select
        Application.Wait [Now() + "00:00:00.01"]
        Next i
End Sub
```

```
Sub 下スリット()
        Call リセット1: Randomize
           k = Cells(1, 3)
           d = Cells(2, 3)
           a = Cells(3, 3)
           Sigma = Cells(4, 3)
           N = Cells(19, 17)
        For i = 1 To N
        Do
           x = (Rnd - 0.5) * 4
           P = a ^ 2 * Exp(-(x + d) ^ 2 / Sigma ^ 2)
        Loop Until P > Rnd * 0.4
        Call 点(Rnd * 49.1 + 640, 190 + x * 67, 1.3, 1)
        Range("A7").Select
        Application.Wait [Now() + "00:00:00.01"]
        Next i
End Sub
```

図 29 ■上スリット、下スリットのマクロの例

⑤オートシェイプなどでスリットをつくり、作成したマクロをボタンに登録します。波数などはセルに入力することで変えられますが、図 30 のようにフォームなどを利用することもできます。

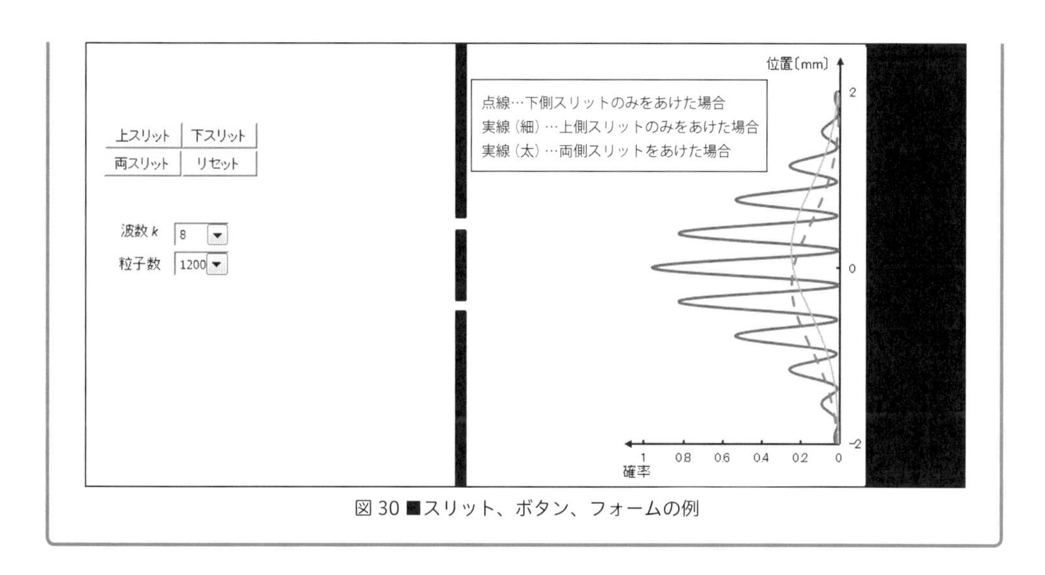

図 30 ■スリット、ボタン、フォームの例

オートシェイプで作成した２つのスリットを上とか下から電子が通り抜けていくシミュレーションになっています。グラフの右側の黒の図形部分はスクリーンであり、その上に打たれていく白の点が検出された電子の位置です。シミュレーションを行ってみると、上側のスリットのみをあけた場合、下側のスリットのみをあけた場合、両側スリットをあけた場合でスリットを通った電子のスクリーンでの分布が変わります。上側、下側のどちらかしかスリットをあけていないときは、あいているスリットにやや偏りがありますが全体的に一様に分布します。

しかし両側をあけたときは、波が干渉し合っているように縞模様ができます。これを電子の**干渉縞**といいます。このとき電子が粒子だと考えると、干渉縞ができることに矛盾します。このことから電子は**波動性**と**粒子性**の両方を持つと考えることができます。

電子の場合の物質波は電子波といいます。質量 m の電子が電圧 V で加速された場合、電子の運動エネルギーは

$$\frac{1}{2}mv^2 = eV$$

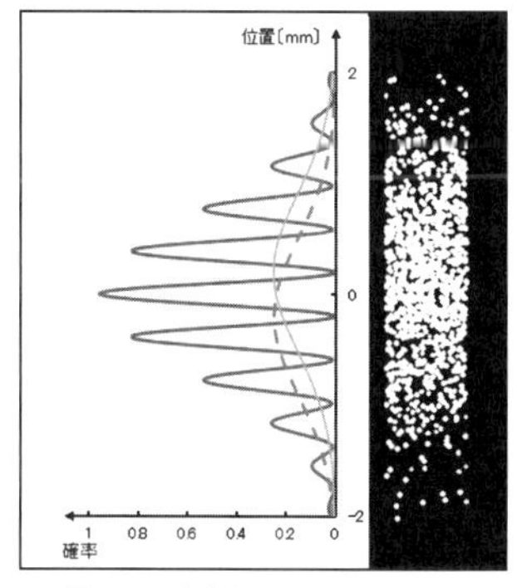
図 31 ■上側スリットのみをあけた場合

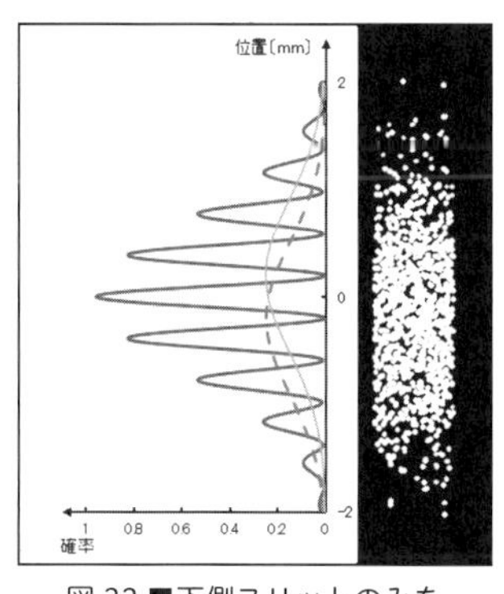
図 32 ■下側スリットのみをあけた場合

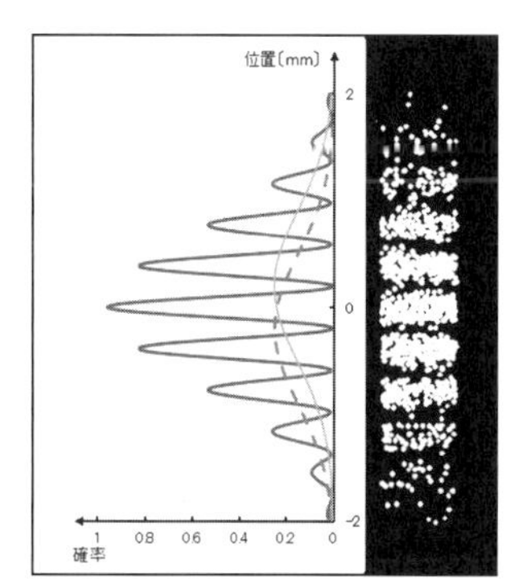
図 33 ■両側スリットをあけた場合

です。よって運動量 p は

$$p = mv = \sqrt{2meV}$$

と書けます。ここで波長 λ と運動量 p の関係は $\lambda = \dfrac{h}{p}$ であるので

$$\lambda = \frac{h}{p} = \frac{h}{\sqrt{2meV}} = \frac{12.3}{\sqrt{V}} \times 10^{-10}\text{〔m〕}$$

（このとき $h = 6.63 \times 10^{-34}$ J・s、$m = 9.1 \times 10^{-31}$ kg、$e = 1.6 \times 10^{-19}$ C です）

電圧を 150 V とした場合、電子の波長は約 1×10^{-10} m となり、X 線の波長に近いです。つまり電子線も結晶を用いることで回折像が得られることがわかります。

図 34 は、多結晶薄膜グラファイトに電子線を当てたときの回折像です。中心部分に電子線が当たっていますが、その周囲にデバイ・シェラー環が観察されます。

図 34 ■電子線の回折像

● ● ●

電子波は、さまざまなところに応用されていますが、その代表例が**電子顕微鏡**です。光学顕微鏡は、観察したい物体に可視光線を当てて、その反射光や透過光をレンズで集めたり広げたりして像をつくります。可視光線を用いているため、分解能（異なった 2 点を 2 点として見分けることができる最小の 2 点間の距離）は 100 nm 程度が限界となり、それより小さな物体（ウイルスなど）は観察することができません。野口英世先生が、黄熱病のウイルスをみつけられなかったのは、そういう理由からです。

分解能を上げるためには、当てる光の波長を短くしなければならないので電子波を用います。電子波は、電子の加速電圧を上げ、電子の運動量を大きくすることで、X 線程度に波長を短くすることができます。例えば、10 kV で加速した電子波の波長は 1.2×10^{-11} m です。これにより 0.1 nm 程度の非常に高い分解能が得られます。また、電子波の進路は、適当な電場や磁場を用いることによって変えることができるので、電子波に対してレンズの働きをさせることが可能となります。

電子顕微鏡には、大きく分けると 2 種類あります。**透過型電子顕微鏡**と**走査型電子顕微鏡**です（図 35）。

透過型電子顕微鏡（Transmission Electron Microscope：TEM）では、試料に電子線を照射し、試料を透過した電子を結像して観察します。電磁コイルを用いて透過電子線を拡大し、電子線によって光る蛍光板に当てて観察したり、フィルムやCCDカメラで写真を撮影したりします。この際、電子線を透過できるように、試料を薄片化しておきます。

走査型電子顕微鏡（Scanning Electron Microscope：SEM）では、試料に電子線を照射し、反射してきた電子または物質から飛び出してきた電子を検出器でとらえ、電気信号に変換してつくった像をコンピュータを用いて観察します。細い電子線で試料を走査（スキャン）しながら物質の表面を調べるので、走査型とよばれています。

図36および図37は、当研究室で走査型電子顕微鏡を用いて撮影した鳴き砂の画像です。

砂の表面の状態がはっきりと見えるのがわかります。鳴き砂は、遠浅さの浜辺などで人が歩くとキュッキュッと砂が鳴いているかのような音を出す砂です。琴引浜など楽器の名前がついているような浜辺には、鳴き砂があったことを示しています。

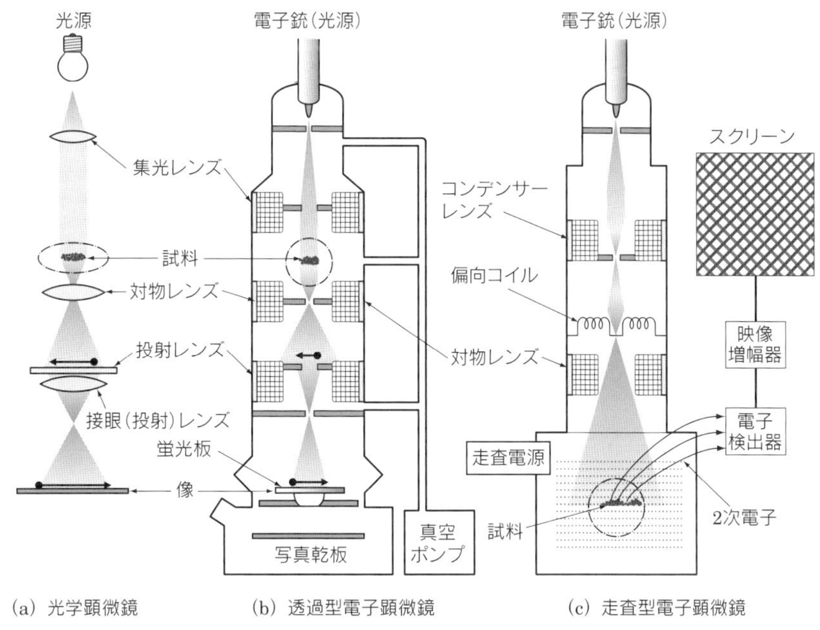

図35 ■光学顕微鏡と電子顕微鏡の仕組み

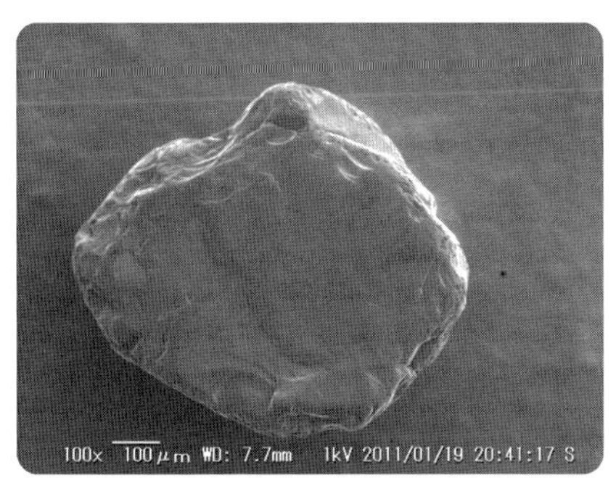

図36 ■電子顕微鏡で撮影した鳴き砂（100倍）

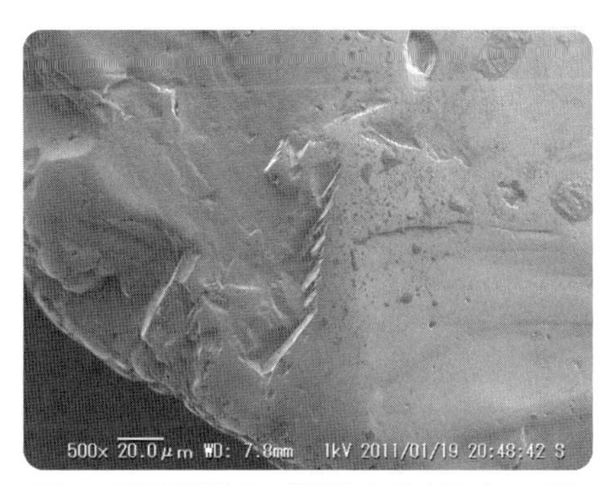

図37 ■電子顕微鏡で撮影した鳴き砂（500倍）

❾半導体素子・電子機器

みなさんの身のまわりは、テレビ、携帯電話、ラジオ、コンピュータ、電車など、多くの電化製品であふれています。現代の電気を利用した社会を支える基礎となるのが**半導体**です。ダイオードやトランジスターをはじめICチップなどとして活躍しています。2014年には天野　浩・赤崎　勇・中村修二が青色発光ダイオードの発明によりノーベル物理学賞を受賞しています。

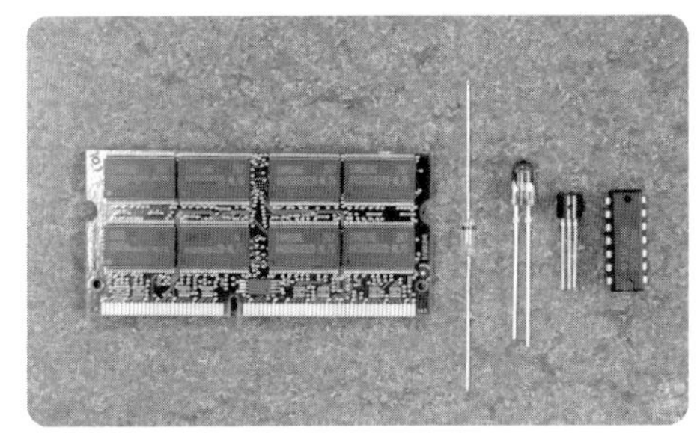

図1 ■さまざまな半導体

(1) 抵抗率と導体・半導体・絶縁体

テスターを使って身のまわりの物質の電気抵抗を測ってみましょう。物質の大きさや形、種類によって抵抗値が変わることがわかります。より正確に電気の流れやすさを比べるためには**抵抗率**というものを利用します。物質の抵抗の大きさR〔Ω〕は、長さをL〔m〕、断面積をS〔m^2〕、抵抗率をρ〔Ω·m〕とすると、$\rho\frac{L}{S}$〔Ω〕と書けます。抵抗率ρは、材質や温度によって変化します。

抵抗率の大きさで物質を**導体・半導体・絶縁体**に分けることができます。導体の抵抗率は10^{-8} Ω·m程度、絶縁体では10^{12}～10^{20} Ω·m程度、その中間の10^{-4}～10^{7} Ω·mが半導体です。半導体には**Si**（**シリコン**）や**Ge**（**ゲルマニウム**）などがあります。

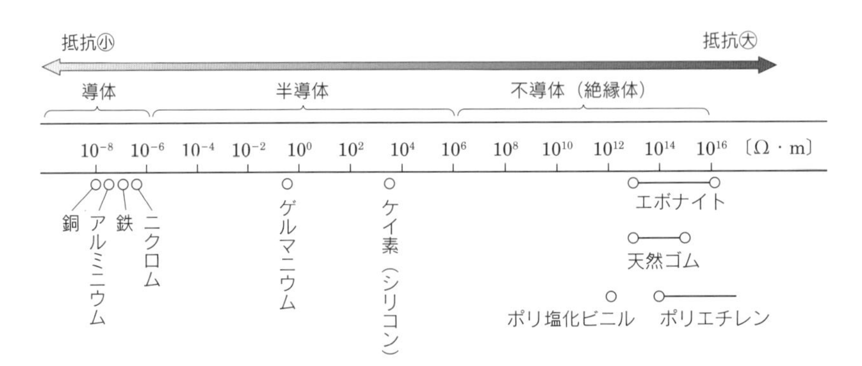

図2 ■物質の抵抗率

導体は、自由電子を多く持っているため抵抗率が小さいです。実験&工作❷－⑥では、金属イオンの振動が弱いと自由電子がするすると通り抜けるのに対し、温度を高くして金属イオンの振動を激しくすると、電子が通り抜けづらくなることを学びました。半導体は、温度が上昇してイオンの振動が激しくなると、束縛電子が自由電子となり抵抗率が下がります。

シリコンは原子番号14の原子で、原子核の周りに電子が14個存在し、一番外側の電子殻には4個の価電子が存在しています。結晶構造では、隣り合うシリコン原子が価電子を共有し合い、安定した状態を保っています。

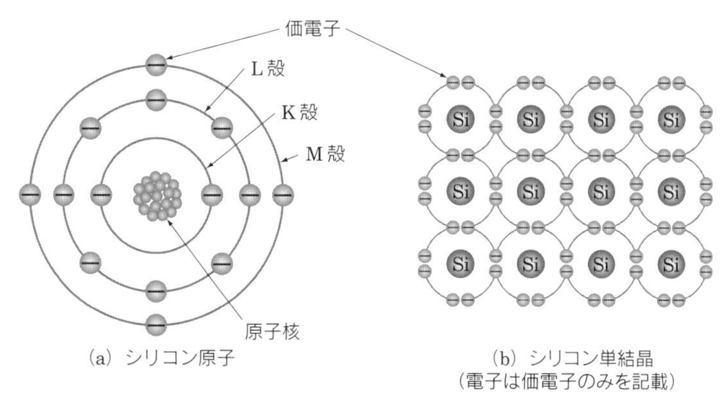

図3■シリコン原子と結晶

(2) エネルギー準位とエネルギーバンド

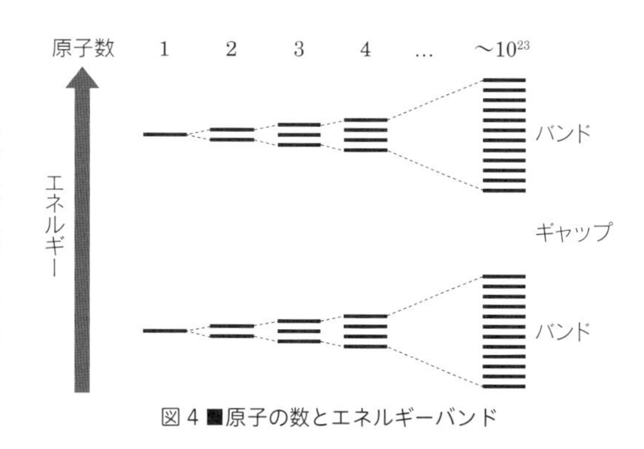

図4■原子の数とエネルギーバンド

電子が安定して軌道を回っている状態を、**定常状態**といいます。エネルギーが最も小さいときの定常状態を**基底状態**、それ以外の定常状態を**励起状態**といいます。また、定常状態にある電子のエネルギーを**エネルギー準位**といいます。シリコンのエネルギーを縦軸にとって描くと、図4のようになります。原子が1個のときはとびとびのエネルギー準位をもっています。原子を2個にして近づけると、一方の原子の電子がもう一方の原子の電子と作用して電子の定常波の振動数が変化し、少しずれた新しいエネルギー準位ができます。さらに原子の数を3、4、・・・と増やしていくと、電子が取れるエネルギー準位の値はどんどんずれた値で増えるため、幅をもつようになります。これを**エネルギーバンド**といいます。1つのエネルギーバンドと次のエネルギーバンドとの間には、エネルギー準位が存在しない領域があり、その部分を**禁止帯**（**禁制帯、エネルギーギャップ**）といいます。

原子1個のときのエネルギー準位の数がn個の場合、結晶を構成する原子の数がN個あるとすると、この結晶でのエネルギー準位はnN個あることになります。価電子が入るバンドを**価電子帯**といい、電子はエネルギー準位の低いバンドから順番に詰まっていきます。

絶縁体は、価電子帯が完全に電子で充たされています。ここに電圧をかけて、エネルギーの高い状態に価電子を移そうとしてみても、バンドギャップが大きいため移すことができません。

しかし、導体は、価電子帯には電子が途中までしか入っていないので、小さな電圧をかけるだけで電子はすぐに上の開いている状態へ移ることができます。この価電子帯は**伝導帯**とよばれ、伝導帯で電子は自由に動くことができます。このように、導体は電流を流すことができます。

半導体の場合は、価電子体が完全に電子で満たされていますが、エネルギーギャップが狭いため、熱振動のエネルギーをもらうと、価電子がその上のバンド（伝導帯）に移り自由電子になります。温度が高くなるほど熱振動が激しくなり、自由電子が増えて電流が流れやすくなります。また、電子が伝導帯に移ると価電子帯に抜け孔ができ、ここに電子が入ることで電気を運びます。この孔は正電荷を帯びているものとみなせるため、**正孔**（**ホール**）とよびます。電流の運び手である自由電子や正孔を**キャリア**といいます。

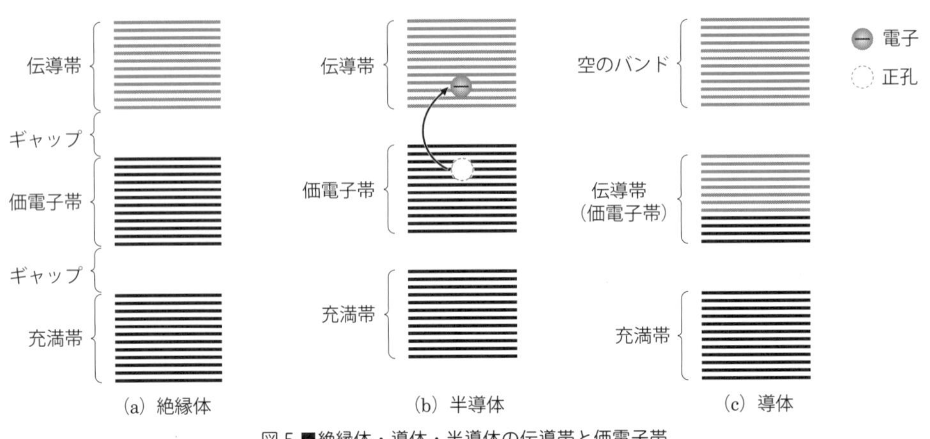

図 5 ■絶縁体・導体・半導体の伝導帯と価電子帯

(3) n 型半導体・p 型半導体

不純物が無視できるほど少ない半導体を**真性半導体**といい、少し不純物を混ぜて電気を通りやすくした半導体のことを**不純物半導体**といいます。また、不純物の種類によって**n 型半導体**と**p 型半導体**に分類されます。

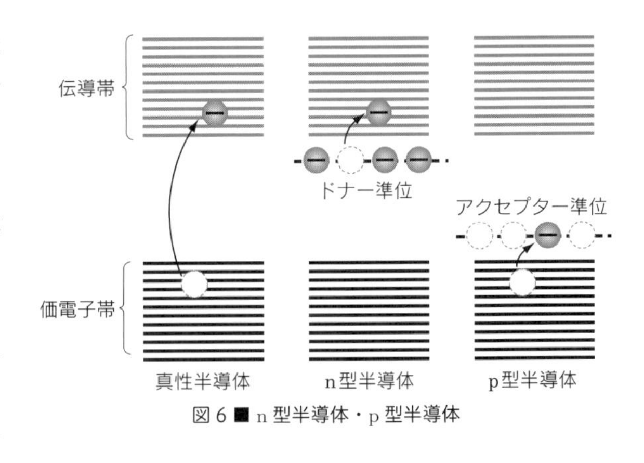

図 6 ■ n 型半導体・p 型半導体

n 型半導体は、価電子が 4 個のシリコンやゲルマニウムの結晶の中に、価電子が 5 個のヒ素（As）やリン（P）を少しだけ混ぜたものです。ヒ素やリンの 5 個の価電子がシリコンやゲルマニウムの 4 個の価電子と共有結合すると価電子が 1 個余ります。余った価電子は原子から離れやすく、結晶内を自由に動き回る自由電子となるため、電流が流れます。この電子は伝導帯のすぐ下の**ドナー準位**とよばれるエネルギー準位に存在し、容易に上の伝導帯へ移動することができます。また、この 5 価の不純物を**ドナー**といいます。

p 型半導体は、シリコンやゲルマニウムの結晶の中に、価電子が 3 個のアルミニウム（Al）やインジウム（In）を少しだけ混ぜたものです。アルミニウムやインジウムの 3 個の価電子がシリコンやゲルマニウムの 4 個の価電子と共有結合すると、価電子が 1 個不足します。この不足した孔がホール（正孔）となるため電流が流れます。このホールは価電子帯のすぐ上の**アクセプター準位**とよばれるエネルギー準位に存在し、価電子帯の電子は容易に上のアクセプター準位へ移動することができます。また、この 3 価の不純物を**アクセプター**といいます。

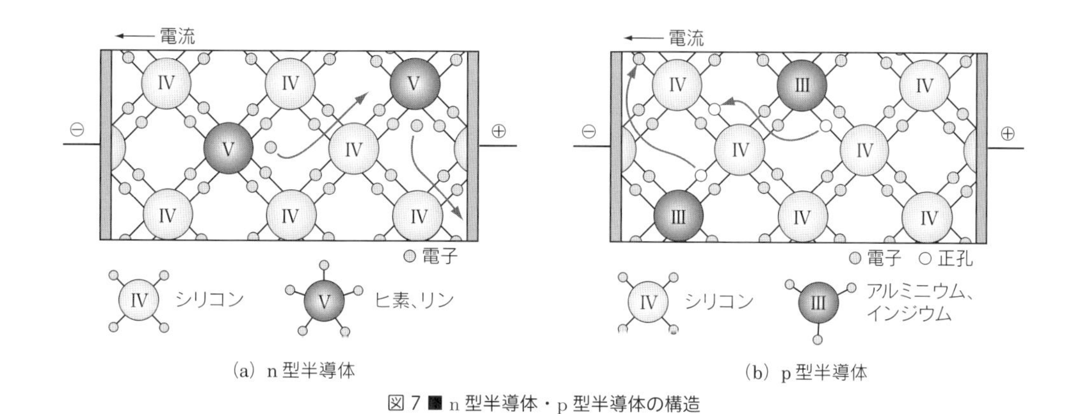

図 7 ■ n 型半導体・p 型半導体の構造

(4) フェルミ準位

半導体では、電子の存在確率が 50% であることを表す**フェルミレベル**（**フェルミ準位**）というものが禁制帯に存在します。真性半導体では、価電子帯における電子の存在確率を 1、伝導帯における存在確率を 0 とするので、フェルミ準位は禁制帯の中央にあります。n 型半導体では、伝導帯の電子の存在確率がドナーにより 0 よりも大きくなるので、フェルミ準位は真性半導体

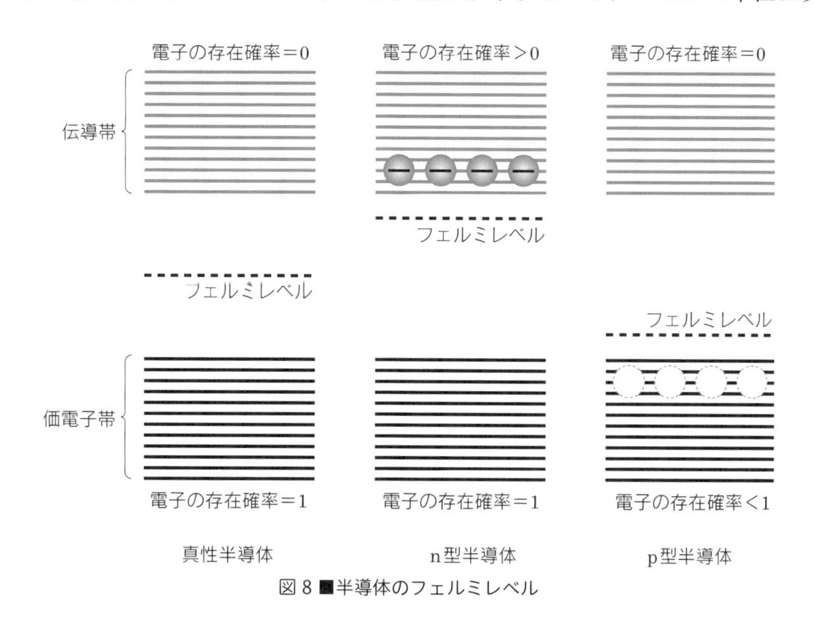

図 8 ■半導体のフェルミレベル

よりも伝導帯に近づきます。p 型半導体では、価電子帯の電子の存在確率がアクセプターにより 1 よりも小さくなるので、フェルミ準位は真性半導体よりも価電子帯に近づきます。

(5) pn 接合

半導体を応用した素子について見てみましょう。半導体は電子回路の部品としていろいろなところで活躍していますが、中でも代表的なのがダイオードやトランジスターなどです。n 型半導体と p 型半導体を接合してみましょう。すると、n 型の自由電子と p 型のホールは接合面で結合し消滅してしまいます。そのため、接合面では自由電子とホールによる内部電界が生じます。しかし、すぐに平衡状態になるので、フェルミレベルはすべての場所で一定になります。接合面でキャリアのない部分を**空乏層**といいます。

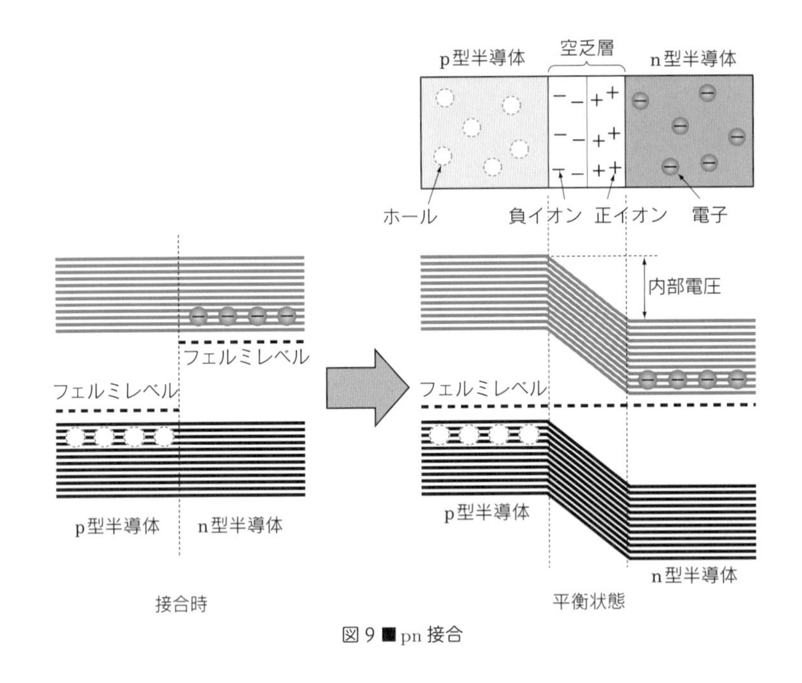

図 9 ■ pn 接合

(6) ダイオード

pn 接合したものの両側にそれぞれ 1 つずつ 2 個の電極をつけたものを pn 接合ダイオードといい、電流を一方向だけに流す**整流作用**があります。この作用によって交流を直流に変換することができます。

① 順方向

ダイオードに p 型が正、n 型が負になるようにして電圧を加えます。電子は負から正へ向かって流れるので、接合面を通って p 型の中のホールは n 型へ、n 型の中の電子は p 型へ引かれます。接合面ではホールと電子が結合して消滅しますが、p 型では正電圧側の電極へ引かれた電子の後にホールができ、n 型では負電圧側の電極から電子が送り込まれるため、次々とキャリアができます。そのため電流が流れ続けます。この電圧の加え方を順方向といいます。接合面でキャリアは多いので、空乏層は狭くなり、電気を通しやすくします。

② 逆方向

順方向とは逆向きにしてダイオードに電圧を加えます。p 型の中のホールは負電圧側の電極へ、n 型の中の電子は正電圧側に電極へ向かって流れるので、キャリアは接合面から離れる向きに移動するため、電流は流れなくなります。この電圧の加え方を逆方向といいます。接合面でキャリアは少ないので、空乏層は広くなります。

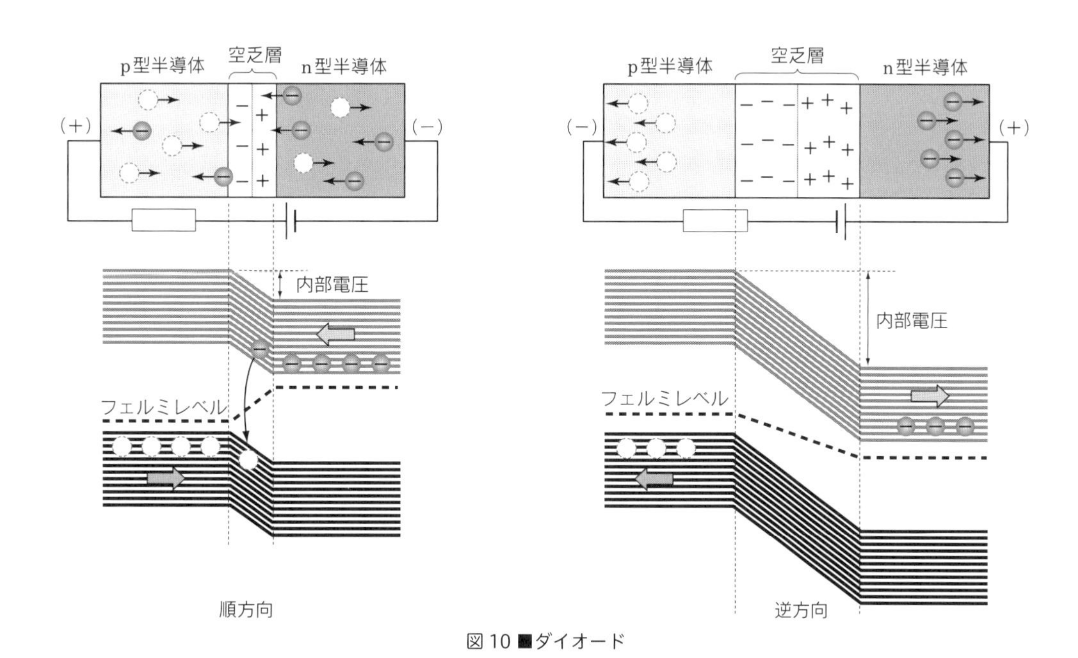

図 10 ■ダイオード

(7) 発光ダイオード

シリコンの代わりにガリウムヒ素やガリウムリンなどの発光しやすい半導体を使って pn 接合したものを発光ダイオードといいます。順方向に電圧をかけ、接合面で電子とホールが結合するとき、エネルギーギャップの大きさに相当する光が生じます。

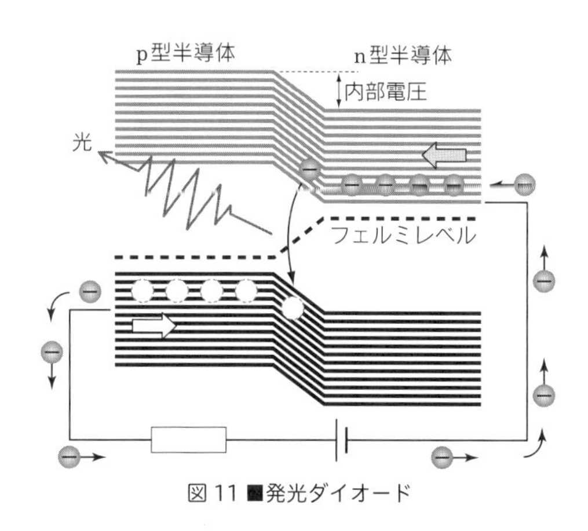

図 11 ■発光ダイオード

(8) 太陽電池

pn 接合部に光が当たると、価電子は光のエネルギーを吸収してエネルギーギャップを飛び越え、伝導帯へ移動します。価電子は自由電子となり、よりエネルギーの低いn型半導体へと移動します。一方、価電子帯では電子が抜けたことでホールができ、高いエネルギーのp型半導体の電子がホールへ入り込むため、ホールはp型半導体へと移動していきます。光を当て続けることで、pn接合部には電子とホールが増え、n型p型のフェルミレベルに差ができ、電位差が生じます。回路につなげると、n型半導体にたまった電子は外部負荷を通ってp型半導体へ入り込み、ホールと再結合します。

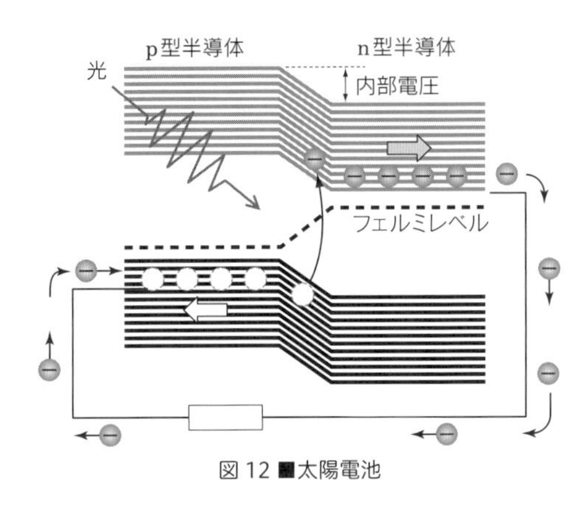

図12■太陽電池

太陽電池は、発電時に二酸化炭素を出さないクリーンなエネルギーとして期待されています。しかし、現在最もよく利用されているシリコン系太陽電池は、ヒ素などの有毒な元素が使用されているため、廃棄するときに有害物質を排出する環境負荷の大きい産業廃棄物になってしまいます。また、シリコンは製造にコストがかかり、かつ有限な資源のため、太陽電池よりもパソコンなどの電子機器へ優先的に使われています。ここでは、より環境に優しく、そして自分で手づくりすることのできる**色素増感太陽電池**にトライしてみましょう。

実験&工作 ❾－① 色素増感太陽電池で電子メロディを鳴らしてみよう

準備するもの★電気伝導性ガラス8枚（2 cm×2 cm）、二酸化チタン（粉末のアナターゼ型）、ポリエチレングリコール、酢、植物色素（ハイビスカスティを濃く煮出したもの）、6B鉛筆、小皿（シャーレなど）、銀クリップ（電気伝導性ダブルクリップ）3個、セロハンテープ、ヨウ素入りうがい薬、カセットコンロとガスボンベ、フライパン、アルミホイル、テスター、電子メロディ（圧電スピーカーとメロディICを組み合わせたものでも可能）、乾電池、LEDランプ

実験・工作の手順★電気伝導性ガラスを切る⇒電子メロディを組み立てる⇒負極をつくる⇒正極をつくる⇒組み立てる⇒電子メロディをつなぐ

① 2 cm×2 cmの電気伝導性ガラスを8枚用意します。あらかじめ大きめのガラスを購入し、自分でガラスカッターを使って切り分けると安く手に入ります。使わなくなったパソコンや液晶テレビ、携帯電話などの画面を使っても大丈夫です。

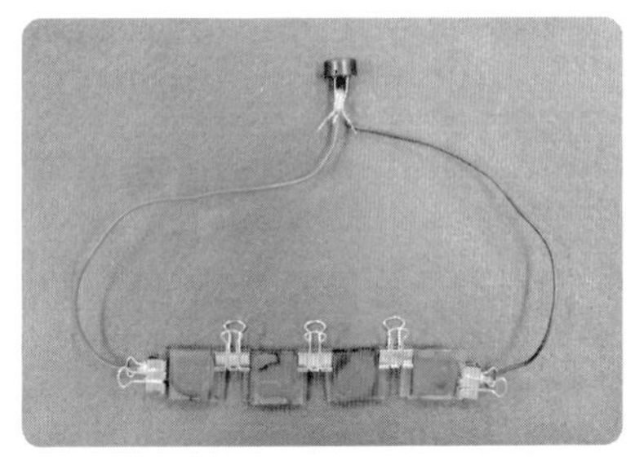
図13■電子メロディの接続

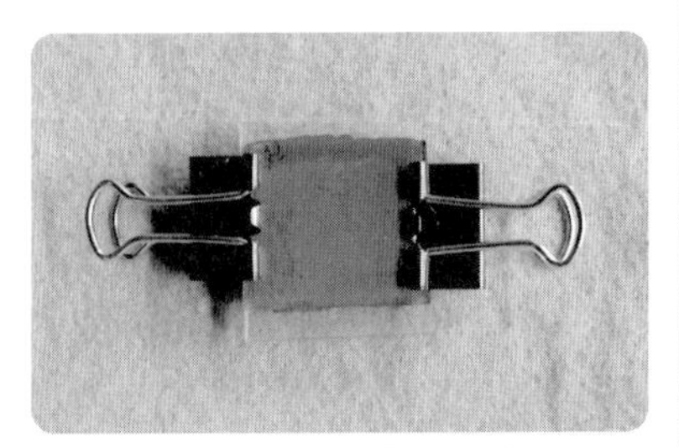
図14■色素増感太陽電池

②テスターまたは乾電池と電子メロディを使って、電気伝導性ガラスの伝導面を調べます。電子メロディは圧電スピーカーとメロディ IC を図 15 のように組み合わせてつくることができます。また、100 円ショップなどで売られているメロディカードから、取り出すこともできます。

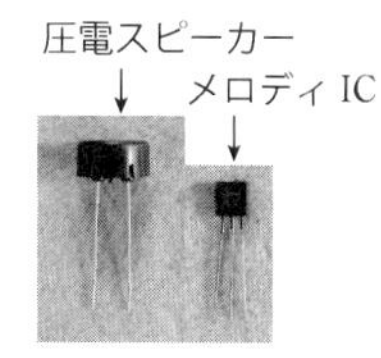

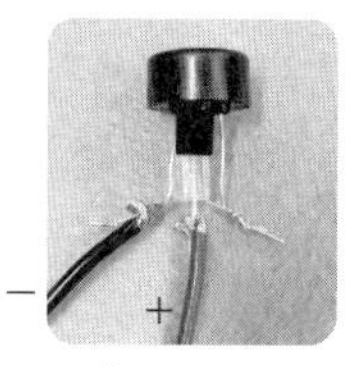

図 15 ■電子メロディ

③二酸化チタン粉末、ポリエチレングリコール、酢を 3：1：7 の割合で混ぜ合わせ、二酸化チタンペーストをつくります。このときダマにならないようにしっかりと混ぜ合わせます。

④電気伝導性ガラスを 4 枚取り出し、ガラスの端を 2 mm 程度残して伝導面に二酸化チタンペーストをムラのないように指で薄く塗ります。

⑤フライパンにアルミホイルを敷き、その上に二酸化チタンを塗った電気伝導性ガラスを並べて置きます。コンロに火をつけ、強火で焼結させます。焼き始めは白いですが、徐々に焦げて黒くなり、さらに焼き続けると完全燃焼して白く戻ります。白くなったら火を止めてガラスを冷まします。

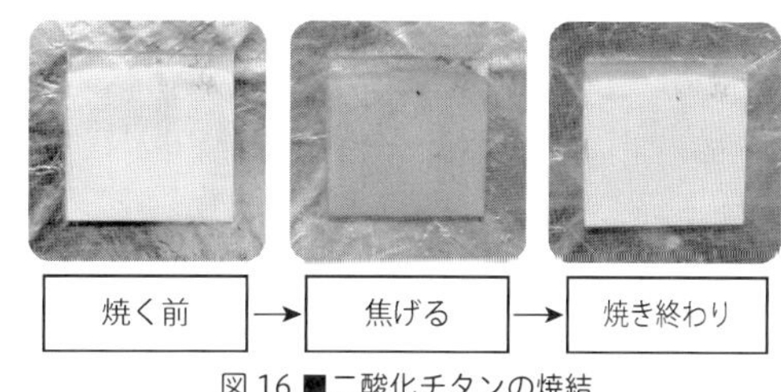

図 16 ■二酸化チタンの焼結

⑥シャーレなどの小皿に植物色素（ハイビスカスティ）を注ぎ、二酸化チタンを焼結させた面を上にしてガラスを浸します。15〜20 分程度浸すと二酸化チタンが赤紫色に染まります。1 時間程度浸すと十分に濃く染まります。

⑦ガラスを染色している間に、残りの 4 枚の電気伝導性ガラスの伝導面に、6B の鉛筆を濃く塗りつけて、炭素を十分にコーティングします。このときガラスの端を 2 mm 程度残して塗ります。

⑧染まったガラスをシャーレから取り出し、軽く水気を拭き取ります。このとき乾燥するほど拭いたり、二酸化チタンをはがしたりしないように注意します。

⑨黒鉛をコーティングした面にヨウ素入りうがい薬を 2、3 滴たらします。二酸化チタンと黒鉛の塗った面同士が向かいあうようにガラスを重ね、セロハンテープで固定します。このとき、2 mm 残した部分を両側にそれぞれはみださせ、端子とします。これで 1 セルの完成です。

⑩炭素を塗った側をプラス極、色素で染めた側をマイナス極とし、端子に銀クリップをはさみ 4 つのセルを直列に接続します。これを 1 つのバッテリーとします。

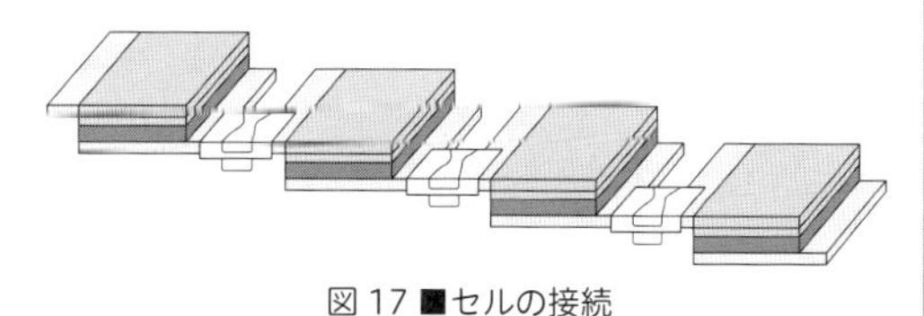

図 17 ■セルの接続

⑪バッテリーに電子メロディをつなぎます。マイナス極の面に、室内の蛍光灯や LED ランプの明かりまたは太陽光を当てると、電子メロディの音が鳴ります。

色素増感太陽電池は2枚の電気伝導性ガラスを使用しています。マイナス極側のガラスは伝導面に二酸化チタンを焼結し色素で染色したもの、プラス極側のガラスは伝導面に黒鉛または白金をコーティングしたものになっています。この両極の間にヨウ化物イオンを含む電解液を満たし、マイナス極側から光を当てることで発電ができます。

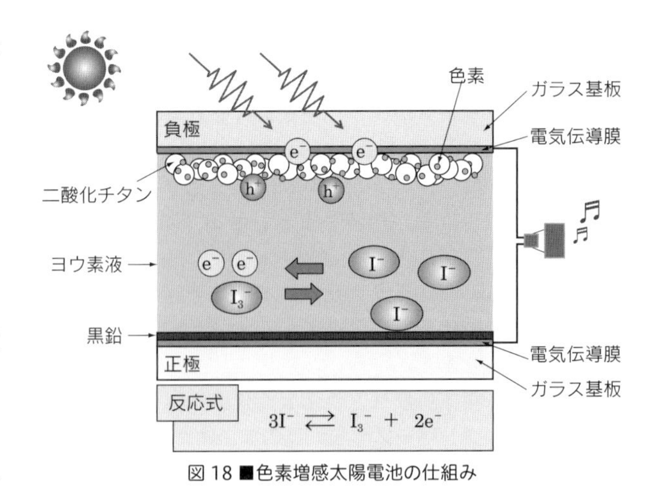

図18■色素増感太陽電池の仕組み

色素増感太陽電池の色素として、工業的にはルテニウムが用いられていますが、有毒でコストも高いため、取扱いには注意が必要です。安全に低コストの材料を使用して実験する場合は、ハイビスカスやブルーベリーなどの植物色素を用いることができます。

二酸化チタンは、紫外線領域の光を吸収します。しかし太陽光に含まれる光エネルギーは、紫外線領域は7%にすぎず、47%が可視光線領域です。可視光線領域の光を吸収するために、色素増感太陽電池では、色素（増感色素という）で二酸化チタンを染色しています。色素によって光を感じる領域が増えるため、色素増感太陽電池といいます。

発電原理は、まず光が色素を励起させ、電子を放出させます。放出された電子は、二酸化チタンにすぐにわたされ、マイナス極から回路に流れ出して外部負荷を通ってプラス極にもどってきます。電子を放出することで酸化された増感色素は、電解液中のヨウ化物イオンから電子をもらって、基底状態の色素に戻ります。このときヨウ化物イオンは色素に電子をわたすので、酸化されて三ヨウ化物イオンとなります。そして三ヨウ化物イオンはプラス極から流れてきた電子をもらい、再びヨウ化物イオンへと還元されます。この電子の流れを繰り返すことによって、色素増感太陽電池は全体として電池のはたらきをします。

太陽光のもとで色素増感太陽電池を用いた場合、二酸化チタンの光触媒作用によって色素が分解され、二酸化チタン本来の白色に戻ってしまいます。そこで、ガラス表面に市販のUVカットクリームを塗布します。これにより、セルの劣化を防ぎ、より長い時間太陽光のもとで色素増感太陽電池を用いることができます。

● ● ●

色素増感太陽電池で模型自動車を走らせてみましょう。太陽電池は模型自動車に搭載されています。そのため、発電にはパワーが必要になります。電子メロディのときよりも大きな面積の電気伝導性ガラスを12枚用意し、6セルの色素増感太陽電池を2直列の3並列でつなぎましょう。二酸化チタンペーストはSP-210（昭和電工製）を使用し、電解液はヨウ素電解質溶液（昭和電工製）を使用します。

実験&工作 ❾－② 色素増感太陽電池で自動車を走らせよう

図 19 ■色素増感太陽電池搭載型模型自動車

準備するもの★電気伝導性ガラス 12 枚（3 cm×5 cm）、二酸化チタンペースト（SP210）、ヨウ素電解質溶液、植物色素（ハイビスカスティを濃く煮出したもの）、6B 鉛筆、タッパー、黒クリップ（非電気伝導性ダブルクリップ）12 個、銀クリップ（電気伝導性ダブルクリップ）12 個、カセットコンロとガスボンベ、フライパン、アルミホイル、テスター、プラスチック段ボール、車軸 2 本、平ギア、ピニオンギア、モーター（マブチモーター RF–330TK）、赤・黒導線、UV カットクリーム、ハロゲンランプ

実験・工作の手順★電気伝導性ガラスを切る⇒模型自動車を組み立てる⇒負極をつくる⇒正極をつくる⇒バッテリーを組み立てる⇒模型自動車にのせる

①電気伝導性ガラスを 3 cm×5 cm で切ります。これを 12 枚用意します。

②車体をつくります。プラスチック段ボールを 6 セルの色素増感太陽電池がのるように切り、車軸を通してタイヤ、ギアを取りつけます。

③モーターにピニオンギアを取りつけます。モーターにはセルを 3 並列でつなげられるよう、モーターの陽極、陰極に、銀クリップを三又にして導線をつなぎます。

④色素増感太陽電池のセルを組むまでの行程は、実験&工作❾－①と同じです。セルはセロハンテープではなく、黒クリップを使ってしっかりとはさみます。セルを 2 直列にして銀クリップで接続し、これを 3 並列にしてセロハンテープで 1 巻にくるみます。このとき、隣り合うセルの銀クリップ同士がふれてショートしないように、真ん中の直列には銀クリップをテープで巻いておきます。クリップの取っ手は質量を減らすためにはずしておきます。

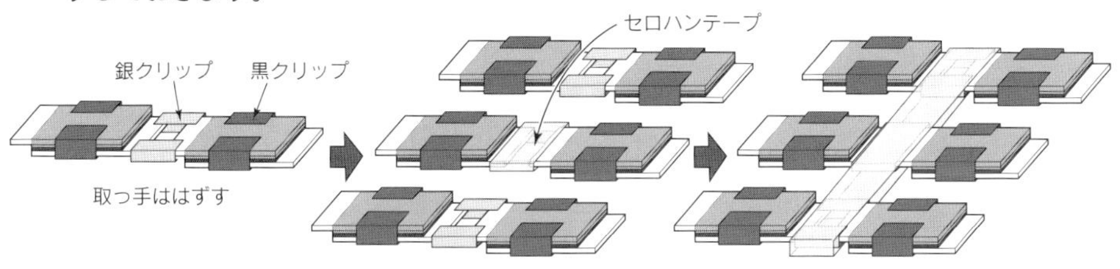

図 20 ■バッテリーの組み方

⑤模型自動車に色素増感太陽電池を搭載して、モーターの銀クリップを電池につなぎます。

⑥ハロゲンランプを当てて、車を走らせてみましょう。太陽電池に UV クリームを塗って、太陽光のもとでも走らせてみましょう。

(1) 二酸化チタン

二酸化チタンは、実は身のまわりのあちらこちらに含まれている物質です。たとえば、歯磨き粉、化粧でつかう白粉、ペンキなどに含まれています。二酸化チタンは光触媒効果があることで有名です。1969年 本多健一・藤嶋　昭は二酸化チタンと白金を使って電池を組み、光を当てたところ水が水素と酸素に分解されることを発見しました。これは本多・藤嶋効果ともよばれ、この発見から二酸化チタンをベースとする光触媒の研究が活発になりました。

光触媒とは、「それ自身は変化しないが、光を吸収することで化学反応を促進するもの」と定義されています。植物の中に含まれているクロロフィルも光触媒です。植物はクロロフィルによって光を吸収し、光合成しています。二酸化チタンは固体の白い粉末状の光触媒で半導体です。約390 nm以下の波長の光を吸収することで価電子はバンドギャップを越え、電子とホールを出します。電子は白金電極へ移動し、水素イオンと反応して水素分子にします。二酸化チタン電極に残ったホールは、水酸化物イオンと反応して酸素分子にします。光触媒による水の分解はこのように起こります。光触媒効果は大気中でも水中でも起こるため、大気や水の汚れを分解したり、土壌を浄化したり、殺菌や抗ウイルス、防かびなどにも技術が応用されています。色素増感太陽電池では、酸化還元されやすいヨウ素を電解質溶液として、電子とホールによる酸化還元のループで電流を発生させています。

● ● ●

現在製造されているレーザーは、その多くが**半導体レーザー**です。半導体レーザーは、さまざまな分野で活躍していますが、例えばCDやDVDなどの光学ドライブや、レーザープリンターに利用されています。ここではレーザーポインターと分光シートを使った実験を行い、レーザーの特徴やその発光原理を学びましょう。

実験&工作 ❾－③ レーザー＋分光シート

準備するもの★レーザーポインター、LED、分光シート

実験・工作の手順★レーザーポインターの光を分光シートに当てる⇒分光シートを通った光を観察する

※注）レーザーポインターの光は絶対に直接見ないようにしましょう。

①レーザーポインターの光を分光シートに当てます。

②分光シートを通って壁に当たった光を観察してみましょう。レーザーは白熱電灯や蛍光灯とは違って単色光線なので、得られる像はその波長そのもののみとなります。

③分光シートをもう1枚重ねて、同様に実験をしてみましょう。レーザーアートが観察できます。

④LEDの光でも同様に実験してみましょう。

図21 ■実験のようす

図22 ■レーザーの回析像

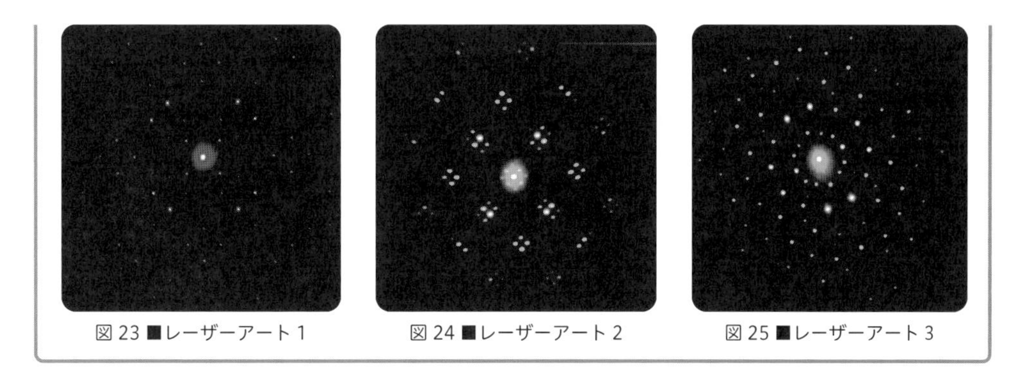
図 23 ■レーザーアート 1　図 24 ■レーザーアート 2　図 25 ■レーザーアート 3

白熱電球や気体の放電による発光などでは、ひとつひとつの光は個々の原子から他の原子と無関係に放出（自然放出）されるので、位相の異なる多くの波の集まりであると考えることができます。つまり、インコヒーレントな光です。これに対してレーザーは、これらの多くの原子からの発光を、同位相（コヒーレント）にするようにしたものです。各原子から放出される光波の振動の位相を揃えることで、遠くへ伝わっても広がらない、細くて強力な単色光のビームを作り出すことができます。

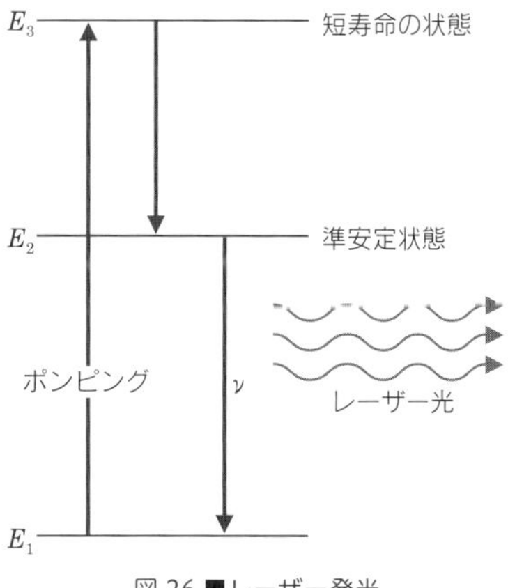

図 26 ■レーザー発光

一般にその方法は、図 26 のようにエネルギー準位が E_1 の状態の電子にエネルギーを与え、E_3 の状態に持ち上げ（ポンピング）、自然放出などでエネルギー準位を E_3 から E_2 に降ろして、エネルギー準位が E_2 の電子を多くしておきます。エネルギー準位 E_2 の電子が E_1 状態の電子より多い分布の状態を反転分布といいます。この状態で、$h\nu = E_2 - E_1$ を満たす振動数 ν の光を送ると、それと同期して E_2 から E_1 への遷移が生じ、強い発光が生じます。このとき得られる光は、コヒーレントな光です。このような発光を**誘導放出**といいます。「レーザー（laser）」という名前は、“Light Amplification by Stimulated Emission of Radiation”（輻射の誘導放出による光増幅）に由来するものです。

半導体レーザーでは、強い誘導放出光を出すために、次のようにして反転分布をつくっています。pn 接合領域の両端に電圧をかけると、この領域に p 型領域からは正孔が、n 型領域からは電子が流れ込み、pn 接合領域に電子と正孔が高密度に注入され、反転分布が形成されます。電子とホールが結合するときにバンドギャップに相当するエネルギーが放出されると、誘導放出が継続的に生じます。

● ● ●

炭素が60個、サッカーボール状の構造をとるのがC_{60}フラーレンです。フラーレンの存在はいろいろ予想されていましたが、これが実在することを、1985年に、イギリス人のハロルド・クロトーとアメリカ人のリチャード・スモーリー、ロバート・カールが初めて発見しました。このことで、この3人は、1996年にノーベル化学賞を受賞しています。

また、グラフェンは、2010年にロシアのガイムとノボセロフがノーベル物理学賞を受賞することで有名になった物質です。最近では、カーボンナノチューブに関心が寄せられており、日本人研究者がノーベル賞候補とされています。

炭素がサッカーボールの形につながっているのが**C_{60}フラーレン**です。このモデルをつくってみましょう。

実験&工作 ❾－④ フラーレンのモデルをつくろう

準備するもの★6角形の形をした500 mLのペットボトル、セロハンテープ、黒い紙

実験・工作の手順★6角形ペットボトルを輪切りにする⇒6角形と5角形を組み合わせて貼る⇒完成

①6角形の形をした500 mLのペットボトルを5 mm幅で輪切りにします。
②5角形をつくるときは一辺を切り取ります。
③サッカーボールを参考に、球状にセロハンテープで貼っていきます。これで完成です。

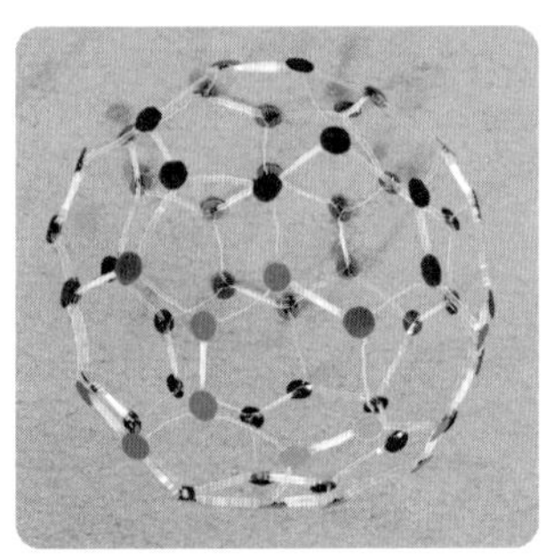

図27■フラーレンモデル

フラーレンは、黒鉛にレーザー光を当てる実験をしているときに偶然発見されました。フラーレンは、分子間の電子移動が速く、酵素の隙間に入りやすいなどの特徴が知られています。活性酵素と反応することで抗酸化力を持ち、化粧品などに利用されています。

● ● ●

次に、グラフェンのモデルをつくってみましょう。

実験&工作 ❾－⑤ グラフェンのモデルをつくろう

準備するもの★針金（線径0.5 mm）1 m　黒いビーズ（内径2 mm、できればやや大きめ）22個、ストロー4本

実験・工作の手順★ストローを切る⇒ビーズとストローを針金でつなげる⇒完成

①ストローを2 cmに切って、ストローとビーズを交互に針金に通します（図28）。
②①を6角形にします（図29）。
③つくった6角形の隣に、次の6角形をつなげます。
④シート状になるまで、6角形を次々とつくりましょう（図30）。

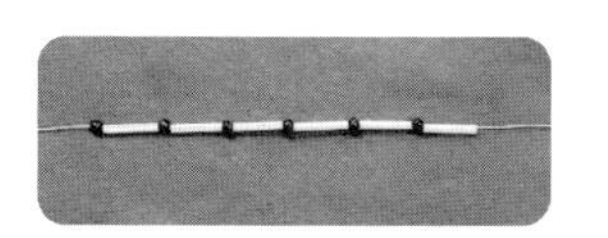
図 28 ■ストローとビーズをつなげる

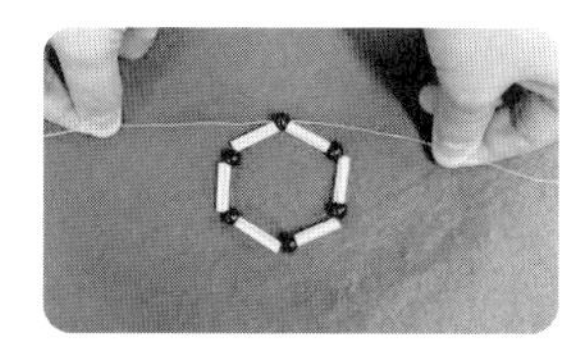
図 29 ■六角形に形を整える

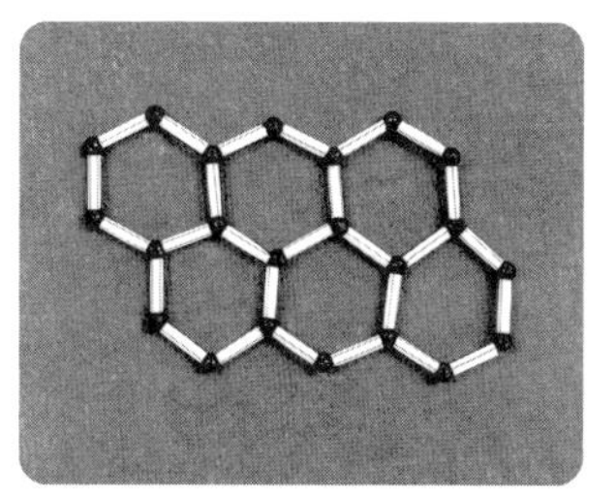
図 30 ■たくさんつなげたようす

炭素は、同じ元素からできていても化学的・物理的に違った性質をもつものがあります。例えば、ダイアモンドと黒鉛（graphite）は、同じ炭素からできていますが、構造が全く違うので見た目や性質も大きく異なります。

黒鉛は、たくさんの炭素原子でできたシートが積み重なってできています。この１枚のシートの厚みは炭素原子１つ分です。このようなシートを**グラフェン**といいます。

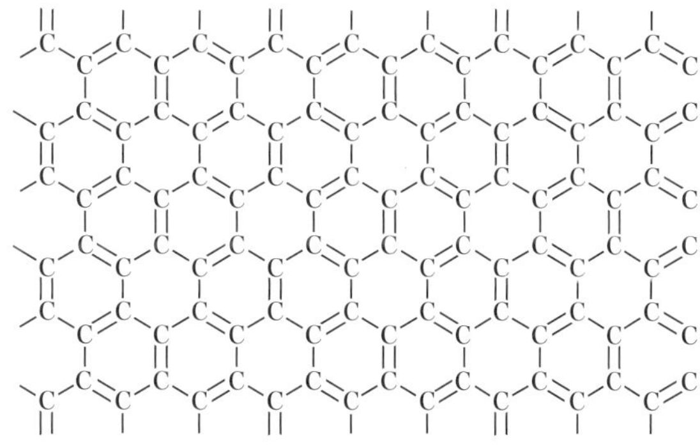
図 31 ■グラフェンの分子構造

前述のガイムとノボセロフは、鉄のかたまりから１枚のグラフェンシートを初めて分離し、その性質の解明に努めました。彼らはスコッチテープで黒鉛の薄片を挟んで、そのテープを引きはがすという簡単な手順を繰り返すことによって単層のグラフェンを手に入れました。グラフェンは、いくつかの大きな特徴があります。

(1) とても強度がある

グラフェンは現在知られている物質の中で最も軽く、最も丈夫なものです。同じ面積の鉄のシートに比べると、約 100 倍の強度があるともいわれています。

(2) 電気をよく通す

(3) 熱をよく通す

(4) 電子の移動速度が速い

室温での電気伝導性と熱伝導性がとても大きいです。また、電子の移動速度に伴うエネルギーの損失が少ないので、配線の材料などにも最適です。電子の移動速度はシリコンよりも速いので、太陽電池にも利用が期待されています。

(5) 透明な材質

電気をよく通し、透明な特徴があるので、液晶画面やタッチパネルなどにも将来使用される可能性があります（現在は主に ITO（酸化インジウムスズ）が使われています）。

(6) 半導体の利用

グラフェンシートは、本来ならばバンドギャップがありません。だからこそ、まるで金属のように電気をよく通します。しかし、シートを2枚重ねて、そこに垂直な電場を加えるとバンドギャップが生じて、半導体として利用できるようになります。このような半導体グラフェンは、電気の移動速度が速いという性質も合わせ、シリコンよりも性能の良い超高速トランジスタなどにすでに使用されています。

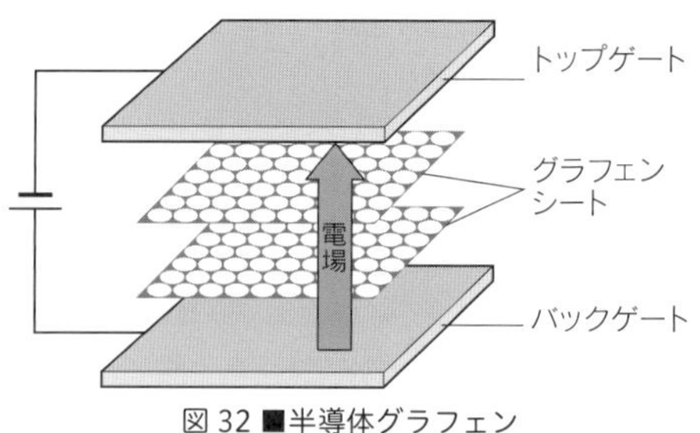

図32■半導体グラフェン

● ● ●

グラフェンのシートを筒状に丸めると違った性質が見えてきます。次に、グラフェンのモデルを筒状にしてみましょう。

実験&工作 ❾－⑥ カーボンナノチューブのモデルをつくろう

準備するもの★実験&工作❾－⑤で作製したグラフェンのモデル

実験・工作の手順★グラフェンのモデルを用意する⇒筒状にする⇒完成

①先ほどつくったグラフェンのモデルを図のように筒状にしてみましょう。

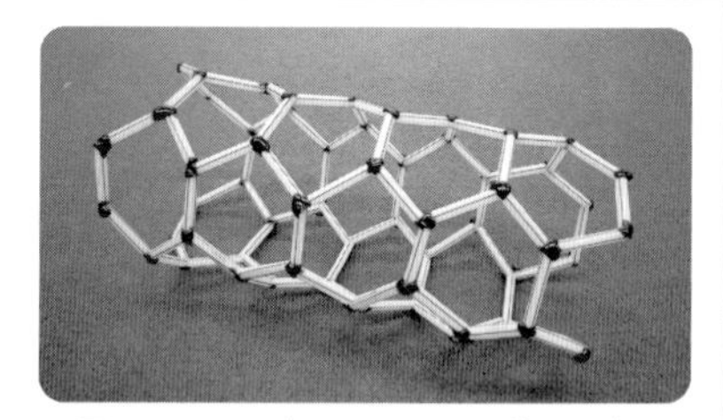
図33■カーボンナノチューブのモデル

グラフェンシートが筒状に丸まったのが、**カーボンナノチューブ**です。カーボンナノチューブは、グラフェンの性質に加えて柔らかい、薬品に強いなどの特徴ももっています。

Memo

⑩ 原子

「❽ 粒子性と波動性」から陰極線の正体が電子の流れであり、すべての元素の原子は、電子をもつことがわかりました。通常、原子は電気的に中性であるので、電子の負の電荷を打ち消すだけの正電荷が原子内に存在しなければなりません。原子の質量で一番軽い水素原子でも、電子の質量の 2000 倍程度もの質量があります。なので、原子の質量のほとんどがプラスの電荷によるものだと考えられます。そこで、正電荷がどのように分布しているのかが問題になりました。では、正電荷がどのように分布しているかを原子モデルを使って考えていきましょう。

● ● ●

1903 年に J.J. トムソンは、原子全体に一様に正電荷が広がり、その中に負の電荷をもつ電子が分布している原子モデル（**トムソンのモデル**）を提案しました。また、1904 年には、長岡半太郎は、原子の中心に正の電荷が集中し、この中心の核のまわりをたくさんの電子が環のようにとりまいている原子モデル（**長岡半太郎のモデル**）を提案しました。J.J. トムソンの弟子であるラザフォードは、これらの原子モデルが正しいかどうかを確かめる実験を 1909 年に行いました。ここでは、身近なものを使ってラザフォードが行なった実験をシミュレーションしてみましょう。

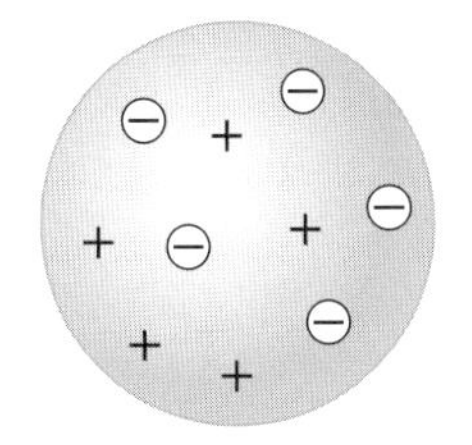

(a) トムソンのモデル
（正電荷は一様に分布）

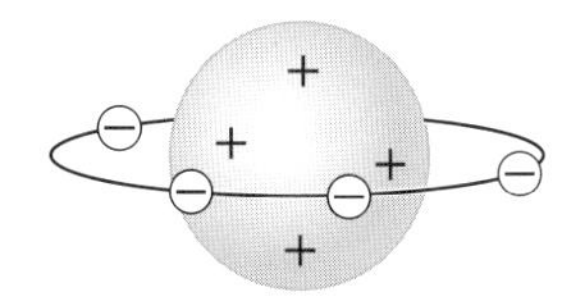

(b) 長岡半太郎のモデル
（電子は環状）

図 1 ■原子モデル

実験&工作 ⑩－① トムソンとラザフォードの原子モデル

準備するもの★CD2 枚、円筒形のペットボトル 1 本、ストッキング、段ボール、ビー玉数個、はさみ、セロハンテープ

実験・工作の手順★トムソンのモデルをつくる⇒ラザフォードのモデルをつくる⇒それぞれのモデルにビー玉を転がしたようすを観察する

①トムソンのモデルをつくってみましょう。段ボールで直径 3 cm 程度の円を 2 つ切ります。

図 2 ■トムソンとラザフォード原子モデル

② CD の中心に①で切った段ボールを 2 枚、セロハンテープを使って重ねます。重ねた後に段ボールの端を軽くつぶし、ダンボールのまわりをセロハンテープでとめます。

③ストッキングでまわりを覆います。トムソンのモデルの完成です。

④次にラザフォードのモデルをつくってみましょう。ペットボトルのキャップの真ん中にはさみで直径 1 cm 程度の穴をあけます。

⑤ CD の中心にペットボトルのキャップをセロハンテープでつけます。

⑥ペットボトルの円形型の胴の部分を縦が 10 cm 程度、横が 5 cm 程度の長方形に切り、これを円柱状にまるめてキャップの穴にさします。

⑦ストッキングでまわりを覆います。ラザフォードのモデルの完成です。

⑧それぞれのモデルにビー玉を転がして、ビー玉の転がる軌道を観察します。

図 3 ■トムソンのモデル

図 4 ■ラザフォードのモデル

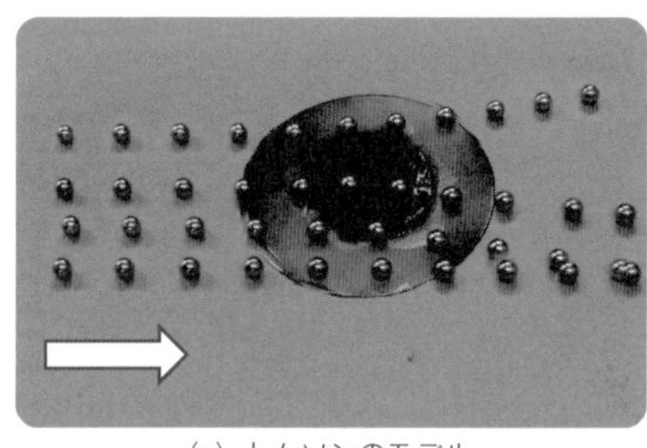

(a) トムソンのモデル

(b) ラザフォードのモデル

図 5 ■実験のようすモデル

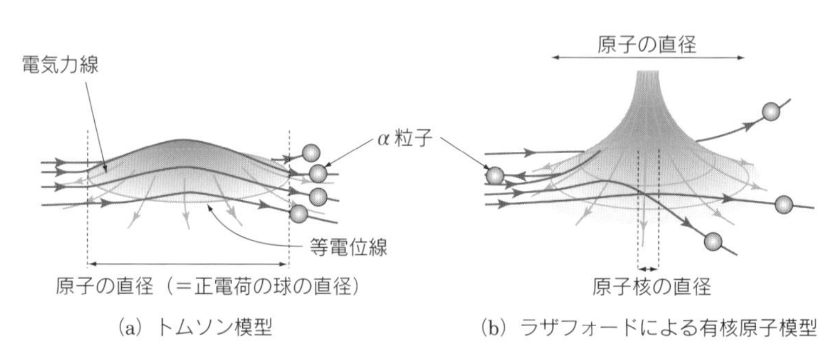

(a) トムソン模型　(b) ラザフォードによる有核原子模型

図 6 ■原子の模型

● ● ●

3D プロッタを使って、より正確なラザフォードの原子モデルとトムソンの原子モデルを作製してみましょう。

実験&工作 ⑩－② ラザフォードの原子モデル（3D プロッタ）

準備するもの★PC と3D プロッタ、材料一式、フリーの3DCAD ソフト
実験・工作の手順★ 3DCAD で原子モデルを描く⇒プリントアウトする⇒それぞれのモデルにビー玉を転がしたようすを観察する

（a）トムソンのモデル　（b）ラザフォードのモデル
図 7 ■ 3D プロッタでつくった原子モデル

①PC にフリーの 3DCAD ソフトをインストールし、これを用いて、トムソンのモデルとラザフォードのモデルを描きます。

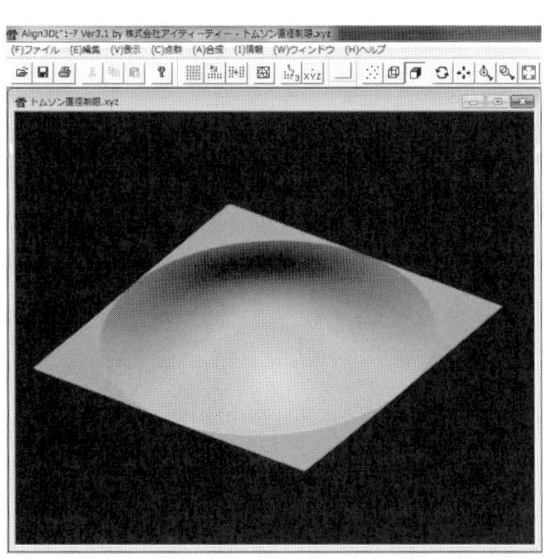

（a）トムソンのモデル　（b）ラザフォードのモデル
図 8 ■ 3DCAD で描いた原子モデル

②それぞれのモデルを、プリントアウトします。
③それぞれのモデルにビー玉を転がして、ビー玉の転がる軌道を観察します。

図 2 のトムソンのモデルにビー玉を転がしたときの軌道は、図 5(a) のようになり、ラザフォードのモデルの軌道は図 5(b) のようになりました。

ラザフォードらは、ラジウムから放出する α 線（ヘリウムの原子核）を金箔に当てて、α 線の散乱のようすを観察しました。ほとんどの α 線は金箔を通り抜けますが、ごくまれに α 線が 90 度以上に曲がることを観察しました。α 線は電子の約 7300 倍もの質量をもつので電子の衝突ではほとんど曲がりません。トムソンのモデルのときは、図 6(a) のように散乱しますが、この散

乱のようすだと図6(b)のようにα線が大きく曲がることを証明することはできません。この結果から、ラザフォードは、eを電気素量、Zを正の整数として、

「原子は、$+Ze$の電荷をもつ小さな原子核と、その周りを回るZ個の電子からできている。そして、原子の質量の大部分は原子核のものである。」

と提案しました。その後の研究により、中心の正電荷数Zは、原子番号に等しいことがわかりました。

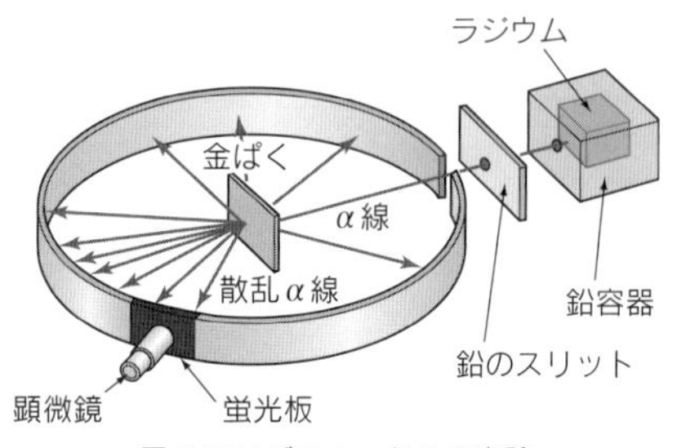

図9■ラザフォードらの実験

こうして、原子核の存在は明らかになりましたが、長岡半太郎のモデルとラザフォードのモデルにおける難点は解消されませんでした。

● ● ●

ラザフォードの原子モデルには2つの問題点がありました。まず1つに、ラザフォードモデルは「原子は、$+Ze$の電荷をもつ小さな原子核と、その周りを回るZ個の電子からできている。そして、原子の質量の大部分は原子核のものである」としていますが、このとき電子が回るということはすなわち電子が円運動という加速度運動をしていることを示しています。荷電粒子である電子が加速度運動を行うと、電磁波を放出してエネルギーを失い、軌道半径を縮めてやがて10^{-11}秒という短い波長間で原子核に引き寄せられてしまいます。また、このようなモデルでは、連続的な振動数の電磁波を放射するはずですが、実際に気体原子が発する光は特定の振動数のみです。このようにラザフォードモデルには説明ができない難点が存在していました。

電磁波の放射や気体原子が発する光の振動数について解析するとき、電磁波（光）を分光器に通して得られる（分光）**スペクトル**を観察します。分光シートを用いて簡易的な分光器を作製し、さまざまな光のスペクトルを観察してみましょう。

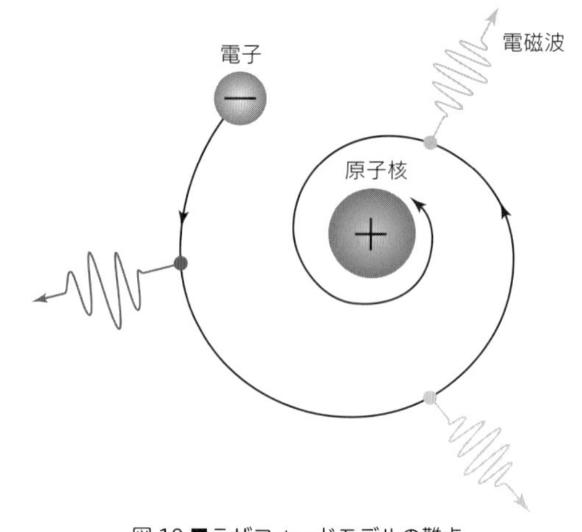

図10■ラザフォードモデルの難点

実験&工作 ⑩－③ 分光筒でスペクトルを観察しよう

準備するもの★分光シート、黒ガムテープ、サランラップなどの芯、黒画用紙、カッター、はさみ、セロハンテープ、ランプ類

実験・工作の手順★芯を半分に切る⇒接眼部分と対物部分をつくる⇒黒画用紙で接続部分をつくる⇒1つの筒にする⇒観察したい光などをのぞく

①カッターやはさみで芯を半分に切り、2本に分けます。

②分光筒の接眼部分をつくります。まず小さく四角に切った分光シートを半分に切った1

本の芯の端にあて、分光シートが十分に引っ張られてたいらになるように分光シートの四隅を芯の端にセロハンテープではります。
③分光シートのでっぱった部分を折り曲げ、芯の側面にセロハンテープではりつけます。分光シートのでっぱった部分は、そのまま筒の側面に押しつけます。
④分光シートをはった芯の側面部分をガムテープで一周巻いたら分光筒の接眼部分の完成です。
⑤次に分光筒の対物部分をつくります。もう１つの半分に切った筒の端にガムテープをはります。真ん中にほんの少しだけ隙間ができるように２枚のガムテープをはりましょう。
⑥④のときと同じように芯の側面部分をガムテープで一周巻いたら分光筒の対物部分の完成です。
⑦黒画用紙を接眼部分か対物部分のどちらかに巻き、広がらないようにセロハンテープで固定して黒画用紙の筒をつくります。この部分が接続部分となり、接眼部分と対物部分の何もついていない側を接続部分に入れれば分光筒の完成です。
⑧分光筒をのぞいて周りの光を観察してみましょう。ただし、太陽の光やレーザー光などを分光筒で直接見るのは危険ですので注意しましょう。

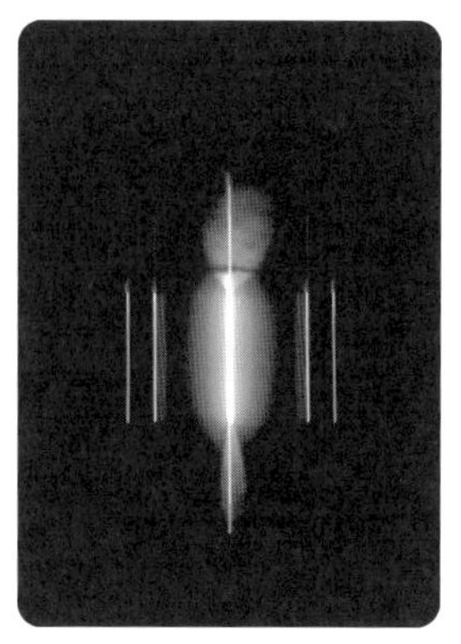
図 11 ■水素スペクトル

図 12 ■接眼部分

図 13 ■対物部分

最初に分光筒を用いて身近な光を観察してみます。今回観察したのは白熱電球と、蛍光灯の２つです。

図 14 ■白熱電球のスペクトル

白熱電球を分光筒でのぞくと図 14 のように四方八方に虹がのびたように見えます。このときののびた光がスペクトルです。この白熱電球のスペクトルを拡大して見てみましょう。

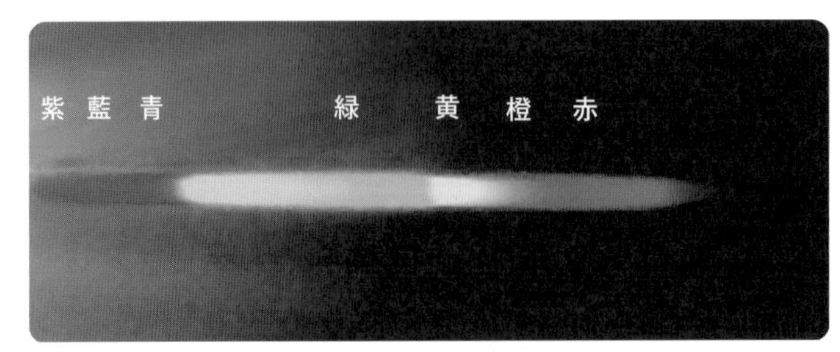

図 15 ■白熱電球のスペクトルの拡大図

白熱電球のスペクトルは虹の 7 色がぼんやりと連続したようなものが見えます。このような色が続いたスペクトルを**連続スペクトル**といいます。連続スペクトルがみられる光はさまざまな波長の光を含んでいることを示しています。連続スペクトルは、太陽光や白熱電球など熱放射による光にみられる特徴です。

次に蛍光灯のスペクトルを見てみましょう。蛍光灯では、何色かの線が入ったスペクトルが見えます。このようなスペクトルを**輝線スペクトル**といいます。蛍光灯の電極からは、電子が放出されます。電子は管内の水銀蒸気に衝突し、水銀は電子より受けとったエネルギーを紫外線として放出します。蛍光管に塗られた蛍光塗料は、紫外線をあび、その後、特定の可視光線を放出します。

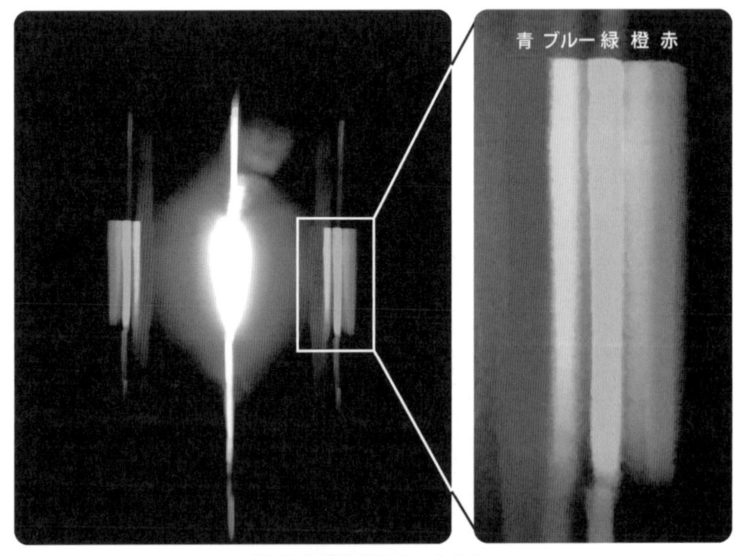

図 16 ■蛍光灯のスペクトル

ラザフォードモデルの難点で取り上げた光の波長についてスペクトルを用いて表現すれば、連続スペクトルをもつ電磁波が生じるはずなのに、実際の気体原子が発する光は輝線スペクトルをもっていたというわけです。図 17〜19 は実際の気体の放電ランプ（水素、ヘリウム、窒素）を分光筒で見たときに観察できるスペクトルです。図 17〜19 を見てわかるように、気体原子が発する光のスペクトルは輝線スペクトルになります。

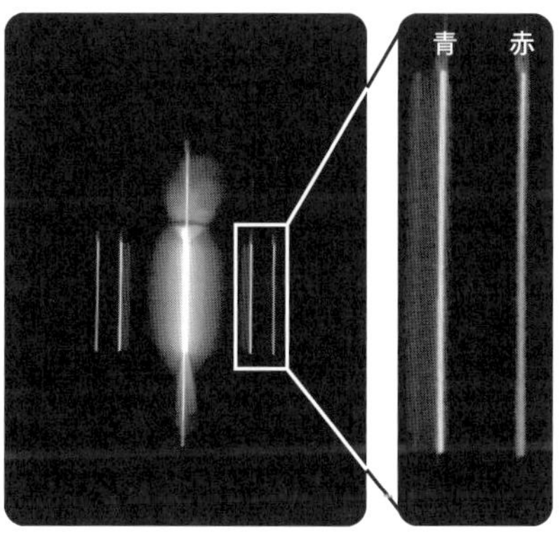

図 17 ■水素のスペクトル

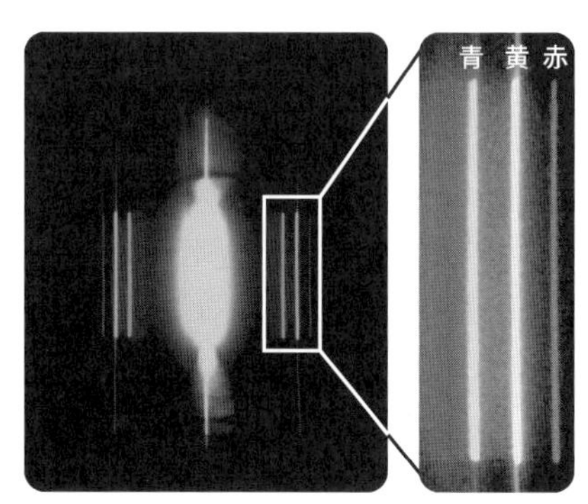

図 18 ■ヘリウムのスペクトル

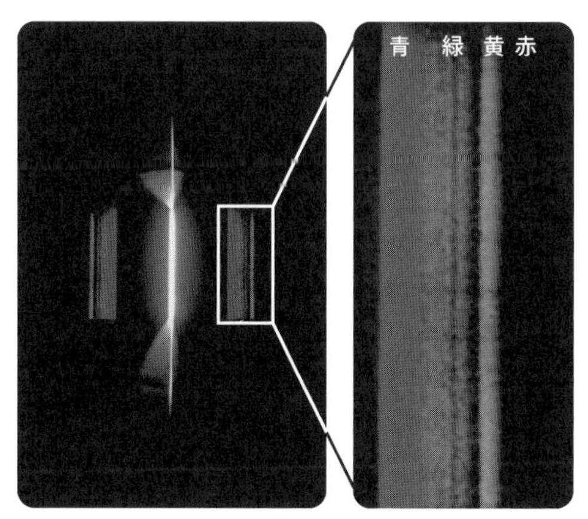

図 19 ■窒素のスペクトル

分光筒で見えるスペクトルは人の目に見える波長の光の部分のみとなります。実際には人の目に見えない**紫外線**や**赤外線**などが光に含まれるため、分光筒のみでスペクトルのすべてを観察することは難しいです。

一般の元素が発する輝線スペクトルは輝線の数が多く、その並び方は極めて複雑です。しかし1885年、バルマーは水素スペクトルの目に見える範囲で現れる4本のスペクトル（H_α、H_β、H_γ、H_δ）の間に、ある関係を発見しました。

図20■水素スペクトルの可視部

図20に表されているのは各系列の波長です。Åという文字はオングストロームという単位で、$1\text{Å} = 1.0 \times 10^{-10}\,\mathrm{m} = 0.10\,\mathrm{nm}$ です。この4個のスペクトル線の波長は $\lambda_0 = 3645.6\text{Å}$ を用いて、$\mathrm{H}_\alpha \to \dfrac{9}{5}\lambda_0$、$\mathrm{H}_\beta \to \dfrac{4}{3}\lambda_0$、$\mathrm{H}_\gamma \to \dfrac{25}{21}\lambda_0$、$\mathrm{H}_\delta \to \dfrac{9}{8}\lambda_0$ となります。この4個の係数のうち、2つ目と4つ目を通分すると、$\dfrac{9}{5}\lambda_0$、$\dfrac{16}{12}\lambda_0$、$\dfrac{25}{21}\lambda_0$、$\dfrac{36}{32}\lambda_0$ と書き換えられます。このときのそれぞれの係数は分子が 3^2、4^2、5^2、6^2 となり、分母が分子の値から $2^2 = 4$ 引いた値になっています。このことから、バルマーは水素原子スペクトルの波長は

$$\lambda = \frac{n^2}{n^2 - 2^2}\lambda_0 \qquad (n = 3, 4, 5, 6)$$

という公式にまとめられることを見出しました。この領域にあるスペクトル線を**バルマー系列**といいます。この式が発表された後、1906年に紫外部にライマン系列や1908年に赤外部にパッシェン系列が発見されました。

後に、リュードベリは、スペクトル系列は波長の逆数の波数 $\tilde{\nu}$ を用いることによってより簡単な形に表現できることを示しました。実際にバルマー系列での波数 $\tilde{\nu}$ は

$$\tilde{\nu} = \frac{1}{\lambda} = \frac{n^2 - 2^2}{n^2} \cdot \frac{1}{\lambda_0} = \left(1 - \frac{4}{n^2}\right)\frac{1}{\lambda_0} = \left(\frac{1}{4} - \frac{1}{n^2}\right)\frac{4}{\lambda_0}$$

となります。ここで $\dfrac{4}{\lambda_0} \equiv R$ とおくと、バルマー系列は

$$\tilde{\nu} = R\left(\frac{1}{4} - \frac{1}{n^2}\right) = R\left(\frac{1}{2^2} - \frac{1}{n^2}\right) \qquad (n = 3, 4, 5, \cdots)$$

と表せます。このときの R は**リュードベリ定数**といい、$R = 109737.31\,\mathrm{cm}^{-1}$ となります。なお、cm^{-1} はカイザーとよみます。

ライマン系列		パッシェン系列	
$\tilde{\nu} = R\left(\frac{1}{1^2} - \frac{1}{n^2}\right)$	$(n = 2, 3, 4, \cdots)$	$\tilde{\nu} = R\left(\frac{1}{3^2} - \frac{1}{n^2}\right)$	$(n = 4, 5, 6, \cdots)$

リュードベリは、水素スペクトルについて波数が一般的に以下のように表されることを示しました。

$$\tilde{\nu} = R\left(\frac{1}{m^2} - \frac{1}{n^2}\right) \qquad (m、n \text{ は正の整数で } n > m, n = m+1, m+2, \cdots)$$

この式の m は同じ系列の中では一定の値をとります。

● ● ●

ラザフォードのモデルの難点を解決するために、1913年、ボーアは水素原子の構造について、次のような大胆な仮説を提唱しました。

(1) 量子条件

原子には、とびとびのエネルギー E_n をもつようないくつかの定常状態があり、定常状態にある原子は電磁波を放出しません。整数 n を**量子数**、E_n $(n = 1, 2, 3, \cdots)$ を**エネルギー準位**といいます。角運動量の大きさを L とおくと、次の条件を満たします。

$$L = mvr = n\hbar = n\frac{h}{2\pi} \qquad (n = 1, 2, 3, \cdots) \qquad (10 \cdot 1)$$

(2) 振動数条件

原子がエネルギー準位 E_n の定常状態から、それよりエネルギー準位の低い E_m に移るとき、

$$h\nu = E_n - E_m \qquad (10 \cdot 2)$$

によって定まる振動数 ν の光子を放出します。逆に、定常状態にある原子は、上式の関係を満たす振動数 ν の光子を吸収するとエネルギーの高い定常状態 E_n に移ります。

量子条件は、1924年にド・ブロイが出した物質波の仮説（「❽粒子性と波動性」参照）を用いて、次のように考えられるようになりました。

電子の物質波としての波長を λ とし、$\lambda = \frac{h}{p} = \frac{h}{mv}$ を式(10・1)に代入すると、

$$2\pi r = n\frac{h}{mv} = n\lambda \qquad (n = 1, 2, 3, \cdots) \qquad (10 \cdot 3)$$

となります。これは半径 r の円軌道上に電子波の定常波ができる条件を表しています。軌道上の電子の物質波は、軌道上に定常波をつくるような条件を満たすときだけ、安定に存在できるというわけです。

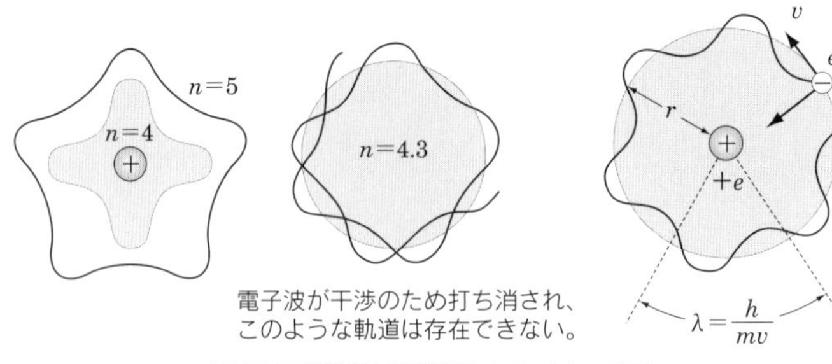

図 21 ■電子波が定常波となるイメージ図

実験&工作 ⑩－④ 定常状態の可視化実験

準備するもの★肩たたきのようなバイブレーター、やわらかいスプリング（長さは20 cm以上）

実験・工作の手順★スプリングの両端を１か所でもって、円形にする⇒バイブレーターをふれさせる⇒スプリングのようすを観察する

①スプリングの両端を１か所でもって、スプリングを円形にしましょう。
②バイブレーターのスイッチを入れて、円形にしたスプリングにあてます。
③スプリングに定常波ができる条件のときのみ、円周に沿って定常波ができます。

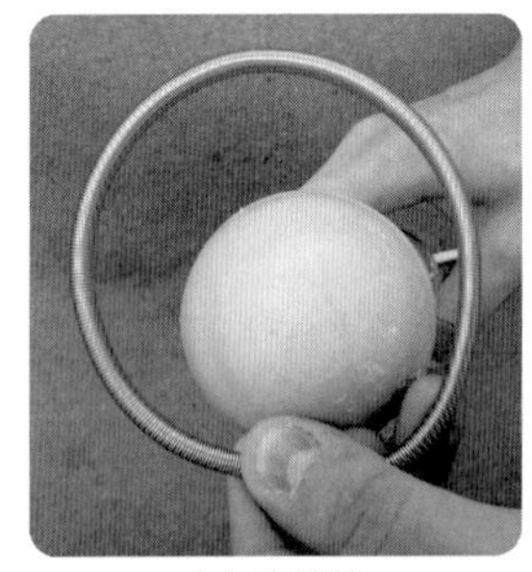

（a）実験前

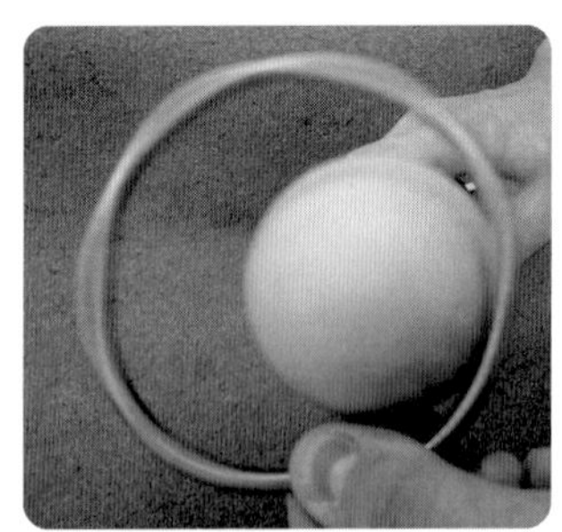

（b）実験中（定常波ができている）

図 22 ■実験のようす

水素原子の原子核（電荷 $+e$）の周りを質量 m の電子（電荷 $-e$）が、クーロン力を受け等速円運動をしているモデルを考えます。ボーアの提唱した量子条件から、n 番目の定常状態の円軌道の半径 r_n とエネルギー準位 E_n を求めてみましょう。

n 番目の定常状態の軌道上を回る電子の速さを v_n とすると、電子の運動方程式は、

$$m\frac{{v_n}^2}{r_n} = \frac{1}{4\pi\varepsilon_0}\cdot\frac{e^2}{r_n}$$

となります。定常状態にある電子は、

$$mv_nr_n = n\frac{h}{2\pi}$$

を満たすので、これより v_n を消去すると、

$$m\frac{{v_n}^2}{r_n}=\frac{1}{4\pi\varepsilon_0}\cdot\frac{e^2}{r_n}=\frac{m}{r_n}\left(\frac{nh}{2\pi m r_n}\right)^2=\frac{n^2h^2}{4\pi^2 m {r_n}^3}$$

$$\therefore r_n=\frac{\varepsilon_0 n^2 h^2}{\pi m e^2} \qquad (10\cdot4)$$

となります。この円軌道上にある電子は、運動エネルギーとクーロン力による位置エネルギーをもつので、全エネルギー E_n は、

$$E_n=\frac{1}{2}mv^2-\frac{1}{4\pi\varepsilon_0}\cdot\frac{e^2}{r_n}=-\frac{1}{8\pi\varepsilon_0}\cdot\frac{e^2}{r_n}=-\frac{e^2}{8\pi\varepsilon_0}\cdot\frac{\pi m e^2}{\varepsilon_0 n^2 h^2}$$

$$E_n=-\frac{me^4}{8{\varepsilon_0}^2h^2}\cdot\frac{1}{n^2} \qquad (10\cdot5)$$

となります。

ここで、E_n の符号が負なのは、電子と原子核が無限に離れているときの位置エネルギーを 0 としたためで、電子が無限遠にある状態と比べて、エネルギー準位が低い状態にあることを示しています。$n=1$ のときのエネルギーが最低で、このエネルギー準位の状態を水素原子の**基底状態**といいます。式(10・4)で、$n=1$ のときには、$r_1=5.29\times10^{-11}\,\mathrm{m}$ となります。これが安定な水素原子の半径で、**ボーア半径**といいます。この半径 r_1 の 2 倍は、すでに知られていた水素原子の大きさである約 $10^{-10}\,\mathrm{m}$ とほぼ一致します。$n=2,3,4,\cdots$ となるにつれて、電子の軌道は外側に移り、エネルギーは大きくなるので、これらの状態を**励起状態**といいます。$n\to\infty$ のときのエネルギーは最大値 0 となります。

電子が定常状態 E_n から定常状態 E_m に移るとき $(m<n)$、放出される光の波長を λ とすると、振動数条件から、

$$h\nu=\frac{hc}{\lambda}=E_n-E_m$$

となります。これに式(10・5)を代入すると、

$$\frac{1}{\lambda}=\frac{E_n-E_m}{hc}=\frac{me^4}{8{\varepsilon_0}^2h^3c}\left(\frac{1}{m^2}-\frac{1}{n^2}\right)$$

となります。この式と、実験によって得られた水素スペクトルの式

$$\frac{1}{\lambda}=R\left(\frac{1}{m^2}-\frac{1}{n^2}\right)$$

と比較すると、リュードベリ定数 R は

$$R=\frac{me^4}{8{\varepsilon_0}^2h^3c}$$

と書けるはずです。実際にこの式に各定数の値を代入して計算すると、その値は非常によい精度で一致したのです。

ところで、リュードベリ定数を用いてE_nを求めると、

$$E_n = -\frac{Rhc}{n^2} = -\frac{13.6}{n^2}\,〔\mathrm{eV}〕 = -\frac{21.8 \times 10^{-19}}{n^2}\,〔\mathrm{J}〕$$

となります。この式から水素原子のエネルギー準位を求めることができます。

なお、水素原子以外の原子にも同様のエネルギー準位が存在します。したがって水銀やナトリウムなどの気体が発生する光の線スペクトルも、原子のエネルギー準位をもとに説明することができます。

● ● ●

LEDの実験では色によって発光に必要なエネルギーが違うことがわかりました。では、次に炎色反応について実験してみましょう。炎の色は、実は赤やオレンジ色だけではありません。実際に、花火の炎はさまざまな色をしています。これは、燃えている物質（元素）によって炎の色が違うからです。では、どんな物質がどんな色の炎を出すのか実験してみましょう。

実験&工作 ⑩－⑤ 炎色反応

準備するもの★固体試薬（100円ショップで販売されている「魔界の炎」などのグッズ、もしくは炭酸リチウム、塩化銅、ホウ酸、塩化バリウム、塩化カリウム、塩化ナトリウムを使用）、純水（イオン交換水が望ましい）、ろ紙、ガスコンロまたはアルコールランプ、シャーレ、ピンセット

実験・工作の手順★固体試薬を純水に溶かす⇒ろ紙を浸す⇒ガスコンロなどであぶる

①シャーレの中で固体試薬（どれか１種類）を純水に溶かします。

②ろ紙をピンセットで持ち、①でつくった溶液に浸します。

③溶液に浸したろ紙をガスコンロなどであぶります。ろ紙自体が燃えてしまわないよう、ガスコンロの炎の先端部分でろ紙をあぶりましょう。なお調理でよく使うガスコンロでは、食塩由来のナトリウムの黄色い炎が出やすいので、注意して実験しましょう。

ひとつひとつの試薬に応じてそれぞれ違った色の炎が見られたと思います。これは、LEDの実験で学んだ、励起した電子が基底状態に戻る際に発光することが主な原因です。（図23）それぞれの元素では励起するのに必要なエネルギーが違うため、励起したあと、基底状態に戻るときに放出するエネルギーが違います。光子がもつエネルギーEは、$E = h\nu$です。左辺のエネルギーEが元素によって異なるので、右辺の振動数νも元素によって異なります。つまり、それぞれの物質（元素）を熱したときに発される光の振動数が異なり、光の色が異なります。以上のような現象のことを**炎色反応**といいます。

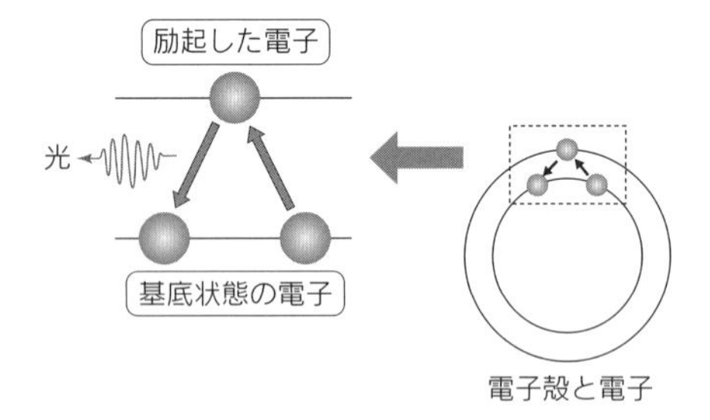

図23■電子による発光の仕組み

固体に含まれる元素によって炎の色はあらかじめ決まっています。それを覚えるために代表的な語呂合わせがあるのでこの機会に覚えておくとよいでしょう。

「リアカー（Li 赤）無き（Na 黄）K 村（K 紫）に、馬力（Ba 緑）を借りようと（Ca 橙）努力（銅緑）するもくれない（Sr 紅）」

花火は炎色反応をうまく利用してつくられていたというわけです。

● ● ●

前節では原子や原子核について学びましたが、より小さい粒子の世界では私たちの身のまわりとは全く異なる現象が起こります。例えば、実験＆工作❽－⑤で電子の干渉縞ができたように、粒子が粒子性と波動性の両方を合わせ持つことがあります。このような量子の世界はどのように表されるのかを見ていきましょう。

量子の世界は古典力学だけで表すことはできません。しかし量子物体であってもエネルギー保存の法則は成り立ちます。そこでまず古典力学におけるエネルギー保存の法則を考えます。ある系における全エネルギー E は運動エネルギー K とポテンシャルエネルギー V を使って

$$E = K + V$$

と表せます。ここで運動量 $p\,(= mv)$ を用いると運動エネルギーは

$$K = \frac{1}{2}mv^2 = \frac{p^2}{2m}$$

となります。よってエネルギーの関係式は

$$E = \frac{p^2}{2m} + V$$

という形に書くことができます。電子であればポテンシャルエネルギー V は電気的ポテンシャルエネルギーとなります。この式とド・ブロイの関係式 $\lambda = \frac{h}{p}$ から、シュレーディンガーは以下のような形の波動方程式を推測しました。

$$E\psi = -\frac{\hbar^2}{2m}\frac{d^2\psi}{dx^2} + V\psi \qquad \left(\hbar = \frac{h}{2\pi}\right)$$

これが**シュレーディンガー方程式**であり、解 ψ は波動関数とよばれます。波動関数はその2乗が確率密度を表します。シュレーディンガー方程式の解は、古典物理学では考えられなかった現象を示します。ここではエクセルを使って波動関数の「**しみだし**」と「**トンネル効果**」のシミュレーションを行ってみましょう。

それ以外のいろいろなシミュレーションについては、オーム社の Excel で学ぶやさしい量子力学（新田英雄・工藤知草 著）を参考にして下さい。

実験&工作 ⑩－⑥ 波動関数のしみだしエクセルシミュレーション

準備するもの★エクセルなどの表計算ソフトとそれが使えるパソコン

実験・工作の手順★エクセルに波動関数のしみだしについての関数を入力する⇒マクロを組み入力した関数を時間に沿って動かす

①エクセルにシミュレーションを行うための質量や波数などを図25のように入力します。

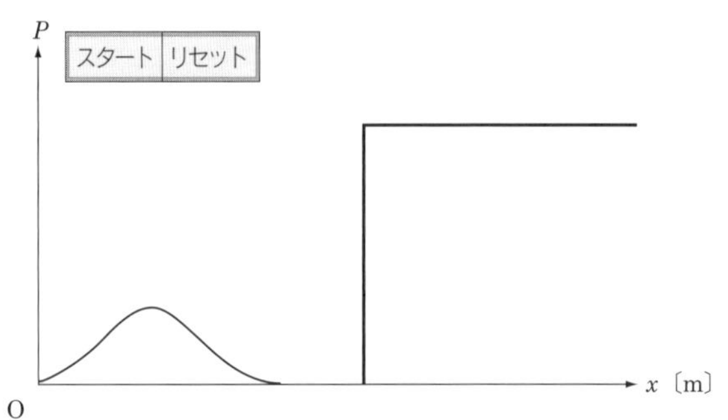

図24 ■波動関数のしみだしのシミュレーション

波数 k_0	17	時刻 t	1.75
分散 σ（k 空間）	0.2	入射エネルギー E_0	144.5
質量 m	1	ポテンシャル V_0	158.95
初期位置 x_0	−13	V_0/E_0	1.1

図25 ■波数などの入力例

②エクセルに位置 x と波束 k を入力します。例として図26は x が0～37、それに対応する波束は33.5～34.5となっています。

③位置 x に対する波束 k を重ね合わせる式を入力します。確率密度 P は波動関数の絶対値の2乗を規格化したもので表されるため、以下のように関数を入力します。

k ＼ x	0	0.2	0.4
33.50			
33.55			
33.60			
33.65			
33.70			
33.75			
33.80			
33.85			
33.90			

図26 ■位置と波数の表の作成例

$$\psi = \int f\ dk := \mathrm{IMPRODUCT(IMSUM(O6{:}O26),0.05)}$$

$$\left|\psi^2\right| := \mathrm{IMABS(O28)}^2$$

$$P = N\left|\psi^2\right| := \mathrm{IMABS(O28)}^2/\left|\psi^2\right| \text{の総和}$$

④エクセルに関数を以下のように入力します。ポテンシャルの前後の領域で入力する関数形が異なるため、以下のように関数を分けて入力します。図27、28は実際の入力例です。

$$\text{領域Ⅰ：} 0 < x \leq 24.8 \left| \int e^{-\frac{k-k_0}{2\sigma^2} - ikx_0 - i\omega(k)t} \left[e^{ikx} + Be^{-ikx} \right] dk \right|^2$$

$$\text{領域Ⅱ：} 24.8 < x \left| \int e^{-\frac{k-k_0}{2\sigma^2} - ikx_0 - i\omega(k)t} \left[De^{-\sqrt{2m(E-V_0)x}} \right] dk \right|^2$$

```
=IMPRODUCT(IMEXP(COMPLEX((-1)*($N5-$C$1)^2/(2*$C$2^2),-$N5*$C$4-$N5^2/(2
*$C$3)*$F$1)),IMSUM(IMEXP(COMPLEX(0,$N5*(O$4-25))),IMPRODUCT(IMDIV(CO
MPLEX($N5,-SQRT(2*$C$3*($F$3-$N5^2/(2*$C$3)))),COMPLEX($N5,SQRT(2*$C$3*($
F$3-$N5^2/(2*$C$3))))),IMEXP(COMPLEX(0,(-1)*$N5*(O$4-25))))))
```

図 27 ■領域Ⅰでの入力例

```
=IMPRODUCT(IMDIV(2*$N5,COMPLEX($N5,SQRT(2*$C$3*($F$3-$N5^2/(2*$C$3))))
),IMEXP(COMPLEX((-1)*($N5-$C$1)^2/(2*$C$2^2)-SQRT(2*$C$3*($F$3-$N5^2/(2*$C
$3)))*(EJ$4-25),-$N5*$C$4-$N5^2/(2*$C$3)*$F$1)))
```

図 28 ■領域Ⅱでの入力例

⑤シミュレーションを行うためのマクロを作成します。マクロの組み方は図 29 の通りです。a では、シミュレーションを行う時間を調整します。b ではシミュレーションを行う時間間隔を調整します。

```
Sub スタート ()
    For i = 0 To 1.2 Step 0.04       ←a
    Cells(2, 6) = i
    Renge("F1").Select
    Application.Wait [Now() + "00:00:00.001"]   ←b
End Sub

Sub リセット ()
    Cells(2, 6) = 0
    Range("F1").Select
End Sub
```

図 29 ■マクロの入力例

シミュレーションを行ってみると、波動関数がポテンシャルの障壁に当たった瞬間に波動関数の一部がポテンシャル中にしみだしているのがわかります。

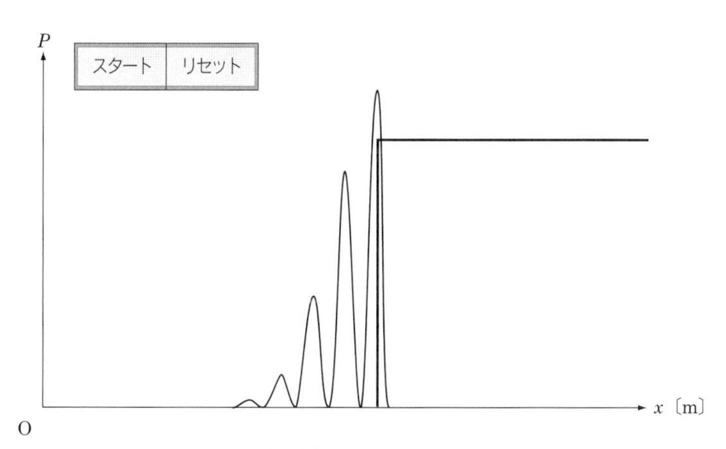

図 30 ■波動関数がポテンシャルに衝突する際のようす

そしてそのポテンシャル中にしみだした波動関数はその後、また元の領域に戻っていきます。このポテンシャルは幅が無限大なため、波動関数が一時的にしみこんでも元の領域に戻ってしまいます。

今回のシミュレーションにあたっては、オーム社のExcelで学ぶやさしい量子力学（新田英雄・工藤知草 著）を参考にしました。

● ● ●

では、ポテンシャルの幅が極端に狭い場合はどうなるのでしょうか。

実験&工作 ⑩－⑦ 量子トンネル効果エクセルシミュレーション

準備するもの★エクセルなどの表計算ソフトとそれが使えるパソコン

実験・工作の手順★エクセルに量子トンネル効果についての関数を入力する⇒マクロを組み、入力した関数を時間に沿って動かす

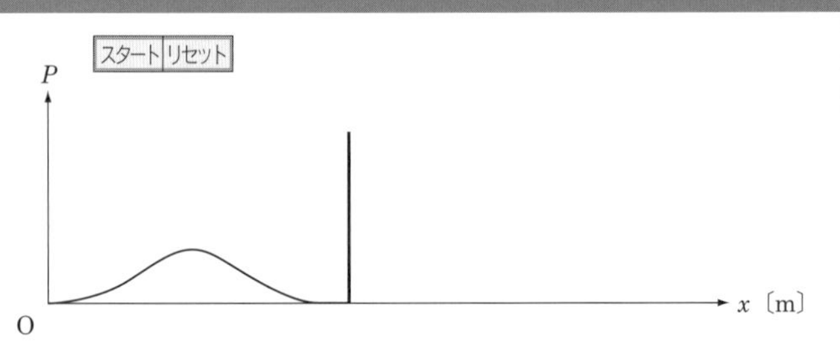

図 31 ■量子トンネル効果のシミュレーション

①エクセルにシミュレーションを行うための質量や波束などを図 32 のように入力します。

質量 m	1	時刻 t	0	入射エネルギー E_0	578
波数 k_0	34	初期位置 x_0	−11.5	ポテンシャル V_0	693.6
分散 σ（k 空間）	0.2	ポテンシャル幅 d	0.05	V_0/E_0	1.2

図 32 ■波数などの入力例

②エクセルに位置 x と波数 k を入力します。例として図 33 は x が 0～44、それに対応する波数は 33.5～34.5 となっています。

k \ x	0	0.2	0.4
33.50			
33.55			
33.60			
33.65			
33.70			
33.75			
33.80			
33.85			
33.90			

図 33 ■位置と波数の入力例

③位置 x に対する波数 k を重ね合わせる式を入力します。確率密度 P は波動関数の絶対値の 2 乗を規格化したもので表されるため、以下のように関数を入力します。

$$\psi = \int f\ dk := \mathrm{IMPRODUCT(IMSUM(O6{:}O26),0.05)}$$

$$|\psi^2| := \mathrm{IMABS(O28)}^2$$

$$P = N\,|\psi^2| := \mathrm{IMABS(O28)}^2 / |\psi^2|\text{の総和}$$

④エクセルに関数を以下のように入力します。ポテンシャルとその前後の 3 領域で入力する関数形が異なるため、図 34～36 のように関数を分けて入力します。図は実際の入力

例です。

領域Ⅰ：$0 < x \leq 22 \left| \int e^{-\frac{k-k_0}{2\sigma^2} - ikx_0 - i\omega(k)t} \left[e^{ikx} + Be^{-ikx} \right] dk \right|^2$

領域Ⅱ：

$22 < x \leq 22 + \mathrm{d} \left| \int e^{-\frac{k-k_0}{2\sigma^2} - ikx_0 - i\omega(k)t} \left[Ce^{-\sqrt{2m(E-V_0)x}} + De^{\sqrt{2m(E-V_0)x}} \right] dk \right|^2$

領域Ⅲ：$x \geq 22 + \mathrm{d} \left| \int e^{-\frac{k-k_0}{2\sigma^2} - ikx_0 + ikx - i\omega(k)t} dk \right|^2$

```
=IMPRODUCT(IMEXP(COMPLEX((-1)*($N6-$C$2)^2/(2*$C$3^2),-$N6*$F$2-$N6^2/(
2*$C$1)*$F$1)),IMSUM(IMEXP(COMPLEX(0,$N6*(O$5-22))),IMPRODUCT(IMDIV(I
MPRODUCT($N6^2+SQRT(2*$C$1*($I$2-$N6^2/(2*$C$1)))^2,1-EXP((-2)*SQRT(2*$C
$1*($I$2-$N6^2/(2*$C$1)))*$F$3)),IMSUM(IMPRODUCT(COMPLEX($N6,SQRT(2*$C
$1*($I$2-$N6^2/(2*$C$1)))),COMPLEX($N6,SQRT(2*$C$1*($I$2-$N6^2/(2*$C$1))))),I
MPRODUCT(-1,COMPLEX($N6,-SQRT(2*$C$1*($I$2-$N6^2/(2*$C$1)))),COMPLEX($
N6,-SQRT(2*$C$1*($I$2-$N6^2/(2*$C$1)))),EXP((-2)*SQRT(2*$C$1*($I$2-$N6^2/(2*$
C$1)))*$F$3)))),IMEXP(COMPLEX(0,(-1)*$N6*(O$5-22))))))
```

図 34 ■領域Ⅰでの入力例

```
=IMPRODUCT(IMEXP(COMPLEX((-1)*($N6-$C$2)^2/(2*$C$3^2),-$N6*$F$2-$N6^2/(2
*$C$1)*$F$1)),IMPRODUCT(IMDIV(IMPRODUCT(COMPLEX(0,4*$N6*SQRT(2*$C$1
*($I$2-$N6^2/(2*$C$1)))),EXP((-1)*SQRT(2*$C$1*($I$2-$N6^2/(2*$C$1)))*$F$3)),IMSU
M(IMPRODUCT(COMPLEX($N6,SQRT(2*$C$1*($I$2-$N6^2/(2*$C$1)))),COMPLEX($
N6,SQRT(2*$C$1*($I$2-$N6^2/(2*$C$1))))),IMPRODUCT(-1,COMPLEX($N6,-SQRT(2*
$C$1*($I$2-$N6^2/(2*$C$1)))),COMPLEX($N6,-SQRT(2*$C$1*($I$2-$N6^2/(2*$C$1)))),
EXP((-2)*SQRT(2*$C$1*($I$2-$N6^2/(2*$C$1)))*$F$3)))),IMEXP(COMPLEX(0,$N6*((D
V$5-22)-$F$3)))))
```

図 35 ■領域Ⅱでの入力例

```
=IMPRODUCT(IMEXP(COMPLEX((-1)*($N6-$C$2)^2/(2*$C$3^2),-$N6*$F$2-$N6^2/(
2*$C$1)*$F$1)),IMDIV(2*$N6,IMSUM(IMPRODUCT(COMPLEX($N6,SQRT(2*$C$1*(
$I$2-$N6^2/(2*$C$1)))),COMPLEX($N6,SQRT(2*$C$1*($I$2-$N6^2/(2*$C$1))))),IMPR
ODUCT(-1,COMPLEX($N6,-SQRT(2*$C$1*($I$2-$N6^2/(2*$C$1)))),COMPLEX($N6,-S
QRT(2*$C$1*($I$2-$N6^2/(2*$C$1)))),EXP((-2)*SQRT(2*$C$1*($I$2-$N6^2/(2*$C$1)))*
$F$3)))),IMSUM(IMPRODUCT(COMPLEX($N6,SQRT(2*$C$1*($I$2-$N6^2/(2*$C$1)))
),EXP(-SQRT(2*$C$1*($I$2-$N6^2/(2*$C$1)))*(DU$5-22))),IMPRODUCT(COMPLEX(-
$N6,SQRT(2*$C$1*($I$2-$N6^2/(2*$C$1)))),EXP(SQRT(2*$C$1*($I$2-$N6^2/(2*$C$1))
)*(DU$5-22)-2*SQRT(2*$C$1*($I$2-$N6^2/(2*$C$1)))*$F$3))))
```

図 36 ■領域Ⅲでの入力例

⑤シミュレーションを行うためのマクロを作成します。マクロの組み方は、実験＆工作⑩−⑥と同じです。

シミュレーションを行うと、ポテンシャルよりも低いエネルギーの波動関数がポテンシャルの障壁をすり抜けるようにして通り抜けることがわかります。

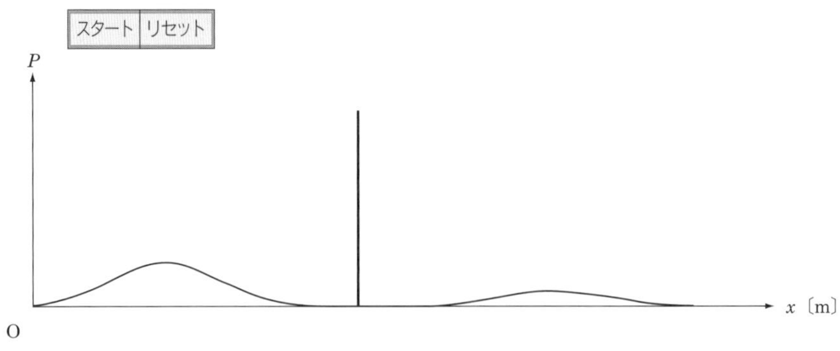

図37■シミュレーションを行ったようす

波動関数の絶対値の2乗は粒子の存在確率を表すため、粒子がポテンシャルを通り抜けるようにしてすり抜ける可能性があることを表しています。古典力学ではエネルギーが障壁よりも低ければ、その向こうに粒子が抜け出すことは不可能でした。しかし、量子物体であればポテンシャルを通り抜けるようにして粒子が移動するように見えます。これを**量子トンネル効果**といいます。量子トンネル効果の例としては、原子核が崩壊する際に放出される α 線や走査型トンネル顕微鏡の仕組みがあげられます。なお、このシミュレーションにあたっても、オーム社のExcelで学ぶやさしい量子力学（新田英雄・工藤知草 著）を参考にしました。

● ● ●

原子核の周りの電子のようすもシュレーディンガー方程式を解くことでわかります。一般的に3次元のシュレーディンガー方程式の形は以下のように表せます。

$$E\psi = -\frac{\hbar^2}{2m}\left(\frac{d^2\psi}{dx^2} + \frac{d^2\psi}{dy^2} + \frac{d^2\psi}{dz^2}\right) + V(x, y, z)\psi$$

この式を解くのに x, y, z 座標よりも極座標を取ったほうが便利なため、一般的には極座標を用いて解いていきます。もし波動関数 ψ の形が

$$\psi(x, y, z, t) = R_l(r)Y_{im}(\theta, \phi)e^{-\frac{Et}{\hbar}}$$

で表される場合、動径方向の波動を表す $R_l(r)$ と回転する波動を表す $Y_{im}(\theta, \phi)$ の部分に分けて考えることができます。$R_l(r)$, $Y_{im}(\theta, \phi)$ の関数形は n, l, m の3組の数字によって決まります。この数字はそれぞれ**主量子数、方位量子数、磁気量子数**とよばれ、この数字の組み合わせによって電子軌道の形も変わります。主量子数 $n = 1$ の状態を1s状態（K殻に相当）、$n = 2$ の状態を2s状態（L殻に相当）、$n = 3$ の状態を3s状態（M殻に相当）といいます。n の値が決まるとそれによって方位量子数 l は $l = 0, 1, 2, 3 \cdots n-1$ の n 個に限られます。その状態をそれぞれs状態、p状態、d状態、f状態…とよびます。方位量子数が決まると残りの磁気量子数がとれる

値も決まってきます。方位量子数 l と磁気量子数 m には $m=2l+1$ の関係があり、これは s 状態、p 状態、d 状態にはそれぞれ 1 個、3 個、5 個・・・の異なる定常状態があることを表します。

では実際に電子軌道のモデルをつくり、それぞれの軌道の形を確かめてみましょう。

実験&工作 ⑩－⑧ 電子軌道モデル

準備するもの★ピンポン玉、透明プラスチック半球 2 個、紡錘形の発泡スチロール材 6 個、竹ひご 3 本

実験・工作の手順★ピンポン玉に穴をあける⇒竹ひごを通す⇒透明プラスチック半球と紡錘形発泡スチロールを組み合わせる

①ピンポン玉に竹ひごがちょうど通る大きさの穴を 6 か所あけて竹ひごを通します（図 39）。ピンポン玉が 1s 軌道、竹ひごがそれぞれ x 軸、y 軸、z 軸を表します。

②透明半球に $\phi 10$ mm 程度の穴を竹ひごが通る部分に合わせてあけます。

③透明半球と紡錘形の発泡スチロール材を、①でつくったピンポン玉と竹ひごに組み合わせます。

図 38 ■電子軌道モデル

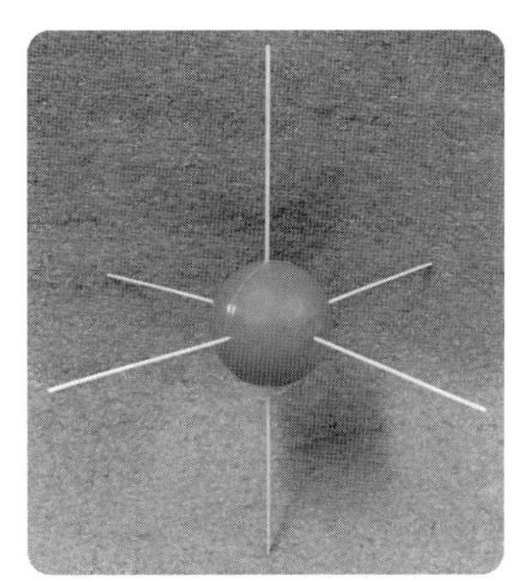

図 39 ■竹ひごの通し方

一番中心のカラーボールは 1s 軌道を表します。その外側の透明球部分は 2s 軌道、紡錘形の部分は 2p 軌道です。2p 軌道は 3 つの異なる定常状態がありますが、それは紡錘形の形をしており $2p_x$、$2p_y$、$2p_z$ の 3 つで表されます。本来電子軌道は雲のように広がっているのですが、ここではモデルとして電子雲の果てを境界面の形で捉えています。電子軌道はエネルギー準位が低いほうから 1s、2s、2p、3s、3p、4s、…と続きます。それぞれの軌道には 2 つまで電子が入ることができ、エネルギーが低いほうから順番に電子が入っていきます。どの軌道にいくつの電子が存在しているかは元素の種類によって決まっています。元素の周期表（図 40）を見ながら電子の軌道と元素の関係について考えていきましょう。

最もエネルギー準位の低い 1s 軌道（K 殻）には 2 つまで電子が存在します。1s 軌道が最外殻となるのは、周期表でいうと原子番号 1 の水素と原子番号 2 のヘリウムです。次のリチウム、ベリリウムは 2s 軌道に電子が存在することになります。ホウ素以降は 2p 軌道に電子があることになりますが、2p 軌道は $2p_x$、$2p_y$、$2p_z$ の 3 つあります。したがって計 6 個の電子が L 殻に収

図 40 ■元素の周期表

まることになります。基底状態で 2p 軌道までがすべて埋まっているのは原子番号 8 のネオンです。原子番号 9 のナトリウムからの原子については、M 殻の 3s, 3p の軌道に電子が入っていくと考えられるので、アルゴンまでの 8 個の元素です。第 4 周期のカリウムとカルシウムは 3d 軌道よりも 4s 軌道の方がエネルギー準位が低いため、まず 4s 軌道に電子が入っていくことになります。

このように周期表の並びには、電子配置が大きくかかわっています。元素の化学的性質には最外殻軌道にある電子（価電子）が関係し、同属元素で似た性質を持つ元素が多いのはそういった理由によるものです。

Memo

⓫ 原子核と素粒子

「❿ 原子」では、原子の中心には正電荷を含む原子核があり、その周りを電子がまわっていることを学びました。その後、原子核はどのように構成されているのかについての研究が行われ、原子核が正電荷をもつ**陽子**と、電荷をもたない**中性子**から構成されていることがわかりました。陽子と中性子の質量はほぼ等しく、いずれも質量が電子の約 1840 倍の 1.67×10^{-27} kg となります。このことから、原子核の質量が原子全体の質量の大部分を占めていることがわかります。原子核を構成する陽子と中性子のことを**核子**といい、核子と核子は**核力**とよばれる力で結ばれて原子核を構成しています。

約10^{-15}〜10^{-14}m
原子核
約10^{-10}m

	構成粒子	電荷	質量〔kg〕	記号
核子	陽子 ⊕	e	1.673×10^{-27}	p
	中性子 ●	0	1.675×10^{-27}	n
	電子 ⊖	$-e$	9.109×10^{-31}	e^-

図 1 ■ヘリウム原子核と構成粒子

原子の種類は、陽子の数によって決まり、陽子の数がその原子の**原子番号**となります。また**質量数**は、原子核に含まれる陽子と中性子の数で表しています。原子や原子核の種類を、元素記号 X の左上に質量数 A、左下に原子番号 Z を添えて表しています（図 2）。

$${}^{A}_{Z}X = {}^{質量数}_{原子番号}元素記号$$

質量数 → 陽子数 + 中性子数
原子番号 → 陽子数

図 2 ■原子・原子核の表し方

同じ原子番号の原子であっても、質量数が異なる原子核と原子を**同位体**（**アイソトープ**）とよびます。化学的性質は原子核の周りの電子の数で決まっているので、同位体どうしはほとんど同じ化学的性質を示します。

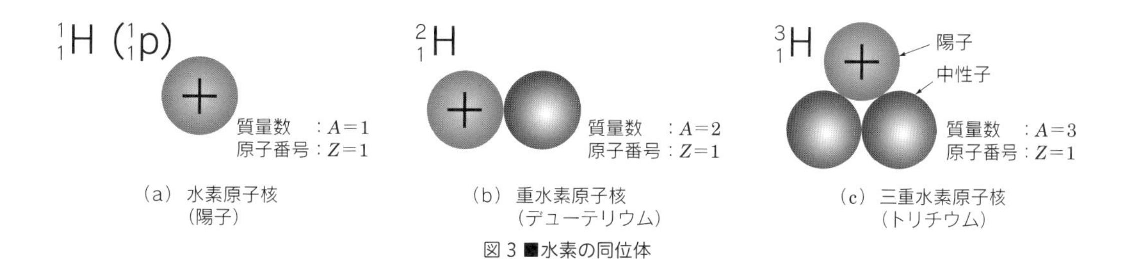

図 3 ■水素の同位体

【コラム】 原子核の結合エネルギー

ヘリウム$^4_2\mathrm{He}$の原子核は、陽子 2 個と中性子 2 個からなっていますが、その質量は陽子 2 個と中性子 2 個の質量の合計よりもわずかに小さくなっています。これはどの原子核でも、原子核の質量がそれを構成する核子の質量の合計よりも小さくなります。これを質量欠損といいます。

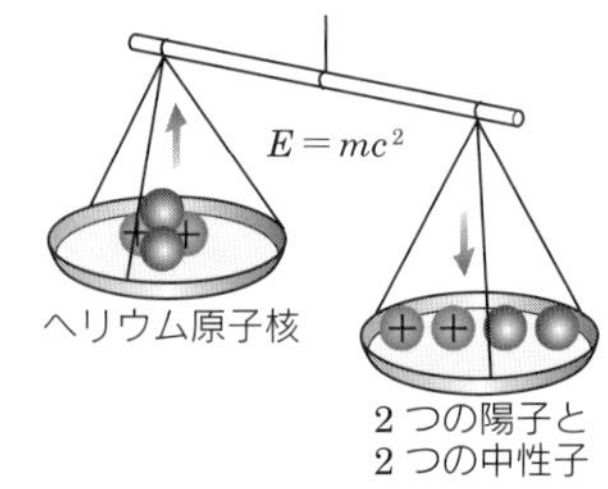

図 4 ■質量欠損

陽子と中性子の質量をそれぞれm_p、m_nとし、原子番号 Z、質量数 A の原子核の質量 m をとしたとき、質量の差 Δm は以下のように示すことができます。

$$\Delta m = Zm_\mathrm{p} + (A - Z)m_\mathrm{n} - m$$

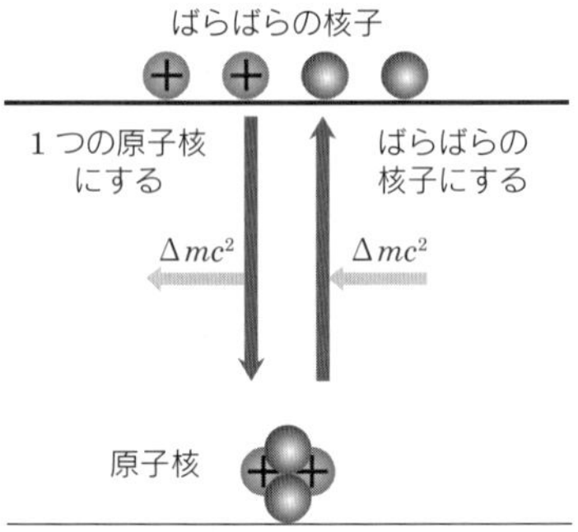

この Δm を原子核の**質量欠損**といいます。

アインシュタインの特殊相対性理論によると、エネルギーを E、質量を m、真空中の光速を c とすると、これらの間には

$$E = mc^2$$

の関係式が成り立ち、質量とエネルギーが同等であるとされ、これにより、質量欠損 Δm は

$$\Delta m = \frac{\Delta E}{c^2}$$

ばらばらの核子

1 つの原子核にする

ばらばらの核子にする

Δmc^2

Δmc^2

原子核

図 5 ■結合エネルギー

となります。この $\Delta E = \Delta mc^2$ を**結合エネルギー**といい、原子核の核子をばらばらにするためには、原子核の外から加えなければならないエネルギーです。

図 6 は、いろいろな原子核について、核子 1 個あたりの平均結合エネルギー $\frac{\Delta E}{A}$ を示したものです。図 6 から、質量数が 60 前後の原子核が最大の結合エネルギー（約 8.6 MeV）をもち、もっとも安定な状態であることがわかります。

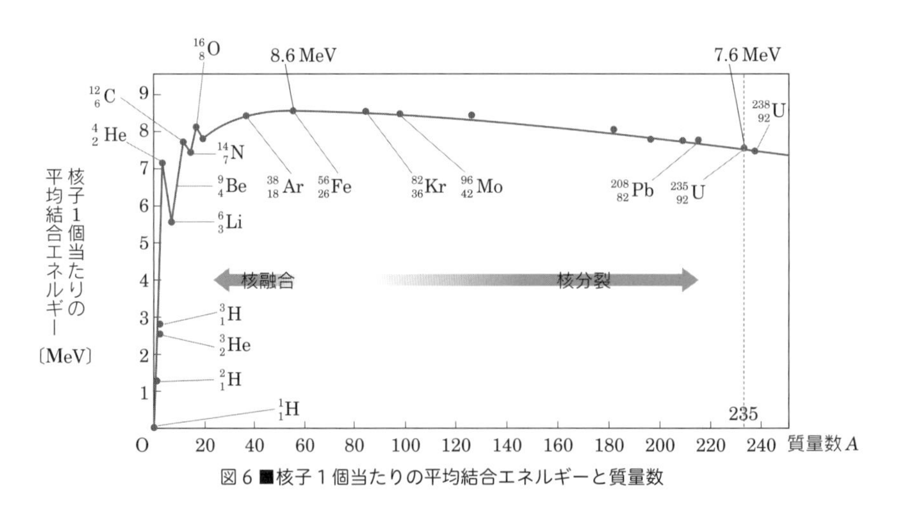

図 6 ■核子 1 個当たりの平均結合エネルギーと質量数

どの原子核も安定な状態になろうとします。水素などの質量数が小さい原子核は、2 つの原子核が 1 つの原子核に核融合をし、より質量数の大きな原子核になろうとします。ウランなどの質量数の大きなものは、1 つの原子核が 2 つ以上の原子核に核分裂をし、より質量数の小さな原子核になろうとします。より安定な原子核になる反応の前後では結合エネルギーの差 $\Delta E = \Delta mc^2$ が生じ、その分だけ核エネルギーとして吸収、放出されます。

● ● ●

原子番号の大きな原子核には不安定なものもあり、**放射線**を放出し、別の原子核に変わります。物質が放射線を放出する性質を**放射能**といいます。放射線の飛跡を見るのに霧箱が利用されます。ドライアイスで冷やす霧箱は有名ですが、ここではペルチェ素子で冷やして実験をしてみましょう。

実験&工作 ⓫ ①ペルチェ素子を使った霧箱をつくろう

準備するもの★モナズ石など（ネットではその他にラジウムセラミックボールなど入手可能）、ペルチェ素子（4 cm×4 cm、8 A）、AC アダプター（12 V、7 A）、放熱器（PC の CPU などを冷やす部品、10 cm×10 cm、厚さ 2.5 cm）、食品タッパーのようなプラスチックケース（30 cm×16.5 cm×深さ 10 cm 程度）、スポンジシート（2 mm 厚）、スポンジマット（1 cm 厚）、すき間テープ、小型電動泡だて器（100 円ショップで購入可能）、ペットボトル（500 mL 炭酸用）、ペットボトルキャップ 2 個、ビーズ 2 個、黒画用紙、竹ひご、ファン（撹拌用）、魚串、滑車、輪ゴム、食品用ラップ、ダブルクリップ（塗装なし）、針金、糸、食塩、無水エタノール（薬局で購入できます）、ペンライト、耐水性接着剤

実験・工作の手順★冷却器部分をつくる⇒霧箱本体をつくる⇒放射線の軌跡を観察する

①放熱器の中央に、ペルチェ素子に電気を流したときに熱くなる面を貼ります。

②スポンジシートを放熱器のサイズに切ります。

③スポンジシートの中央に 4 cm×4 cm の穴をあけ、ペルチェ素子の冷却面が外に出るようにし、スポンジシートを放熱器の上に耐水性の接着材で貼ります（図 8）。

④プラスチックケースのフタにペルチェ素子部分だけが出るように 4 cm×4 cm の穴をあけます（図 9）。

⑤④の穴からペルチェ素子の冷却面が出るように、フタに針金を通す穴をあけ、

図 7 ■霧箱

図 8 ■ペルチェ素子の取りつけ

図9 ■冷却器部分の作製

図10 ■ファンの作製

内側から針金で放熱器を固定します。

⑥ファンの中心の穴と滑車の中心の穴を合わせて接着します。また、ファンはアルミ缶の底を切ってつくってもよいです（図10）。

⑦ペットボトルの頭のほうを、1/4程度のところで切ります。さらに、底から2～3 cm程度のところで切り取ります。

⑧⑦で切り取った底の部分に、頭部をかぶせて土台をつくります。キャップと土台に中心軸を通すための穴をあけます。穴の大きさは、魚串が通るように直径2 mm程度とします。

図11 ■ファンの土台の作製

⑨ファンに魚串を取りつけ、ファンとペットボトルキャップの間にビーズに入れて、土台に設置します（図11）。

⑩これを、ペルチェ素子の下にくるようにプラスチックケース本体に接着剤を用いて設置します。

⑪小型電動泡だて器などからモーターだけを外し、ペットボトルキャップに穴をあけてはめます（図12）。

図12 ■ペットボトルキャップにモーターを取り付け

⑫プラスチックケースのフタに穴をあけ、モーターをフタの上から取りつけます。

⑬ケースのフタを閉め、図13のように輪ゴムを滑車とモーターの軸にかけます。

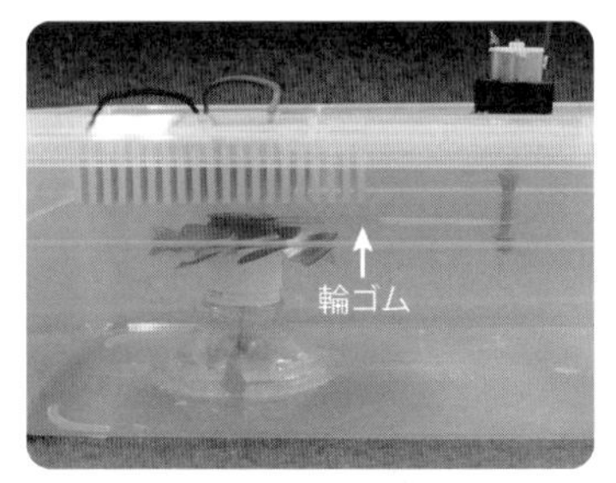

図13 ■輪ゴムの調整

⑭ペットボトルの胴体を8 cm切り出し、上側の切り口のすぐ内側にすき間テープを一周貼ります。すき間テープのすぐ下に竹ひごを通します。この竹ひごは、放射線源を上から糸で吊るすために使用します（図14）。

⑮プラスチックケースのフタの上にペットボトルを立てるための枠をスポンジマットでつくり、貼りつけます。冷気を逃さないために必要です。

⑯⑮で作製したスポンジ枠の内側に、円形に切った黒画用紙を置きます。ペットボトルの内側に貼られたすき間テープにエタノール十分に浸み込ませます。放射性物質がペルチェ素子から2 cm程度のところにくるように竹ひごから糸で吊るし、食品用ラップで

フタをします（図 14）。

⑰プラスチックケースいっぱいに、氷と水、および溶けきれないぐらいの食塩を入れます。撹拌用のモーターに電池をつなぎます。AC アダプターの先端の導線をむいてダブルクリップをつけたものを用いてもかまいません。ペルチェ素子に接続して実験開始です。

⑱霧箱を暗い所でライトを横から照らしながら、放射線の軌跡を観察します。

図 14 ■霧箱本体の作製

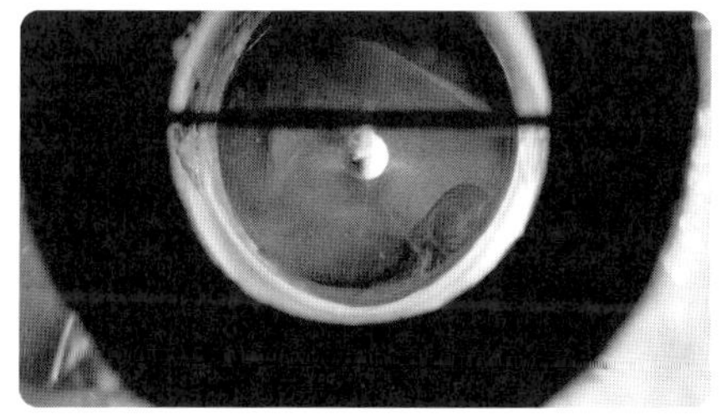

図 15 ■ α 線の飛跡

※注）放射性物質に糸を取りつけるとき、放射性物質をセロハンテープでくるんでしまうと、飛跡がみえないので要注意です。また、濡れた手で乾電池や AC アダプターを触ると感電の恐れがありますので、注意しましょう。

ペルチェ素子は、電流を流すと図 16 のように片面からもう片方の面に熱を移動させることができる素子です。この性質を利用して、冷凍庫や小型の冷蔵庫、コンピュータの CPU の冷却などにも利用されています。また、上下の面の温度の差より電流が流れます。この実験では、ペルチェ素子を使って、暖かくなる面を氷水で 0℃することによって冷たくなる面を −30℃前後程度にしています。

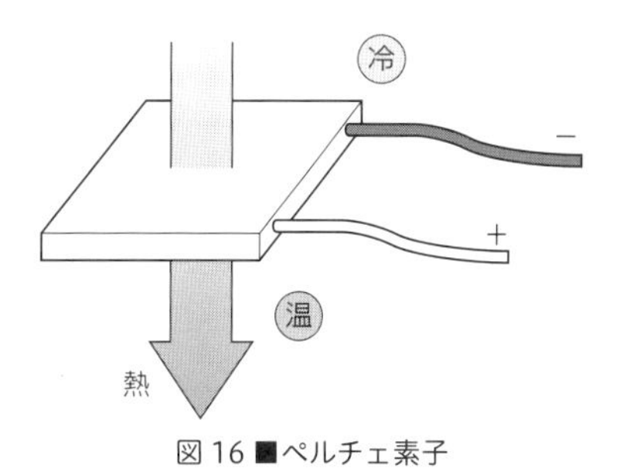

図 16 ■ペルチェ素子

霧箱の中では、ペルチェ素子によって温度が下がり、エタノールの蒸気が過飽和の状態になっています。放射性物質が空気中を移動するとその電離作用により、空気中の窒素分子や酸素分子の中にある電子をたたき出し、イオンを作り出します。このイオンがアルコールの分子を引きつけて集まり、凝結核となるので、放射線が通った筋道に沿って飛行機雲のように見えます。放射線には、**α 線**、**β 線**、**γ 線**の 3 種類があります（表 1）。

表 1 ■放射線の種類と性質

放射線	実体	電離作用	透過力
α 線	高速の $^{4}_{2}\mathrm{He}$ の原子核	大	小
β 線	高速の電子	中	中
γ 線	電磁波	小	大

(1) α 崩壊

原子核が α 線を放出する崩壊を α 崩壊といいます。α 線の実態は高速のヘリウム ${}^{4}_{2}\mathrm{He}$ の原子核の流れです。つまり、α 崩壊によってヘリウム ${}^{4}_{2}\mathrm{He}$ の分だけ軽い原子核になります。

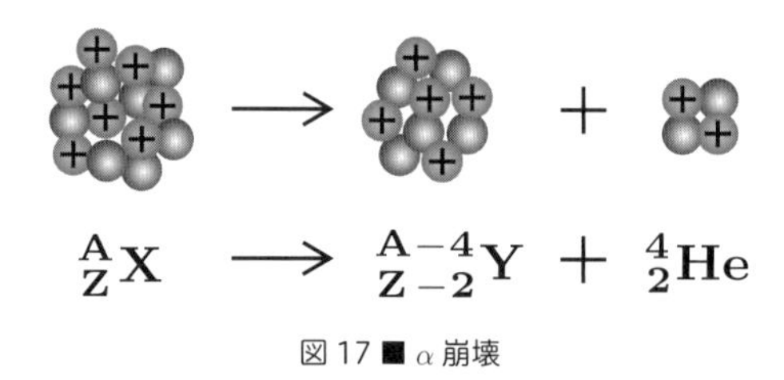

図 17 ■ α 崩壊

α 線は透過力が弱く、紙一枚で遮蔽することが可能です。

(2) β 崩壊

不安定な原子核内の中性子が β 線（電子）を放出し、陽子に変わり質量数が同じで原子番号が 1 つ大きい別の原子核になることを β 崩壊といいます。このときにニュートリノ ν_e という素粒子も放出します。この β 崩壊のことを β^- 崩壊といい、このときに放出するニュートリノは反電子ニュートリノ $\bar{\nu}_e$ です。

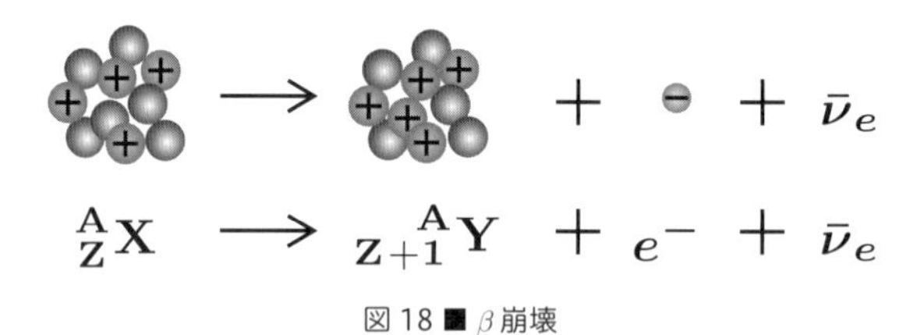

図 18 ■ β 崩壊

原子核内の陽子の数が中性子よりも多いと、陽子は電荷をもつため電気的に反発力が大きくなります。その陽子は、陽電子 e^+ とニュートリノ ν_e を放出して、中性子に変化します。この β 崩壊のことを β^+ 崩壊といいます。β^+ 崩壊のときは、質量数は変わらず、原子番号が 1 つ小さな別の原子核になります。

$${}^{A}_{Z}\mathrm{X} \longrightarrow {}_{Z-1}^{\ \ A}\mathrm{Y} + e^+ + \nu_e$$

β 線は、紙は透過しますが、厚さ 1 mm 程度のアルミ板で遮蔽することが可能です。

(3) γ 線の放射

α 崩壊や β 崩壊が生じた後、原子核に残された余分なエネルギーは、γ 線（波長の短い電磁波）として放射されます。この場合、原子番号も質量数も変化しません。γ 線は紙やうすい金属は透過しますが、厚さ 1 m 程度の鉛板やコンクリートなどで遮蔽することが可能です。

ある不安定な原子核は、安定な原子核になるまで崩壊を繰り返します。安定な原子核になるまでの系列には4種類あります。トリウムから始まるトリウム系列、ネプツニウムから始まるネプツニウム系列、ウランから始まるウラン系列、ウラン（アクチノウラン）から始まるアクチニウム系列という**放射性系列**があります。

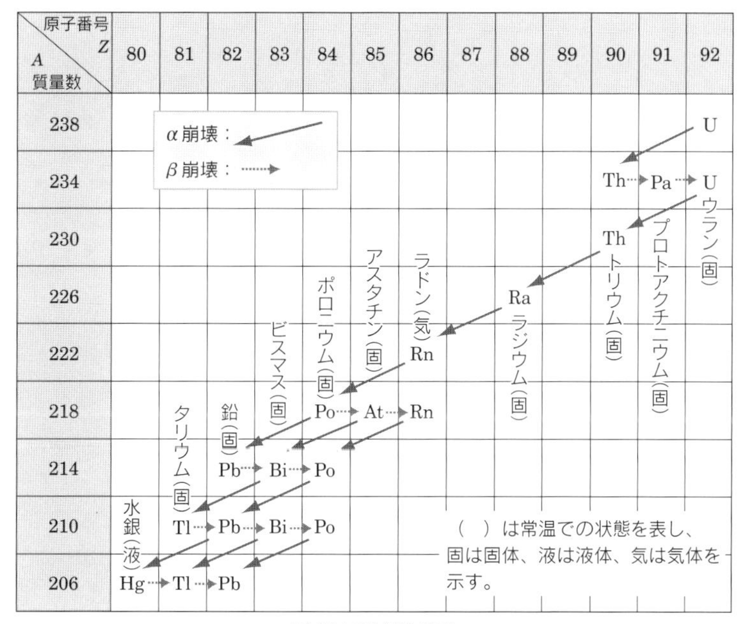

図19■放射性系列

※ポロニウム $^{218}_{84}\mathrm{Po}$ などの原子核には α 崩壊をおこすものと、β 崩壊をおこすものとがある。n を正の整数とすると、各系列の質量数 A は次のように表される。
トリウム系列　　：$4n$
ネプツニウム系列：$4n+1$
ウラン系列　　　：$4n+2$
アクチニウム系列：$4n+3$

不安定な原子核は、原子核の崩壊を繰り返すうちに安定な原子核になります。1つの原子核が崩壊するまでの時間は、原子核の種類によって決まっています。サイコロを原子核として考えて、原子核が崩壊していくようすをシミュレーションしてみましょう。

実験&工作 ⑪－② サイコロシミュレーション

準備するもの★サイコロ100個ぐらい、容器

実験・工作の手順★サイコロを振る⇒1の目のサイコロを数える⇒容器から取り除く⇒サイコロがなくなるまで繰り返す

①サイコロを大きな容器に入れて、よく振り机の上などにあけます。
②1の目のサイコロの数を数え、容器から1の目のサイコロを取り出します。
③1の目ではないサイコロの個数を求めます。
④容器のサイコロがなくなるまで①と②を繰り返し、振った回数と残ったサイコロの個数をグラフにかきます。取り除くサイコロの目は1だけに決めるのではなく、奇数の目や3の倍数の目などのように、自由に設定しましょう。

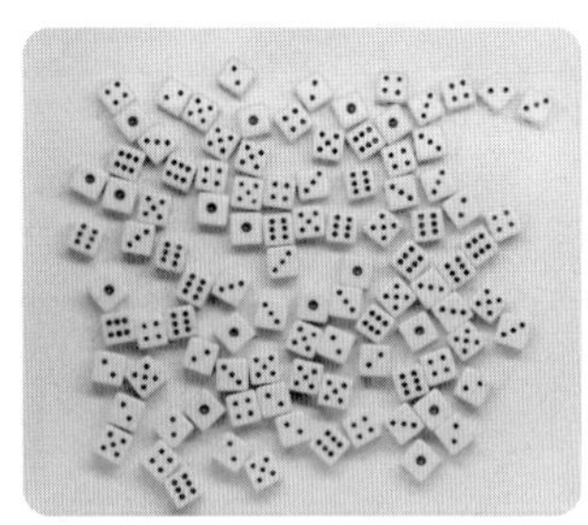
図 20 ■振ったサイコロ

100個のサイコロ利用して、サイコロシミュレーションを行いました。このシミュレーションでは、振った回数を時間、1の目が出たサイコロを崩壊した原子核とします。1回だけしか実験を行わないと、ばらつきが出ますが、これが現実です。図21は何度も実験をくりかえした場合のものです。

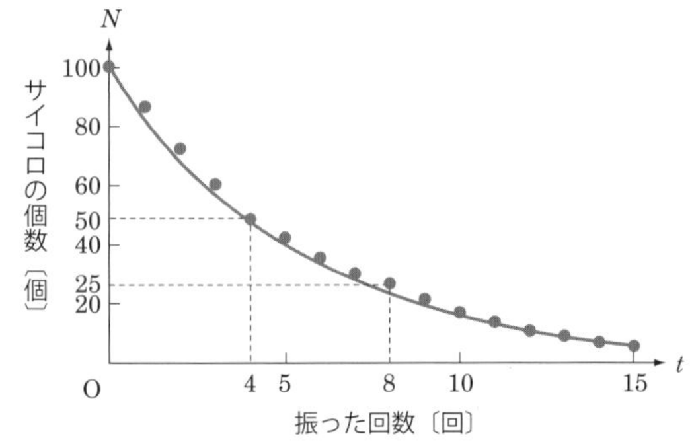

図 21 ■振った回数と残ったサイコロの個数の関係

サイコロの1の目以外が出る確率は、どのサイコロも $\frac{5}{6}$ であるので、1回実験すると、残ったサイコロの個数は、振る前のサイコロの個数の $\frac{5}{6}$ 倍となります。n 回実験したときの残ったサイコロの個数 N は、$N = 100\left(\frac{5}{6}\right)^n$ となります。残ったサイコロの個数が $N = 50$ のとき、両辺を対数にして考えると、$n = 3.8$ となります。よって、ほぼ4回振ったときに、サイコロの個数が半分になります。また、もうさらに4回振ると、サイコロの数はさらに半分になります。このことにより、不安定な原子核は時間が経つにつれ、だんだんと数が減ってきていき、一定の時間が経つと、もともとあった個数の半分になることがわかります。このように原子核の個数が半分になるまでの時間を**半減期**といいます。

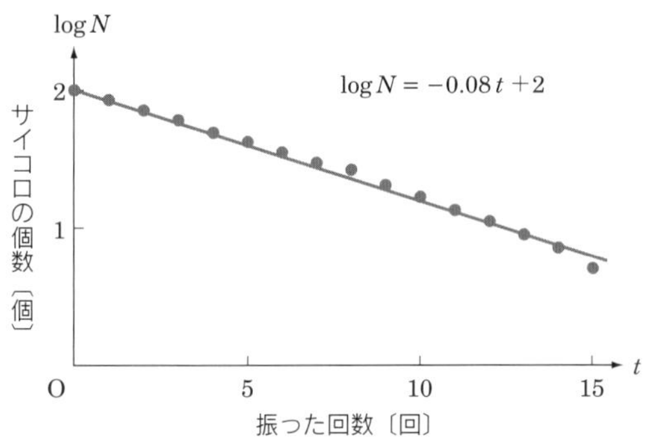

図 22 ■振った回数と残ったサイコロの個数の関係（片対数）

図21を片対数のグラフに書きかえると、図22のようになり、残った不安定な原子核の個数 N は、

$$\log N = -0.08t + 2 \qquad (11・1)$$

となります。このとき、半減期 T は、$N = 50$ になるときなので

$$\log 50 = -0.08T + 2 \tag{11・2}$$

となり、これを解くと

$$-0.08T = \log 50 - \log 100 = \log \frac{1}{2}$$

$$\therefore T = -\frac{\log \frac{1}{2}}{0.08} \fallingdotseq 3.76\ (= 3.8) \tag{11・3}$$

式(11・3)を変形させて、式(11・1)の 0.08 の値に代入すると

$$\log N = \frac{\log \frac{1}{2}}{T} t + \log 100$$

$$N = 10^{\log \frac{1}{2} \cdot \frac{t}{T}} \times 10^{\log 100} = 100 \left(\frac{1}{2}\right)^{\frac{t}{T}}$$

$$\therefore N = N_0 \left(\frac{1}{2}\right)^{\frac{t}{T}}$$

となります。半減期は表 2 のように、原子核の種類によって異なっています。

表 2 ■放射性同位体の半減期

(a) 天然に存在するもの

放射性原子核	記号	崩壊	半減期
炭素 14	^{14}C	β	5730 年
カリウム 40	^{40}K	β	1.28×10^9 年
ラドン 222	^{222}Rn	α	3.82 日
ラジウム 226	^{226}Ra	α	1600 年
ウラン 235	^{235}U	α	7.04×10^8 年
ウラン 238	^{238}U	α	4.47×10^9 年
トリウム 232	^{232}Th	α	1.41×10^{10} 年

(b) 人工的に生成されたもの

放射性原子核	記号	崩壊	半減期
中性子	^1_0n	β	10.2 分
フッ素 18	^{18}F	β	1.8 時間
リン 32	^{32}P	β	14.3 日
コバルト 60	^{60}Co	β	5.27 年
クリプトン 85	^{85}Kr	β	10.8 年
ストロンチウム 90	^{90}Sr	β	28.8 年
ヨウ素 131	^{131}I	β	8.02 日
セシウム 137	^{137}Cs	β	30.1 年
プルトニウム 239	^{239}Pu	α	2.41×10^4 年

【コラム】 絶対年代の測定法

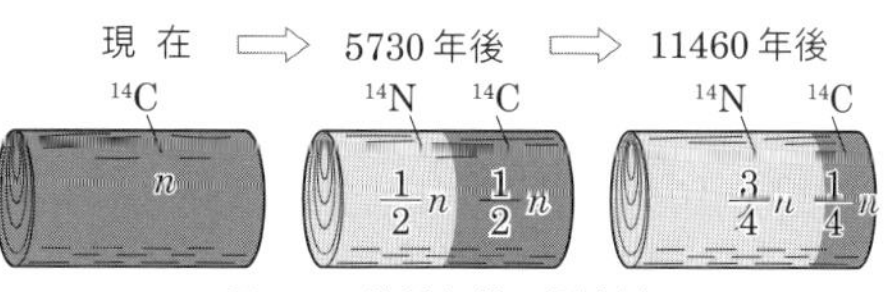

図 23 ■絶対年代の測定法

大気が安定してから後の地球では、大気中の CO_2 を構成する放射性同位体の $^{14}_{6}C$ の割合は、一定となっていましたので、生物が生きているときは、光合成により、外部から一定の割合で $^{14}_{6}C$ が取り込まれていました。生物が死ぬと、光合成による補給が行われないので、$^{14}_{6}C$ は β 崩壊をして $^{14}_{7}N$ となり、だんだんと $^{14}_{6}C$ の割合が減り、$^{14}_{7}N$ の割合が増えます。$^{14}_{6}C$ の半減期は 5730 年なので、$^{14}_{6}C$ と $^{14}_{7}N$ の割合を調べることにより、生物が死んでからの年数を知ることができます。半減期を用いて求める年数のことを、絶対年代といい、$^{14}_{6}C$ 法の他にもウラン－鉛法などがあります。

●　●　●

空気中の塵のなかにも微量の放射性物質があります。ガイガーカウンターを使って半減期を測定して、どんな放射性物質があるか調べてみよう。

実験&工作 ⑪－③ 空気中の放射性物質の半減期

準備するもの★ガイガーカウンター、掃除機、ティッシュ、ゴム

実験・工作の手順★掃除機にティッシュを巻く⇒ガイガーカウンターで測定する

①ガイガーカウンターでバックグランドを計測します。1分間の計測を5回行います。

②掃除機の吸引ホースにティッシュを2枚、輪ゴムで巻きます。

③換気がされていない部屋でティッシュが薄黒くなるまで約30分間、掃除機で空気を吸い、そのティッシュを試料とします。

④試料をガイガーカウンターで1分ずつ測定します。

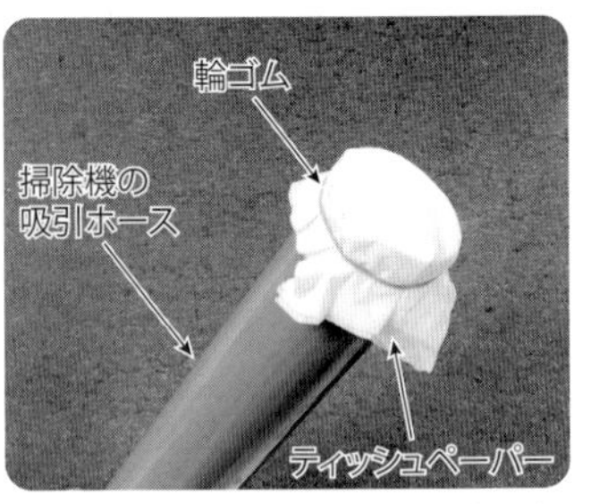

図24■掃除機にティッシュを巻いたようす

実験・工作の手順①のバックグランドを求めます。今回は表3となりました。

表3

測定回数	1回目	2回目	3回目	4回目	5回目	平均値
一分間の計数	20	21	17	25	20	20.6

実験・工作の手順④での1回目の測定を時刻0とし、2回目を1分、3回目2分とし、得られた値に実験・工作の手順①でのバックグラウンドを引きます。この処理をしたものを表4に示しました。

表4

〔分〕	0	10	20	30	40	50	60	70
0	115.4	100.4	79.4	79.4	59.4	44.4	32.4	27.4
1	101.4	84.4	75.4	83.4	48.4	39.4	45.4	33.4
2	88.4	127.4	81.4	70.4	57.4	39.4	45.4	31.4
3	107.4	89.4	84.4	57.4	48.4	31.4	35.4	27.4
4	111.4	101.4	68.4	72.4	43.4	43.4	29.4	16.4
5	109.4	83.4	94.4	52.4	49.4	33.4	23.4	19.4
6	123.4	91.4	81.4	55.4	35.4	30.4	27.4	32.4
7	100.4	78.4	99.4	76.4	45.4	37.4	33.4	32.4
8	124.4	109.4	60.4	60.4	58.4	44.4	28.4	30.4
9	90.4	68.4	44.4	45.4	41.4	29.4	28.4	⋮

表4の値を表計算ソフトを用いてグラフにすると、図25のグラフになります。ソフトのフィッティングを用いて近似曲線を描き、近似式を求めると $N=132.63\mathrm{e}^{-0.023t}$ となります。この式より、半減期 $T=30.1$ 分となりました。また、グラフからも時間が30分のときに崩壊した原子核の個数が半分になることを確認できます。

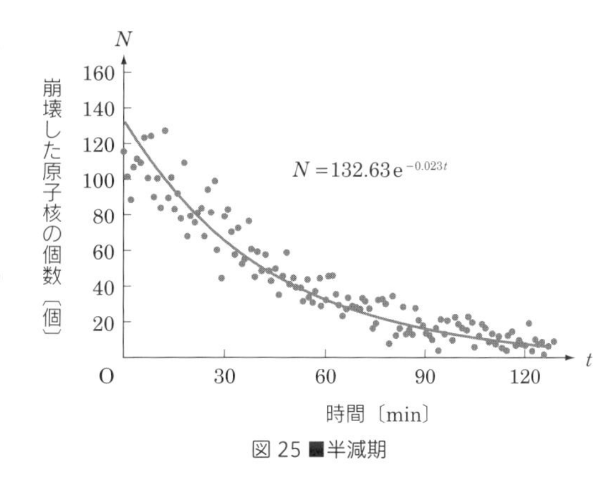

図25 ■半減期

コンクリートで囲まれた部屋の空気中には、ラドンガスがコンクリート壁から放出され、その娘核種がエアロゾールやゴミなどに付着して漂っています。これを掃除機で塵とともに集め、これを小さく切って、霧箱の線源として使うこともできます。

● ● ●

身近なものを使って、ガイガーカウンターをつくってみましょう。

実験&工作 ⑪－④ 手づくりガイガーカウンター

準備するもの★乳酸菌飲料の容器1個（あるいは、その程度の太さの筒）、紙、導線（赤、黒）、アルミホイル、サランラップ、グルーガン、プラスチックコップ3個、フライング・バンデ（「理論がわかる　電気の手づくり実験」の本を参照）（高圧静電気、1000 V 程度）、AM ラジオ、ライター（ブタンガス）、綿棒、放射性物質（ラジウムセラミックボール）、輪ゴム、セロハンテープ、消毒液（アルコール系）

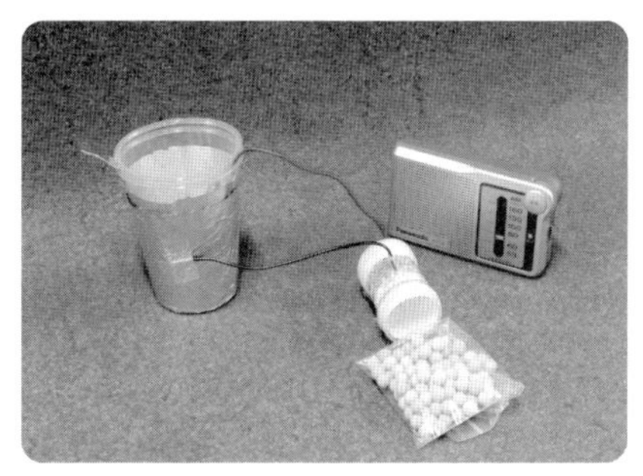

図26 ■手づくりガイガーカウンター

実験・工作の手順★コンデンサをつくる⇒GM管をつくる⇒コンデンサに静電気をためる⇒放射性物質をGM管に近づける

①プラスチックコップを1つ、口と底を切り落として広げます。広げたものを型としてアルミホイルに印をつけ、扇型のアルミホイルを2枚切り抜きます（図27）。

②切り抜いたアルミホイルをプラスチックコップに上から1 cm くらいずらして巻き、テープで留めます。下からはみ出た分は、コップの底に折りたたんで留めます。これを2つつくります。

③ 10 cm 幅程のアルミホイルを、幅1 cm に折りたたんで長さ20 cm 位の板状にし、これを半分に折って、②でつくったコップを重ねた間に挟み込みます。これ

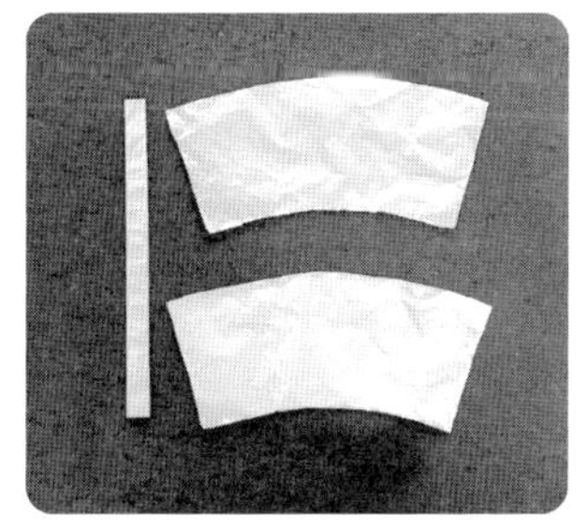

図27 ■切り抜いたアルミホイル

で、コンデンサの完成です。

④乳酸菌飲料の容器の先端を切ります。画びょうで容器の底の真ん中と側面に1か所穴をあけます（図28）。

⑤赤の導線の片方の端の被膜を8 cm程むき、中の銅線を1本だけ残して他は切り落とします。

⑥⑤で残した導線を外側から容器の底にあけた穴の中に通し、出た部分を半分に折り曲げねじります。導線が容器から外れないようにするために、グルーガンで固定します。この銅線が陽極になります（図29）。

⑦黒の導線の片方の端の被膜を1 cmむいて、容器の側面の穴に通して、容器の中で図30のように銅線を広げます。導線がとれないように、グルーガンで固定します。

⑧容器の内側の汚れを、消毒液と綿棒を使って落とします。容器の内側にちょうど入る紙筒をつくり、容器の中に入れます。この紙が陰極になります。

⑨容器の中に、ライターのガス（ブタンガス）を2〜3秒入れます。容器にラップでふたをして、輪ゴムでとめます。これで、GM管の完成です。

⑩赤と黒の導線のもう片方の被膜を2 cm程度むいて、赤の導線はコップとコップの間に挟み込み、黒の導線は外側のアルミホイルのところにテープでとめます（図31）。

⑪ラジオのチューニングを外して容器のそばに置きます。フライング・バンデで静電気をおこして、アルミの板の部分に送り込みます。GM管に放射性物質を近づけると、ラジオからバチバチと音がします。音の数だけ放射線が通ったことがわかります。

※注）コンデンサには数千Vの電圧がたまるので、触るときはしっかりと放電させてから、触ってください。また、フライング・バンデを使わなくても、塩ビ管や細長いバルーンを布で擦ったものを近づけても静電気はたまります。

図28 ■画びょうで穴をあけたようす

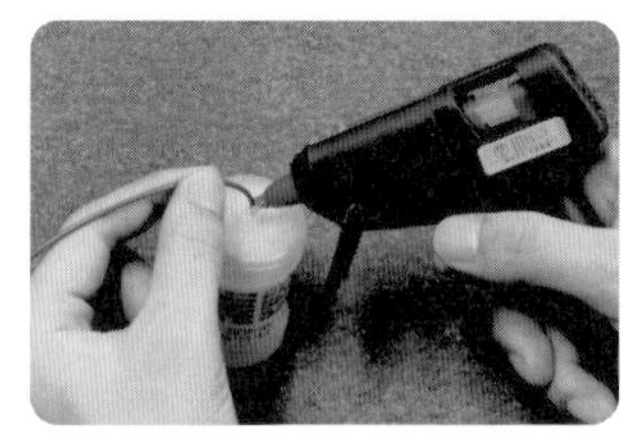
図29 ■クルーガンで固定

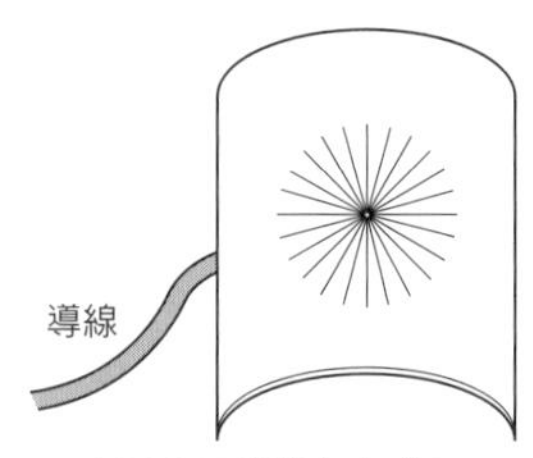

図30 ■銅線を広げる

図31 ■導線をとめる

ガイガーカウンターは、ガイガーミューラー計数管（GM管）ともよばれます。容器の中には希ガスなどのガスが入れられ、容器と芯（導線）の間には高い電圧がかけられています。放射線が通過すると、容器の中のガスが電離し、電子が芯のほうに、陽イオンが容器のほうに移動して、電流が流れます。手軽に放射線の測定に使われますが、放射線のエネルギーを測定す

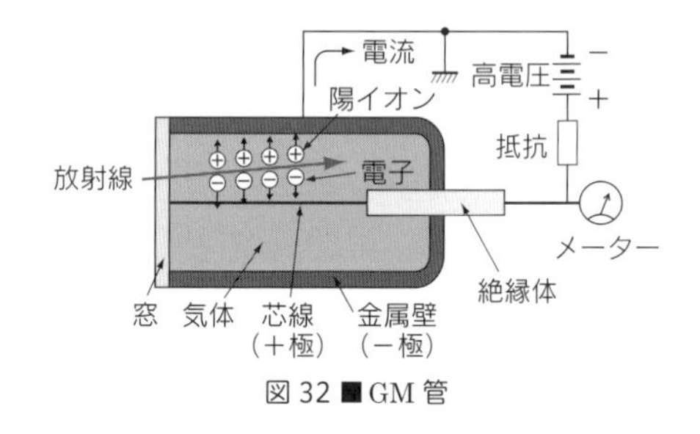

図32 ■GM管

ることはできません。放射線のエネルギーや放射線の種類を区別することができる検出器には、シンチレーション検出器などがあります。

ガイガーカウンターで1分間測定した時に使われる単位は〔cpm〕です。これは、count per minute の略で1分間に数えた個数を表します。これは、放射能や放射線の強さを表す単位ではありません。放射能や放射線を表す単位は以下のような単位が使われます。

(1) 放射能を測る単位「ベクレル〔Bq〕」

ベクレルとは、放射性物質が1秒間に崩壊する原子の個数（放射能）を表す単位で、1個の放射性核種が1秒間に1回崩壊して放射線を放出する場合、1ベクレルといいます。

(2) 身体が吸収した放射線のエネルギーの量を表す単位「グレイ〔Gy〕」

1グレイは、放射線によって物質1kgあたり1ジュールのエネルギー吸収があるときの吸収線量であり、放射線の種類、物質の種類に関係なく使用されます。

(3) 人体への影響を測る単位「シーベルト〔Sv〕」

同じ量の放射線が身体に当たっても放射線の種類によって与える影響は違います。人体の臓器ごとの吸収線量に放射線の種類による係数（放射線の種類における係数は、α 線は 20、β 線と γ 線は1となっています）をかけたものを、その臓器における等価線量といいます。単位はシーベルト〔Sv〕を用います。また、人体の組織や臓器の違いまでを考慮して足し合わせたものを実効線量といいます。人体が大量に被曝すると、図 33 にあるような放射線障害を引き起こす可能性があります。

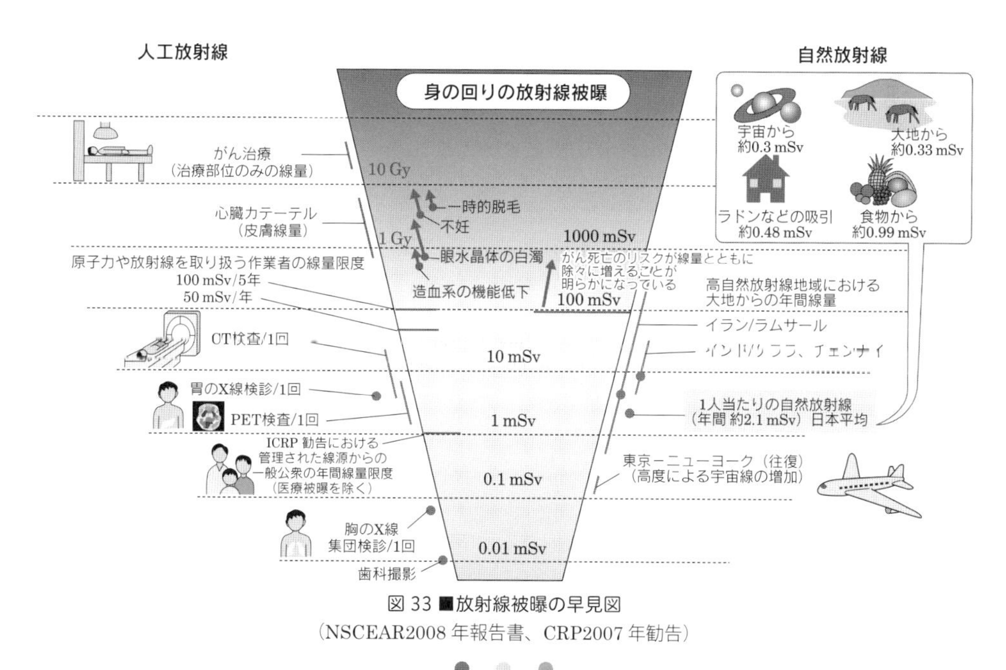

図 33 ■放射線被曝の早見図
（NSCEAR2008 年報告書、CRP2007 年勧告）

ここからは、原子核が核反応したときに放出される核エネルギーと核エネルギーを使った原子力発電について学んでいきましょう。

【コラム】 核融合

水素など質量数の小さな原子核がより安定な原子核になるために、複数の原子核が結合することを核融合といい、膨大な核エネルギーを放出します。核融合では、それぞれの原子核にはたらく静電気力（斥力）に逆らって原子核が接近し、衝突しなければなりません。太陽の中心部のような高温・高圧のところでは、原子核は極めて大きな熱運動のエネルギーをもっているものがあるので、それらの原子核が衝突して核融合がおこっています。太陽では、実は複雑な反応経路をとるが、結局は 4 つの水素の原子核が核融合してヘリウムの原子核になり、2 個の陽電子と 2 個のニュートリノを放出します 。

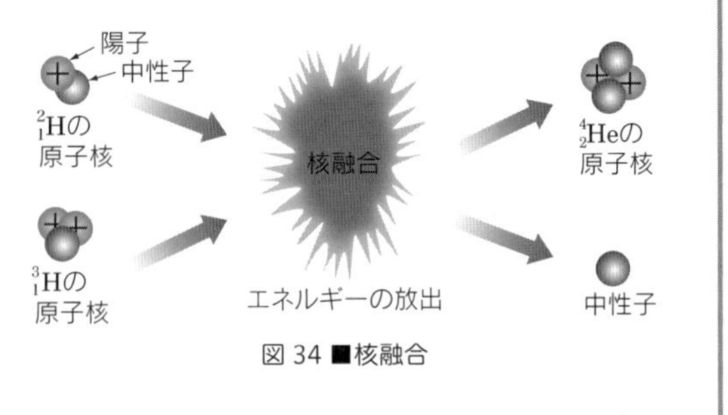

図 34 ■核融合

$$4{}^{1}_{1}\mathrm{H} \rightarrow {}^{4}_{2}\mathrm{He} + 2\mathrm{e}^{+} + 2\nu_{e}$$

核融合を制御し、エネルギー源として利用するためには、密度や温度などについて、さまざまな条件を満たさなければなりません。いま現在、核融合を持続的におこしたり、制御したりする方法について研究が進んでいますが、実用化ができるものはまだ先のことになりそうです。

核反応には核融合の他に核分裂があり、原子力発電に利用されています。核分裂は、ウラン $^{235}_{92}\mathrm{U}$ などの質量数が大きく不安定な原子核が分裂して 2 個以上の原子核になる反応です。例えば、ウラン $^{235}_{92}\mathrm{U}$ の原子核に熱中性子というエネルギーが小さい中性子を当てると、以下の核反応が生じます。

$$^{235}_{92}\mathrm{U} + {}^{1}_{0}\mathrm{n} \rightarrow \begin{cases} ^{92}_{36}\mathrm{Kr} + {}^{141}_{56}\mathrm{Ba} + 3{}^{1}_{0}\mathrm{n} \\ ^{94}_{38}\mathrm{Sr} + {}^{140}_{54}\mathrm{Xe} + 2{}^{1}_{0}\mathrm{n} \\ ^{70}_{37}\mathrm{Rb} + {}^{137}_{55}\mathrm{Cs} + 2{}^{1}_{0}\mathrm{n} \end{cases}$$

核分裂するときに 200 MeV の核エネルギーを放出します。炭素の燃焼（火力発電）で放出するエネルギーは、炭素原子 1 個当たり 4.2 eV であるので、これと比べて核エネルギーは、その約 5000 万倍と非常に大きなエネルギーです。

図 35 のように、1 個のウラン $^{235}_{92}\mathrm{U}$ の原子核が核分裂をすると、中性子を平均して 2.3 個放出します。この放出した中性子が別のウラン $^{235}_{92}\mathrm{U}$ の原子核に当たると核分裂をおこし、中性子を放出することが

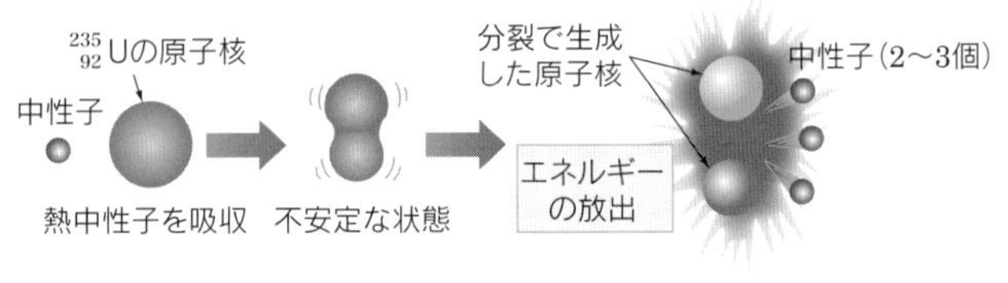

図 35 ■核分裂

繰り返され、次々とウラン $^{235}_{92}\mathrm{U}$ が核分裂をおこします。この反応のことを**連鎖反応**といいます。

● ● ●

連鎖反応のようすを、ろうそくを使って再現してみましょう。

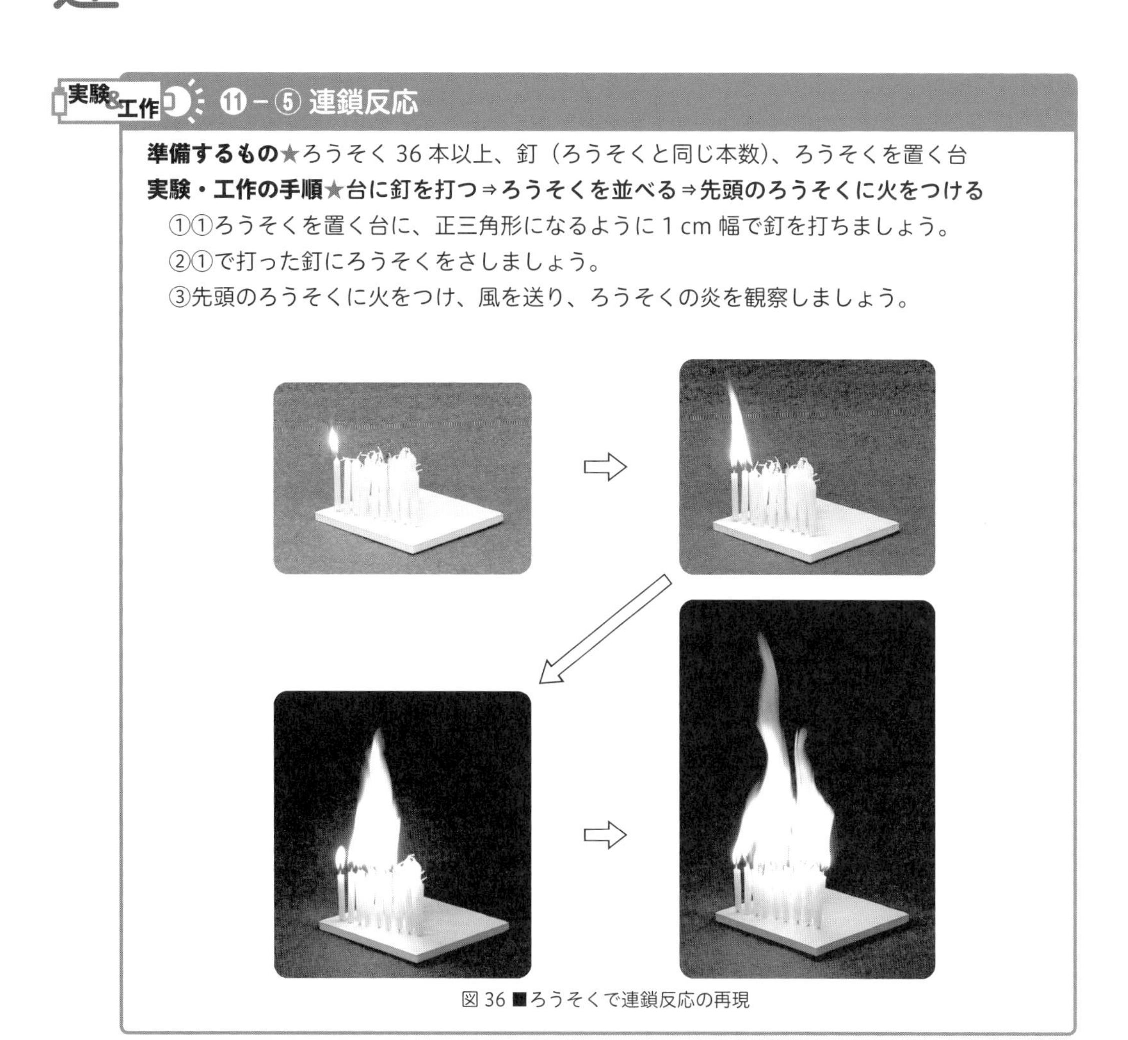

実験&工作 ⑪－⑤ 連鎖反応

準備するもの★ろうそく 36 本以上、釘（ろうそくと同じ本数）、ろうそくを置く台

実験・工作の手順★台に釘を打つ⇒ろうそくを並べる⇒先頭のろうそくに火をつける

①①ろうそくを置く台に、正三角形になるように 1 cm 幅で釘を打ちましょう。

②①で打った釘にろうそくをさしましょう。

③先頭のろうそくに火をつけ、風を送り、ろうそくの炎を観察しましょう。

図 36 ■ろうそくで連鎖反応の再現

この実験では、ろうそくがウラン、火のタネが熱中性子、火の高さが核エネルギーとして、連鎖反応を再現しています。火のタネが手前から奥に風によって伝わり、ろうそくに火がつきます。また、火の高さも、火のついたろうそくが増えるにつれ、大きくなります。よって、核分裂をすることにより中性子が放出し、他の原子核にあたり、核分裂が起きて膨大なエネルギーを放出しているようすを観察することができました。

このように、連鎖反応を制御せずに核分裂させているのが原子爆弾です。一方、連鎖反応をゆるやかにコントロールする装置を原子炉といいます。原子力発電では、図 37 のような加圧水型原子炉や沸騰水型原子炉がよく使われています。原子炉の中に置かれた燃料棒で起こる核分裂の連鎖反応を、中性子を吸収する物質でつくられている制御棒で制御しています。また、核分裂で発生する中性子はエネルギーが高く高速なので、軽水や重水を使って速さを遅くしてから核分裂させています。軽水とは水素 $^{1}_{1}\mathrm{H}$ と酸素でできた、普段、皆さんが使っている水です。重水は水素の同位体である重水素 $^{2}_{1}\mathrm{H}$ と酸素でできた水です。

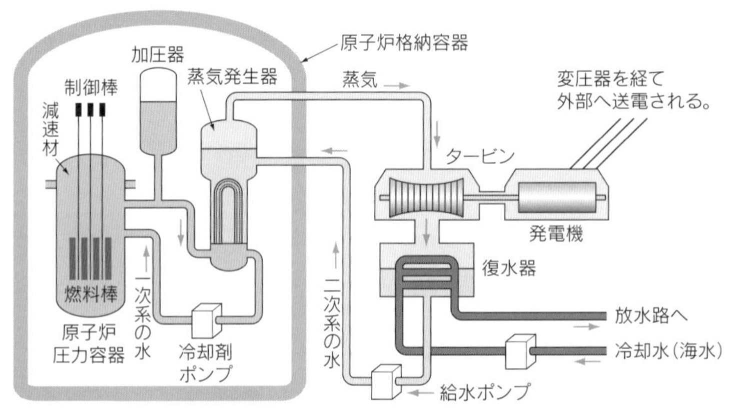

図 37 ■加圧水型原子炉をもった原子力発電所

なぜ、中性子を減速させるために、軽水や重水を使っているのでしょうか。実験を通して考えてみましょう。

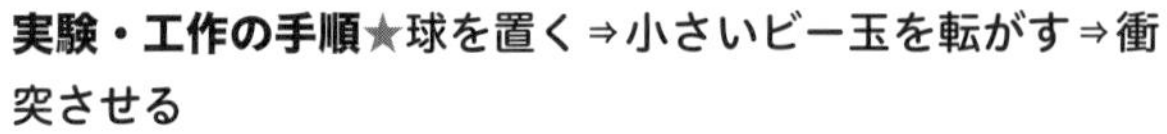

実験&工作 ⑪－⑥ 熱中性子の制御シミュレーション

準備するもの★小さいビー玉 2 個（直径 1 cm または 5 mm 程度のもの）、中くらいのビー玉 1 個（直径 2.5 cm 程度のもの）、大きなビー玉 1 個（直径 3.5 cm 以上程度のもの）、配線レール

実験・工作の手順★球を置く⇒小さいビー玉を転がす⇒衝突させる

図 38 ■実験のようす

①配線レールで図 38 のような走路をつくります。
②ターゲットにするビー玉を 1 個、走路に置きます。
③もう 1 個の小さいビー玉を転がし、ゆっくりとターゲット・ビー玉に衝突させます。
④衝突した後のターゲット・ビー玉と小さなビー玉の速さを観察する。

表 5 ■衝突した後のビー玉の速さ

ターゲット・ビー玉の大きさ	衝突後の小さいビー玉の速さ	衝突後のターゲット・ビー玉の速さ
小	止まった	速い
中	遅い	遅い
大	逆向きにはじかれる	止まったまま

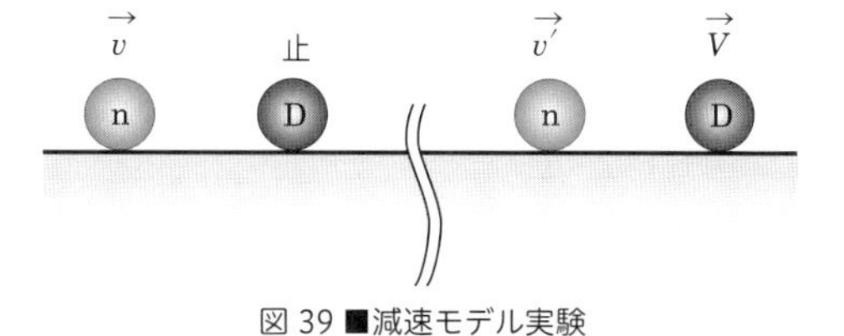

図 39 ■減速モデル実験

この実験では熱中性子（小さいビー玉）と熱中性子を制御する原子核（ターゲット・ビー玉）を正面衝突させた場合を考えています。熱中性子の質量をm_{n}、速度をvとし、熱中性子を制御する原子核をm_{D}に弾性衝突したときを考えます。反発係数を１とすると、

$$e=-\frac{v'-V'}{v-0}=1$$

また運動量保存則より

$$m_{\mathrm{n}}\times v+m_{\mathrm{D}}\times 0=m_{\mathrm{n}}\times v'+m_{\mathrm{D}}\times V$$

よって、衝突した後の熱中性子の速度は、

$$v'=\frac{m_{\mathrm{n}}-m_{\mathrm{D}}}{m_{\mathrm{n}}+m_{\mathrm{D}}}v=-\frac{m_{\mathrm{D}}-m_{\mathrm{n}}}{m_{\mathrm{D}}+m_{\mathrm{n}}}v \qquad <0$$

となります。

ところで、$m_{\mathrm{D}}:m_{\mathrm{n}}=2:1$より、$v'=-\frac{1}{3}v$以上から、$\frac{1}{3}v$に減速され、はねかえされます。つまり、実験結果や式より、中性子とある程度質量が近いものほど、熱中性子は減速しながらはね返されます。また、中性子との質量の差が大きいときは、熱中性子は逆向きにはじき返されあまり減速しません。しかし、中性子に非常の近い原子核に中性子をぶつけたら、運動量保存則より速度交換を行い減速材としては、中性子の速度が、ほとんど止まってしまうため不適切です。そこで、減速材として、軽水や重水、炭素（ビー玉でいうと中くらいのビー玉）などが使われるわけです。実際は、今回の実験のように必ずしも正面衝突はしません。たくさんの軽水や重水の中を中性子が通り、何回もぶつかってだんだんと速度をおとしています。

● ● ●

これまでは、物質の構成単位の究極を求めて、電子や原子核、陽子や中性子を見てきました。どれもとても小さい粒子なのですが、陽子や中性子よりも、まだ、小さな粒子にわかれることがわかってきました。ここでは、今現在わかっている、物質と力を構成する最小の基本粒子、素粒子について勉強していきましょう。

素粒子は大きく２つの種類にわけられます。１つは物質を構成する**フェルミ粒子**（フェルミオン）で、もう１つは力を伝達する**ボーズ粒子**（ボソン）です。さらにフェルミ粒子は、強い力に反応する粒子であるクォーク族と、強い力に反応しない粒子であるレプトン族の２つの種類に大別されます。クォーク族とレプトン族それぞれに含まれる素粒子はその質量によって、第一

世代、第二世代、第三世代に分類されます（表6）。一方、ボーズ粒子には**ゲージ粒子**とよばれる素粒子が含まれており、これらは自然界に存在する４つの力（表7）を媒介する粒子です。物質同士は力を及ぼし合いますが、それはつまり、ゲージ粒子が力を媒介する粒子としてフェルミオン同士をつなぐ役割を果たしていることを意味しています。また、それぞれの粒子には質量とスピンが等しく、電荷の符号が異なる反粒子が存在します。

表6■(フェルミオン)クォーク族とレプトン族

	第一世代	第二世代	第三世代	電荷	弱荷		色荷
クォーク	u(アップ)	c(チャーム)	t(トップ)	$+\frac{2}{3}e$	有	無	有
	d(ダウン)	s(ストレンジ)	b(ボトム)	$-\frac{1}{3}e$	有	無	有
レプトン	ν_e (電子ニュートリノ)	ν_μ (ミューニュートリノ)	ν_τ (タウニュートリノ)	0	有	×	無
	e(電子)	μ(ミュー粒子)	τ(タウ粒子)	$-e$	有	無	無

表7■自然界に存在する４つの力とゲージ粒子(ボゾン)

種類	例	ゲージ粒子	荷	強さ	到達距離
強い力	核力など	グルーオン	色荷	1	10^{-15} m
電磁気力	クーロン力など	フォトン	電荷	10^{-2}	∞
弱い力	β崩壊を起こす力	ウィークボゾン	弱荷	10^{-5}	10^{-18} m
重力	万有引力	グラビトン	質量	10^{-39}	∞

さて、それぞれのフェルミ粒子は質量の有無、電荷の有無、弱荷の有無、色荷の有無によって表7にある４つの力のうち、どの力の影響を受けるかが決まります。ここで、表6と表7を参考にして考えてみると、例えばクォーク族の素粒子は電荷があるので電磁気力の影響を受けます。弱荷を持つクォークは弱い力の影響を受け、持っていないクォークは受けません。そして色荷をもっているので強い力の影響も受けます。まとめると、クォーク族の素粒子は電磁気力、弱い力（影響を受けないものもいる）、強い力の３つ、ないしは２つの力を受けます。

次にレプトン族の１つであるニュートリノを見てみましょう。表6より、ニュートリノ（ここでは電子ニュートリノ、ミューニュートリノ、タウニュートリノすべてを指します）は電荷を持っていないため電磁気力を受けません。また、色荷も持っていないので強い力も受けません。しかし弱荷は持っているため、弱い力しか影響を受けません。なので、ニュートリノはなかなか観測できず、幽霊粒子といわれたりします。ちなみに、弱荷を持たないニュートリノに関しては、未だ発見されていません。

では、同じようにもう１つのレプトン族である電子についても考えてみましょう。電子は、表6より電荷を持っているので、電磁気力の影響を受ける粒子です。この電子と電子の反粒子である陽電子が衝突すると、電荷などの各量子数が正と負で打ち消し合ってゼロになり、そこにもともと粒子と反粒子が持っていた質量エネルギーや運動エネルギーだけが残ることになります。そして、電磁気力を媒介するゲージ粒子である光子が、そのエネルギーを持ったγ線として観測されます（図40）。この現象を、**対消滅**といいます。各ゲージ粒子は、それぞれ影響を

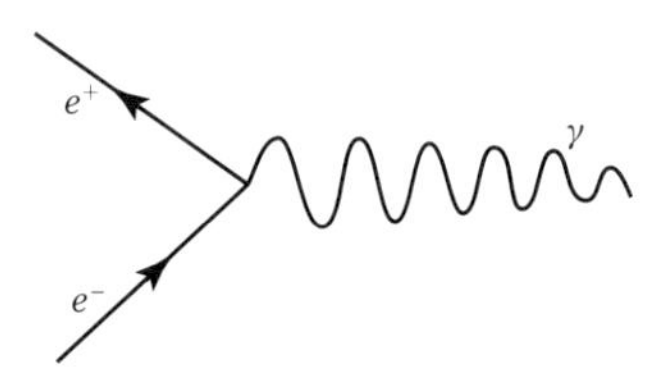

図40■電子の対消滅とフォトンの生成

与えるフェルミ粒子の対消滅によって生成されます。つまり、強い力を媒介するグルーオンは強い力の影響を受ける粒子と反粒子の衝突から、弱い力を媒介するウィークボソンは弱い力の影響を受ける粒子と反粒子の衝突から生成されます。

● ● ●

素粒子の反応はさまざまな条件が同時に満たされて始めて起こります。次にカードゲームを用いた実験で反応を理解し、素粒子の世界に触れてみましょう。

実験&工作 ⑪－⑦ 素粒子カードゲーム

準備するもの★素粒子カード1セット（フェルミオンカード120枚＋ボソンカード56枚）
※ http://www.rs.kagu.tus.ac.jp/~elegance/others.html より PDF をダウンロード

実験・工作の手順★ルールに従い複数人（最低2人、推奨人数4人）で素粒子カードゲームを行う

①ルールに従ってゲームを行います。以下の説明ではカードの色なども説明に含まれてくるため、なるべくダウンロードしたカードを見ながら読み進めてください。

(1) カードの説明

1. **フェルミオンカード**…世代が書いてあり、**Point** が書いていないカード
2. **ボソンカード**…**Point** が書いてあり、世代が書いてないカード＋グラビトンカード（**LAST TURN** と書いてあるカード）

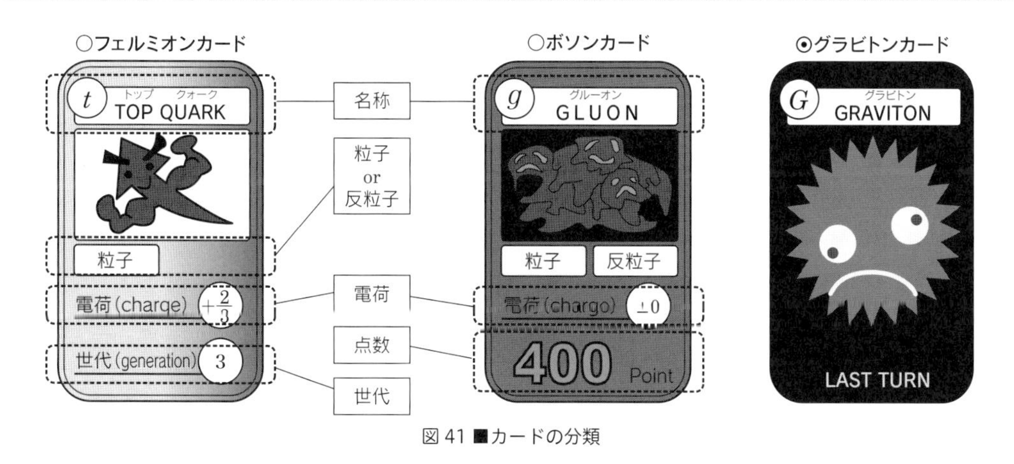

図41 ■カードの分類

- **名称**…各素粒子の名前
- **粒子／反粒子**…主に電荷の符号が異なる粒子がそれぞれ粒子、反粒子です。ボソンカードには、粒子と反粒子両方が書かれているものがあるが、これは電荷が0であり、反粒子が粒子自身であることを意味しています。

・**電荷**…それぞれの素粒子の電荷を表します。
・**点数（ボソンカードのみ）**…プレーヤーがそれぞれのボソンカードを獲得した時に得られるPointです。Pointが大きいカードほど、それを獲得するために必要なフェルミオンカードのペアを集められる確率は低い（カードゲームのルール参照）です。
・**世代（フェルミオンカードのみ）**…素粒子の質量により分類されます。第一世代から第三世代になるにつれて重くなります。
・**背景色（反応する力）**…各カードには赤、青、黄色からなる背景色があり、それぞれの色について、その色を背景色にもつ素粒子は、赤は強い力に、青は弱い力に、黄色は電磁気力に反応を示す素粒子と約束します。また、フェルミオンカードについては背景色で持っている色のボソンカードしかつくることができません。例えば、黄色の背景色しか持たないフェルミオンカード同士では黄色のボソンカードしかつくれません。

●基本方針…フェルミオンカード２枚を組み合わせてボソンカード１枚をつくり、合計Pointを競います。

(2) カードゲームのルール

■各ボソンカードを獲得するために必要なフェルミオンカードのペアの条件（対消滅条件）

【W$^\pm$ボソン以外のカードの場合（100点、200点、400点）】

1. **世代**…世代が同じもの同士。世代が違うフェルミオンカード同士ではボソンカードは獲得できません。
2. **電荷**…2枚のカードの電荷の合計がボソンカードの電荷と等しい場合。
3. **粒子／反粒子**…粒子と反粒子のカード。粒子のカード同士、反粒子のカード同士ではボソンカードは獲得できません。
4. **色**…カードの背景色に獲得するボソンカードと同じ色が含まれています。例えば、青が両方のフェルミオンカードに含まれていた場合、青色のボソンカードをつくれます。

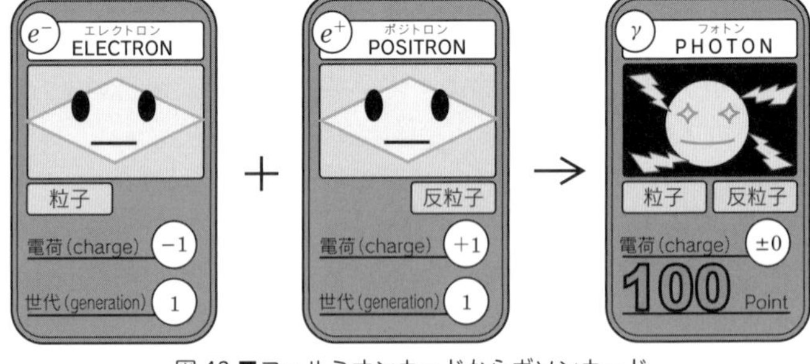

図42 ■フェルミオンカードからボソンカード

【W$^\pm$ボソンカード（ボーナスポイント、150点）の場合】

原則ゲーム終了時に各プレーヤーの手札に残っているカードを確認して、下記1～4の条件に合うカードのペアがあればボーナスポイントとしてそのペアと引き換えに獲得できます。

1. **世代**…世代関係なくペアをつくれます。
2. **電荷**…2枚のカードの電荷の合計がボソンカードの電荷と等しい場合。
3. **粒子／反粒子**…粒子と反粒子のカード。粒子のカード同士、反粒子のカード同士ではボソンカードは獲得できません。
4．**色**…カードの背景色にW±ボソンと同じ黄色が含まれています。

■**グラビトン宣言**…各プレーヤーは自分がPointを一番獲得できたと思った場合、自分の番が回ってきた時に「グラビトン！」と宣言することで、自分から残り一周（自分の番はもう回ってこない）でゲームを強制終了することができます。ただし、実際に各プレーヤーが獲得しているPointはゲームが終了するまで見ることができないので要注意です。

(3) ゲームの流れ

①全フェルミオンカード（120枚）とグラビトンカード（4枚）を1つの山札にまとめます。ボソンカード（Pointの書いてあるカード）は別にしておいて下さい。
②山札をシャッフルします。
③各プレーヤーに手札として5枚ずつカードを配ります。
④プレーヤー全員でじゃんけんします。
⑤じゃんけんで勝った人は、手札からいらないと思うカード（はじめのうちは適当に選べばよい）を時計回りで隣の人に渡します。そして山札から新しく1枚カードを引き、ペアができた場合は、そのカードを自分の前に伏せて置いておきます。
⑥隣の人からカードを渡された人はペアができたか自分の手札を確認し、その後、1枚いらないと思うカードを時計回りで隣の人に渡し、山札から新しく1枚カードを引きます。ペアができた場合は、そのカードを自分の前に伏せて置いておきます。
⑦①～⑥を時計回りに順番に繰り返し行い、**誰かが山札からグラビトンカードを引く**、**誰かが「グラビトン！」と宣言する**、もしくは**手札がなくなった場合**は、その人からラスト一周でゲームを終了します。
⑧全員が自分の番を終え、新たにペアができたか確認した後、各自伏せておいたフェルミオンカードのペアを該当するボソンカードと交換して合計のPointを計算します。
⑨ここで、各自残っている自分の手札から$W^{\pm}$ボソンカードをつくれるペアがあるか確認し、あった場合はその分のPointを獲得（ボーナスポイント）し、そのPointも合算します。
⑩合計Pointが一番大きかった人が勝利です。合計Pointが一番小さかった人から次のゲームを開始します。

素粒子の中で特にクォークは、上記のゲームで扱った性質の他に**色荷**という自由度を持ちます。本当に色がついているわけではありませんが、それぞれのクォークの持つ色荷の組み合わせが無色でないと独立な粒子として存在できません。例えば陽子（Proton）は、色荷が赤・青・緑の3つのクォーク（u、u、d）と、それらを結び付ける力のゲージ粒子であるグルーオンで構成されています。この性質についても**スペシャルルール**としてゲームに組み込んでみるとより素粒子についての理解が深まります。

(4) スペシャルルール（プロトン／陽子）

ゲーム中に以下の3つの条件を満たす3枚のフェルミオンカードと、グルーオン（400 Point のボソンカード）を獲得できる条件を満たす2枚のフェルミオンカードの計5枚が集まったとき、その3枚のフェルミオンカードを手札に持っておき、グルーオンの条件を満たす2枚のフェルミオンカードは場に伏せておきます。ゲーム終了時に手札に持っておいた3枚のフェルミオンカードと、グルーオンの条件を満たす2枚のフェルミオンカードの計5枚をプロトン1枚（2000 Point）と交換できます。

【条件】

・**フェルミオンカードの種類**…u(アップクォーク) 2枚、d(ダウンクォーク) 1枚。
・**粒子／反粒子**…すべて粒子のカード。
・**色荷**…カードのイラスト枠内右上のマルの色が赤、緑、青、それぞれ1枚ずつあること。

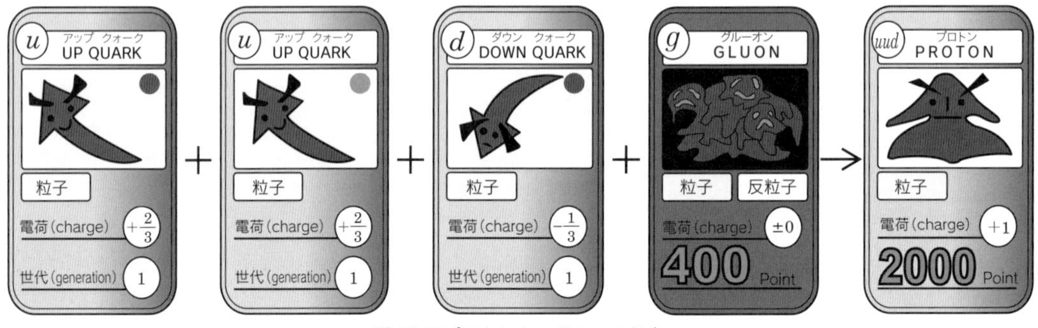

図43■プロトンカードのつくり方

● ● ●

素粒子の世界は、物理学で扱う最もミクロな世界だったといえますが、物理学では、その正反対にある最も大きな世界として宇宙も扱います。しかし、とても不思議なことにミクロな世界を探求していって出会った素粒子によって、最も大きな世界である宇宙の姿が解明されつつあり、小さな世界への研究と大きな世界への研究が1つにつながっていることがわかってきました。

それでは、宇宙の研究について考えてみましょう。

【コラム】 宇宙の誕生

ハッブルは、銀河のスペクトルを観測すると**赤方偏移**を生じていて、銀河の距離が遠くなるほど速い速度で遠ざかっていることを発見し、宇宙全体が膨張していると唱えました。そして、銀河の遠ざかる速度 v と、銀河までの距離 r の間には $v = Hr$（H はハッブル定数）という関係が成り立つことを発見しました。これを**ハッブルの法則**とよんでいます。最近の研究では、ハッブル定数 H は 22 km/s/100 万光年とされています。つまり、100 万光年遠ざかるごとにその速度が 22 km/s ずつ増えるということです。

膨張を逆にたどると、ある一点から宇宙は始まり現在はその膨張の過程であると考えることができます。ガモフは、宇宙はこの一点から爆発して膨張したとするビッグバン宇宙モデルを提唱しました。ガモフによると、宇宙は137億年前に大爆発によって誕生し、その後膨張を続け、現在に至っているというわけです。このモデルによると、宇宙は高温高密度の状態から始まり、大爆発を起こして急激に膨張しはじめ、次第に温度が低下していくことになります。ベンジャミンとウィルソンによって発見された「宇宙のあらゆる方向から温度3Kの電磁波が出ている**3K宇宙背景放射**」は、その証拠で、まさにビッグバンの時の高温の名残りといえます。

さて今後、宇宙はさらに膨張を続けるのでしょうか、または、いつかは膨張が止まり収縮に向かうのでしょうか。それを調べるためには、宇宙背景放射を詳しく調べる必要があります。1989年には、宇宙背景放射観測衛星COBEが打ち上げられ調査されてきました。2003年には、さらに詳しい観測を行うため分解能の高いマイクロ波観測衛星WMAPが打ち上げられました。より精度の高い観測の結果、現在のところ宇宙が通常の物質が5%、電磁波でも観測できない**ダークマター**が23%、正体不明の**ダークエネルギー**が72%もあると考えられています。

ところで、私たちの銀河から、他の銀河が遠ざかったり、遠くの銀河ほどその速度が速いということから、どうして宇宙全体が膨張していると考えられるのでしょうか。実験をして考えてみましょう。

実験&工作 ⑪－⑧ 宇宙膨張の実験

準備するもの★風船、マジックインキ、やわらかいメジャー

実験・工作の手順★風船をある程度、膨らます⇒風船の表面にマジックインクで、星や銀河を描く⇒風船を膨らます

①膨らませる前の風船を観察します。風船のゴムは分厚く、密度が高い状態がわかります。

②風船をある程度の大きさにまで膨らませます。風船は、大爆発とまではいきませんが、急激に膨張します。そして、風船のゴムは伸びて、膜は薄くなり密度が低下します。

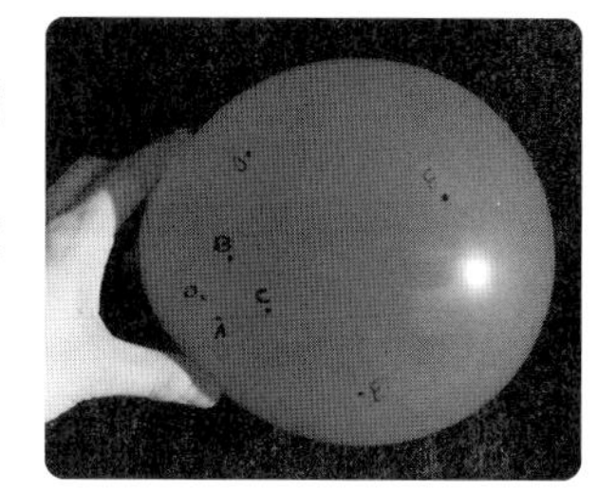

図44■私たちの銀河のイメージ

③風船の表面に、私たちの銀河をまず描きます。

④好きな地点にその他の銀河を描き、私たちの銀河からの距離を測ります。

⑤風船を大きく膨らませます。その後、それぞれの銀河までの距離を測ります。

⑥風船をさらに大きく膨らませて、それぞれの銀河までの距離を測ります（図45）。

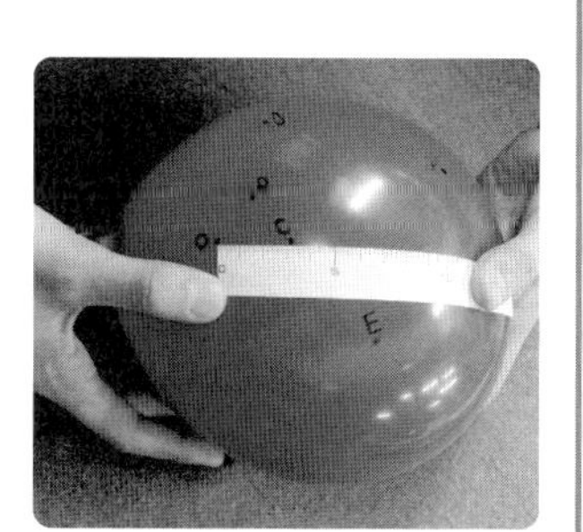

図45■宇宙の膨張のイメージ

⑦それぞれの銀河の遠ざかる速さの相対的な値を求めます。

⑧ハッブルの法則的なことが近似的に成り立つかどうか試してみましょう。

表 8 ■それぞれの銀河までの距離

	最初の距離〔cm〕	1 回目〔cm〕	2 回目〔cm〕	1 回目と 2 回目の差〔cm〕
銀河 A	1.0	1.1	1.2	0.1
銀河 B	2.0	2.2	2.4	0.2
銀河 C	3.0	3.2	3.7	0.5
銀河 D	5.0	5.2	6.2	1.0
銀河 E	7.0	7.5	9.0	1.5
銀河 F	10.0	11.0	13.0	2.0

結果より、縦軸に遠ざかる速さ v を、横軸に銀河の距離 x をとってグラフを描くと、$v = 0.22x - 0.16$ が導出でき、ハッブルの法則的をイメージすることができます（図 46）。

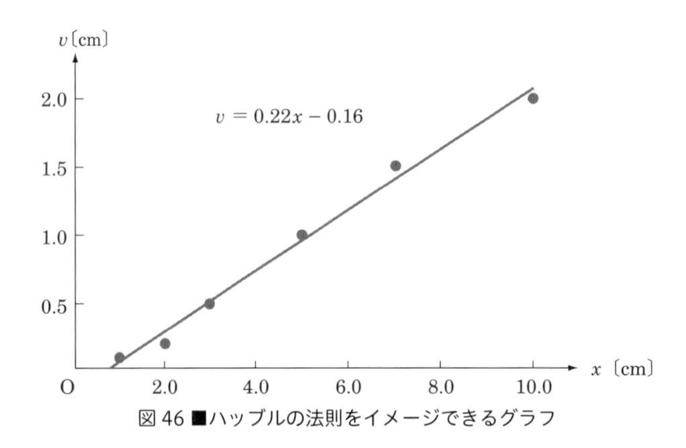

図 46 ■ハッブルの法則をイメージできるグラフ

ハッブルの法則は、正しくは、

$$v = 22r \qquad (H = 22\ \mathrm{km/s}/100\ 万光年)$$

です。

Memo

あとがき

読者のみなさん、本書の実験、楽しんでいただけたでしょうか？

世界中に前例のない実験にもいろいろ取り組んだりもし、成功もあれば、失敗もあり、本書では、「理科大好き実験教室」で、受講生のみなさんから好評をいただいた実験のみを取り上げ、紹介させていただきました。

このシリーズ「理論がわかる　〇〇〇の手づくり実験」では、どこでも誰もが行っている実験も取り入れています。その理由は「実験は好きだけれどあまり上手じゃないの」というお友達に、実験の楽しさ・面白さ・不思議さを堪能してもらってから、当研究室独自のオリジナル実験にまでトライしていただきたいと願っているからです。このプロセスの中で、自分自身のオリジナリティをみがいて、やがては、独創的な研究の道へと進んでほしいという願いがあります。我々は、それを応援したいのです。

本書を世に送り出すにあたり、とても多くのみなさま方のご支援をいただきました。

まず、「理科大好き実験教室」は、5 年間継続されてきました。この 5 年間、連続してずっと、我々のつたない授業に付き合っていただけた受講生の方がいます。本当に感謝としかいいようがありません。ありがとうございました。また、それぞれの学年で、受講してくださった方は、100 人を超えています。本当にありがとうございます。みなさまのおかげで、このシリーズを最終章まで完結することができました。

また、本書の出版にあたり、オーム社書籍編集局の方々は、当研究室の学生を育てるという、出版だけでも大変なのに、それ以上のことをしてくださいました。途中で、研究室の学生の間で、この本の執筆完成は、しきいが高すぎて自分達の能力を超えているという状況も生じたのですが、書籍編集局の方のやさしくもねばり強い支援と、それに合わせて叱咤激励もあり、こうして世に送り出すことができました。あらためて、4 年間継続してお付き合いいただいた書籍編集局のみなさまに感謝申し上げます。

最後に、東京理科大学川村研究室一同揃って、みなさまに感謝申し上げます。

執筆者代表　川村 康文

参考文献

1. 川村康文 編著「理論がわかる　電気の手づくり実験」オーム社（2012）
2. 川村康文＋東京理科大学川村研究室 著「理論がわかる　光と音と波の手づくり実験」オーム社（2013）
3. 川村康文＋東京理科大学川村研究室 著「理論がわかる　力と運動の手づくり実験」オーム社（2014）
4. 川村康文、山下芳樹、秋吉博之、荻原彰 編著「実験で実践する　魅力ある理科教育－小中学校編－」オーム社（2010）
5. 川村康文、山下芳樹、秋吉博之、荻原彰 編著「実験で実践する　魅力ある理科教育－高校編－」オーム社（2011）
6. 川村康文 編「理科大好き物理実験　力学編　実験から始める3段階学習ステップアップ」講談社（2011）
7. 愛知・岐阜・三重物理サークル 編著「いきいき物理わくわく実験」新生出版（1988）
8. 愛知・岐阜・三重物理サークル 編著「いきいき物理わくわく実験2 改訂版」日本評論社（1999）
9. 愛知・三重物理サークル 編著「いきいき物理わくわく実験3」日本評論社（2011）
10. 川村康文 著「確実に身につく基礎物理学（上）力学・熱力学・波動」ソフトバンククリエイティブ（2010）
11. 川村康文 著「確実に身につく基礎物理学（下）電磁気学・現代物理学」ソフトバンククリエイティブ（2011）
12. 川村康文 著「エレガンス物理」ルガール社（1989）
13. 川村康文 著「大人の週末工作自分で作る太陽光発電」総合化学出版（2012）
14. 保江邦夫 著「Excelで学ぶ量子力学―量子の世界を覗き見る確率力学入門」講談社（2001）
15. 新田秀雄、工藤知草 著「Excelで学ぶやさしい量子力学」オーム社（2005）
16. 三浦登ほか14名 著「物理Physics」東京書籍（2012）
17. 佐藤文隆ほか12名 著「物理Physics」実教出版（2015）
18. 原康夫 著「物理学基礎」学術図書出版社（2009）
19. 川村康文 編著「親子でつくる自然エネルギー工作②太陽光発電」大月出版（2014）

索引

索引

【た行】

【な行】

【は行】

【ま行】

【や行】

【ら行】

【英数字】

Memo

〈著者略歴〉

川村 康文（かわむら やすふみ）

1959 年　京都市に生まれる
1983 年　京都教育大学　卒業
　　　　1983 年より京都府立学校、京都教育大学附属高等学校を経て、信州大学へ、
　　　　その間、2003 年 京都大学エネルギー科学研究科にて　博士（エネルギー科学）
現　在　東京理科大学理学部第一部物理学科　教授

理論がわかる　熱と原子・分子の手づくり実験

平成 27 年 2 月 25 日　　第 1 版第 1 刷発行

著　者　川 村 康 文 ＋東京理科大学川村研究室
発行者　村 上 和 夫
発行所　株式会社 オ ー ム 社
　　　　郵便番号　101-8460
　　　　東京都千代田区神田錦町 3-1
　　　　電 話　03(3233)0641(代表)
　　　　URL http://www.ohmsha.co.jp/

印刷・製本　小宮山印刷工業
ISBN978-4-274-21707-4　Printed in Japan